普通高等院校机电工程类规划教材

数控技术与数控机床

于　涛　武洪恩　主编

杨俊茹　吕玉廷　钟佩思　副主编

清华大学出版社
北京

内 容 简 介

本书系统全面地介绍了数控技术与数控机床的基本原理、应用以及最新进展。全书共 7 章,主要内容有数控机床的程序编制、数控插补原理、刀具半径补偿及速度控制、计算机数字控制装置、数控机床的伺服系统、数控机床机械结构、数控技术与制造自动化系统。本书内容丰富,系统性强,在强化基本知识和理论的同时,突出了实用性和先进性。

本书可作为高等学校机械工程、机械设计制造及其自动化、机电一体化等机械类相关专业的本科教材,也可作为从事数控技术研究与应用的工程技术人员的参考书。

图书在版编目(CIP)数据

数控技术与数控机床/于涛,武洪恩主编. —北京:清华大学出版社,2019(2022.8重印)
(普通高等院校机电工程类规划教材)
ISBN 978-7-302-53717-5

Ⅰ. ①数… Ⅱ. ①于… ②武… Ⅲ. ①数控机床—高等学校—教材 Ⅳ. ①TG659

中国版本图书馆 CIP 数据核字(2019)第 187889 号

责任编辑:许 龙
封面设计:傅瑞学
责任校对:刘玉霞
责任印制:刘海龙

出版发行:清华大学出版社
   网 址:http://www.tup.com.cn,http://www.wqbook.com
   地 址:北京清华大学学研大厦 A 座   邮 编:100084
   社 总 机:010-83470000   邮 购:010-62786544
   投稿与读者服务:010-62776969,c-service@tup.tsinghua.edu.cn
   质量反馈:010-62772015,zhiliang@tup.tsinghua.edu.cn
印 装 者:北京富博印刷有限公司
经 销:全国新华书店
开 本:185mm×260mm 印 张:17.5   字 数:421 千字
版 次:2019 年 10 月第 1 版   印 次:2022 年 8 月第 3 次印刷
定 价:49.80 元

产品编号:044996-01

前　言

数控技术和数控机床是制造工业现代化的重要基础,这个基础是否牢固直接影响一个国家的经济发展和综合国力,关系到一个国家的战略地位。数控技术的应用不但给传统制造业带来了革命性的变化,使制造业成为工业化的象征,而且随着数控技术的不断发展和应用领域的扩大,对国计民生的一些重要行业的发展也起着越来越重要的作用。

数控技术是机械类专业的一门重要的专业核心课程,它以数控机床为对象,研究数字控制系统的工作原理、组成及其在数控机床上的应用。数控技术综合了计算机、自动控制、电气传动、精密测量、机械制造和管理信息等多学科的最新技术,是一门综合性专业技术课程。

《数控技术与数控机床》一书是在考虑到目前数控技术持续快速进步,数控机床在技术性能上不断提升,新技术和新结构不断出现,相关教材和书籍不能完全满足数控技术课程使用要求的情况下编写的。本书力求反映出当前的最新技术,做到先进性、理论性和实用性并举,文字叙述上力求深入浅出、通俗易懂。

本书共7章。第1章介绍数控技术及数控机床的概念、组成、工作原理、分类、发展历程及发展趋势;第2章介绍数控机床的程序编制,包括数控加工工艺、数控编程基本知识、常用数控机床编程、自动编程基本概念等;第3章介绍数控插补原理、刀具半径补偿及速度控制;第4章介绍计算机数字控制装置的基本原理、硬件和软件结构、可编程控制器在数控系统中的应用,以及常用数控系统介绍等;第5章介绍数控机床伺服系统,包括数控机床常用的各种检测装置、多种控制电机及其驱动控制方式等;第6章介绍数控机床机械结构的特点、主轴部件、进给传动系统、导轨、自动换刀装置等;第7章介绍数控技术与制造自动化系统,包括分布式数控系统、柔性自动化系统等。

本书第1章由于涛、武洪恩编写;第2章由于涛、吕玉廷编写;第3章由于涛、武洪恩编写;第4章、第5章由武洪恩编写;第6章由杨俊茹编写;第7章由钟佩思编写。全书由于涛、武洪恩、吕玉廷统稿。

山东大学张承瑞教授、山东科技大学范云霄教授对本书进行了审阅,提出了许多宝贵意见,在此表示衷心的感谢!

本书在编写时参阅了大量相关文献和教材,在此向相关作者、编者表示感谢!

在本书的编写过程中,尽管编者非常努力,但由于水平有限,时间仓促,因此书中难免有不足或不妥之处,恳请广大读者批评指正。

编　者

2019 年 3 月

前　言

目　录

第1章 概　　述

1.1　数控机床简介

1.1.1　数控机床的产生及其重要性

随着科学技术的飞速发展,社会对产品多样化的要求日益强烈,产品更新越来越快,多品种、中小批量生产的比重明显增大。同时,随着航空工业、汽车工业和轻工消费品生产的高速增长,复杂形状的零件越来越多,精度要求也越来越高。此外,激烈的市场竞争要求产品研制生产周期越来越短,传统的加工设备和制造方法已难以适应这种多样化、柔性化与复杂形状零件的高效高质量加工要求。

为了实现单件、小批量、特别是复杂型面零件加工的自动化并满足质量要求,采用数字控制技术成为一个必然的选择,因此数字控制机床应运而生。1947 年,美国 Parsons 公司为了制造高精度的直升机机翼、桨叶和框架,开始探讨用三坐标曲线数据来控制机床的运动,并进行实验,加工飞机零件。1949 年,为了能在短时间内制造出经常变更设计的零件,美国空军(U. S. Air Force)与 Parsons 公司签订了制造第一台数控机床的合同。1951 年,美国麻省理工学院(Massachusetts Institute of Technology,MIT)承担了这一项目。1952年,MIT 伺服机构研究所用实验室制造的控制装置和辛辛那提公司(Cincinnati Hydrotel)的立式铣床成功地实现了三轴联动数控运动,可控制铣刀进行连续空间曲面的加工,揭开了数控加工技术的序幕。随着不断地改进与完善,1955 年 NC(Numerical Control)机床开始应用于工业生产。

计算机数控(Computer Numerical Control,CNC)系统是综合应用微电子、计算机、自动控制、网络技术、自动检测以及精密机械等技术的最新成果而发展起来的新型控制系统,装有计算机数控系统的机床简称 CNC 机床,它标志着机床工业进入一个新的阶段。从第一台数控机床问世到现在的 60 多年中,数控技术的发展非常迅速,使制造技术发生了根本性的变化,几乎所有品种的机床都实现了数控化。数控机床的应用领域也从航空工业部门逐步扩大到汽车、造船、机床、建筑等民用机械制造行业。此外,数控技术也在机器人、3D 打印、绘图仪、坐标测量仪、激光加工与线切割机等机械设备中得到广泛的应用。2016 年,虽然受到市场疲软的影响,全球机床产量较 2015 年略有下降,但其产量总值仍有 676 亿欧元。无论是德国提出的"工业 4.0"计划,还是中国提出的"中国制造 2025",都是以装备制造,特别是数控技术为基础。

数控机床是装备制造业的关键装备,关系到国家经济建设与战略地位,也是发展军事工业的重要战略技术,是体现国家综合水平的重要标志。数控技术是机械加工现代化的重要基础与关键技术。应用数控加工可大大提高生产率、稳定加工质量、缩短加工周期、增加生产柔性,实现对各种复杂精密零件的自动化加工,易于在工厂或车间实行计算机管理,可使车间设备总数减少、节省人力、改善劳动条件,有利于加快产品的开发和更新换代,提高企业对市场的适应能力并提高企业综合经济效益。数控加工技术的应用,使机械加工的大量前期准备工作与机械加工过程联为一体,使零件的计算机辅助设计(CAD)、计算机辅助工艺规划(CAPP)和计算机辅助制造(CAM)的一体化成为现实,使机械加工的柔性自动化水平不断提高。

数控加工技术也是发展军事工业的重要战略技术。美国与西方各国在高档数控机床与加工技术方面,一直通过巴黎统筹委员会对我国进行封锁限制,因为许多先进武器装备如飞机、导弹、坦克等关键零件的制造,都离不开高性能数控机床的加工。如著名的"东芝事件",就是由于苏联利用从日本获得的大型五坐标数控铣床制造出具有复杂曲面的潜艇螺旋桨,使潜艇的噪声大为降低,西方的反潜设施顿时失效,对西方构成了重大威胁。我国的航空、能源、交通等行业也从西方引进了一些五坐标机床等高档数控设备,但其使用受到国外的监控和限制,不准用于军事用途的零件加工。特别是 1999 年美国的考克斯报告,其中一项主要内容就是指责我国将从美国购买的二手数控机床用于军事工业。这一切均说明数控加工技术在国防现代化方面所起的重要作用。

1.1.2　数控机床的应用范围及特点

目前,数控加工主要应用于以下两个方面:

第一个方面的应用是常规零件加工,如二维车削、箱体类镗铣等。其目的在于:提高加工效率,避免人为误差,保证产品质量;以柔性加工方式取代高成本的工装设备,缩短产品制造周期,适应市场需求。这类零件一般形状较简单,实现上述目的的关键一方面在于提高机床的柔性自动化程度、高速高精加工能力、加工过程的可靠性与设备的操作性能;另一方面在于进行合理的生产组织、计划调度和工艺过程安排。

另一个方面的应用是复杂形状零件如模具型腔、涡轮叶片等的加工。该类零件在众多的制造行业中占有重要的地位,其加工质量直接影响以至决定着整机产品的质量。这类零件型面复杂,常规加工方法难以实现,它不仅促使了数控加工技术的产生,而且也一直是数控加工技术的主要研究及应用对象。由于零件型面复杂,在加工技术方面,除要求数控机床具有较强的运动控制能力(如多轴联动)外,更重要的是如何有效地获得高效优质的数控加工程序,并从加工过程整体上提高生产效率。

数控机床在机械制造领域得到日益广泛的应用,是因为它具有如下特点:

(1) 高柔性。数控机床是按照被加工零件的数控程序来进行自动加工的,只需改变程序即可适应不同品种的零件的加工,且几乎不需要制造专用的凸轮、靠模、样板、钻镗模等工装夹具,有利于缩短产品的研制与生产周期,适应多品种、中小批量的现代生产需要。

(2) 生产效率高。数控机床主轴转速和进给量的范围比普通机床的范围大,良好的结构刚性允许数控机床进行大切削用量的强力切削,有效地节省了机加工时间;自动换速、自动换刀、快速的空行程运动和其他辅助操作自动化功能,加上更换被加工零件时几乎不需要重新调整机床,使辅助时间大为缩短。通常,数控机床比普通机床的生产率高 3～4 倍甚至更高。

(3) 加工精度高,加工质量稳定可靠。数控机床进给传动链的反向间隙与丝杠螺距误差等均可由数控装置进行补偿,因此,数控机床能达到比较高的加工精度。此外数控机床的传动系统与机床结构都具有很高的刚度和热稳定性,特别是数控机床的自动加工方式,避免了生产者的人为操作误差,加工零件的尺寸一致性好,产品合格率高,加工质量稳定。

(4)自动化程度高。操作者除了操作键盘、装卸零件、安装刀具、完成关键工序的中间测量以及观察机床的运行之外,不需要进行繁重的重复性手工操作,劳动强度与紧张程度均可大为减轻,劳动条件也得到相应的改善。

(5)能完成复杂型面的加工。数控加工运动的任意可控性使其能完成普通加工方法难以完成或者无法进行的复杂型面加工。

(6)有利于生产管理的现代化。用数控机床加工零件,能准确地计算零件的加工工时,并有效地简化了检验和工夹具、半成品的管理工作。这些特点都有利于使生产管理现代化,便于实现计算机辅助制造。数控机床及其加工技术是计算机辅助制造系统的基础。

1.2　数控机床的工作原理和组成

国家标准《工业自动化系统　机床数值控制　词汇》(GB/T 8129—2015)将数控定义为:用数值数据的控制装置,在运行过程中,不断地引入数值数据,从而对某一生产过程实现自动控制。国际信息处理联盟(International Federation of Information Processing,IFIP)将数控机床定义为:数控机床是一种装有程序控制系统的机床,机床的运动和动作按照这种程序控制系统发出的由特定代码和符号编码组成的指令进行。这种程序控制系统称为机床的数控系统。

1.2.1　数控机床的工作原理

数控机床是用数字信息进行控制的机床,即把机械零件的形状尺寸以及加工过程的工艺信息,以数字化的形式进行表示,通过信息载体输入数控装置,经过译码和运算处理,由数控装置发出各种控制信号,控制机床的动作,按图纸要求的形状和尺寸,自动地将零件加工出来。数控加工基本过程如图 1-1 所示。

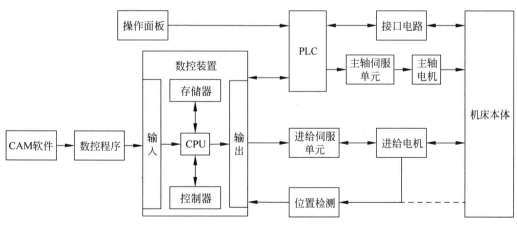

图 1-1　CNC 系统框图

数控机床加工零件时,首先应编制零件的数控程序,这是数控机床的工作指令。将数控程序输入到数控装置,再由数控装置控制机床主运动的变速、启停,进给运动的方向、速度和位移大小,以及诸如刀具选择交换、工件夹紧松开和冷却润滑的启停等动作,使刀具与工件及辅助装置严格地按照数控程序规定的顺序、路程和参数进行工作,从而加工出形状、尺寸与精度符合要求的零件。

1.2.2　数控机床的组成

数控机床的种类繁多,但对于一台完整的数控机床,它由数控程序、数控装置、伺服驱动装置、可编程控制器 PLC、机床本体及辅助装置组成。

1. 数控程序

数控程序是数控机床自动加工零件的工作指令,即程序员根据零件的工艺图纸给出的零件几何数据和加工控制需要的工艺数据,按照规定的由字母、数字与符号组成的标准代码(如 ISO 标准代码或 EIA 标准代码)编写出的加工程序清单。编制程序的工作可由人工进行,也可在计算机上用软件自动完成。编好的数控程序存放在便于输入到数控装置的一种控制介质上。

2. 数控装置(CNC 单元)

数控装置是数控机床的核心,它是由中央处理器 CPU、存储器、各种 I/O 接口等设备组成的计算机系统。数控装置的任务首先是对输入装置输入的代码信息进行译码和数据转换,处理成便于控制和加工运算的信息并分别存入各自的存储区域内。其次是根据上述信息进行必要的运算,输出各种信号和指令控制机床的各个部分进行规定的、有序的动作,如:将经插补运算得出的各坐标轴的进给速度、进给方向和位移量指令,送伺服驱动系统驱动执行部件作进给运动;主轴的启停、变速、换向信号;控制冷却、润滑的启停,工件和机床部件松开、夹紧等辅助指令信号。因此,数控装置主要由输入、信息处理和输出三个基本部分构成。而所有这些工作都由计算机的系统程序进行合理的组织,使整个系统协调地进行工作。

1) 输入装置

将 NC 程序代码读入数控装置。它可以是磁盘驱动器、读卡器或一个接口,近年生产的数控机床一般都采用微处理器数控装置,它有专用接口,可以直接接收外界计算机中的 NC 程序代码信息,甚至可从网络远程调入加工程序,并将加工状态信息通过网络传送出去,以进行远程实时监控。现代数控机床还可以通过手动方式(MDI 方式),将工件数控程序用数控系统操作面板上的按键,直接键入 CNC 单元,并在显示器上显示。

2) 信息处理

输入装置将加工信息传给 CNC 单元,编译成计算机能识别的信息,由信息处理单元按照控制程序规定,逐步存储并进行处理后,通过输出单元发出位置和速度指令给伺服系统和主运动控制部分。

3) 输出装置

输出装置与伺服机构相连,根据控制器的命令接收运算器的输出脉冲,并把它送到各坐标的伺服控制系统,经过功率放大,驱动伺服系统,从而控制机床按规定要求运动。

3. 伺服系统和位置测量反馈系统

伺服系统是数控机床的执行部件,其主要任务是把数控装置发来的命令信息进行功率放大,然后驱动机床的运动部件,完成指令规定的运动。伺服系统由伺服驱动电路和伺服驱动装置组成,并与机床上的执行部件和机械传动部件组成数控机床的进给系统。每个进给运动的执行部件都配有一套伺服系统。目前数控机床常用的伺服驱动装置有功率步进电动机、直流伺服电动机、交流伺服电动机和直线电动机。

测量元件将数控机床各坐标轴的实际位移值检测出来并经反馈系统输入到机床的数控装置中,数控装置对反馈回来的实际位移值与指令值进行比较,并向伺服系统输出达到设定值所需的位移量指令。

4. 机床本体及辅助装置

数控机床的机械部件包括主运动部件、进给运动执行部件(如工作台、拖板及其传动部件)和床身立柱等支承部件,此外,还有冷却、润滑、转位和夹紧等辅助装置。对于加工中心类的数控机床,还有存放刀具的刀库、交换刀具的机械手等部件。数控机床机械部件的组成与普通机床相似,但传动结构要求更为简单,机床的静态和动态刚度要求更高,传动装置的间隙要求尽可能小,滑动副的摩擦系数要小,并要有恰当的阻尼,以适应对数控机床高定位精度和良好的控制性能的要求。

5. 可编程控制器(PLC)

接收数控装置输出的主运动变速、刀具选择交换、辅助装置动作等指令信号,经编译、逻辑判断、功率放大以后直接驱动相应的电器、液压、气动和机械部件,以完成指令所规定的动作。此外,行程开关和监控检测等开关也要经过 PLC 送到数控装置进行处理。有的数控系统将 PLC 装在数控装置之外,称为独立式 PLC;也有数控系统将 PLC 与数控装置合为一体,称为内装型 PLC。

1.3　数控机床的分类

数控机床的种类繁多,根据数控机床的功能和组成的不同,可以从多种角度对数控机床进行分类。

1. 按工艺用途分类

1)普通数控机床

数控机床是在传统的普通机床的基础上发展起来的,各种类型的数控机床基本上起源于同类型的普通机床,可分为数控车床、数控铣床、数控钻床、数控磨床、数控齿轮加工机床等,而且每一类又包含很多品种,例如数控铣床中就有立铣、卧铣、工具铣、龙门铣等,这类机床的工艺性能和通用机床相似。

2)加工中心机床

这是一种在普通数控机床上加装一个刀具库和自动换刀装置而构成的数控机床。它和普通数控机床的区别是工件经一次装夹后,数控系统能控制机床自动地更换刀具,自动连续地对工件各加工面进行铣(车)、镗、钻、铰、攻螺纹等多工序加工。加工中心可分为铣削加工中心和车削加工中心。

3)金属成形类数控机床

成形机床可以通过其配套的模具对材料施加强大的作用力使其发生物理变形从而得到想要的几何形状,比如折弯机、剪板机、冲床及锻压机床等。另外,通过挤压、烧结、熔融、光固化、喷射等方式进行逐层堆积的 3D 打印机也属于此类机床。

4）数控特种加工机床

如数控线切割机床、数控电火花加工机床、数控激光切割机床等。

5）其他类型的数控机床

如数控火焰切割机、数控三坐标测量机等。

2. 按运动方式分类

1）点位控制（point-to-point control）数控机床

点位控制数控机床只控制刀具或部件从一点到另一点位置的精确定位，而不控制移动轨迹，在移动和定位过程中不进行任何加工。因此，为了尽可能减少移动刀具或部件的运动与定位时间，通常先以快速移动接近终点坐标，然后以低速准确移动到定位点，以保证定位精度。例如数控坐标镗床、数控钻床、数控冲床、数控点焊机、数控折弯机等都是点位控制机床。图 1-2 所示为点位控制系统的工作原理。

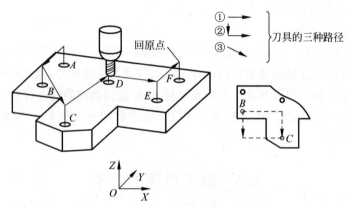

图 1-2　点位控制系统的工作原理

2）直线控制（straight-line control）数控机床

直线控制数控机床有时也称为点位直线控制数控机床，它不仅能控制刀具或移动部件从一个位置到另一个位置的精确移动，而且能以适当的进给速度，沿平行于坐标轴的方向进行直线移动和加工；或者控制两个坐标轴以同样的速度运动，沿 45°斜线进行切削加工。部分数控车床、数控镗铣床、数控磨床属于直线控制数控机床。直线控制的数控车床只有两个坐标轴，可用于阶梯轴加工。直线控制的数控铣床有三个坐标轴，可用于平面铣削加工。图 1-3 所示为直线控制系统的加工原理。

3）轮廓控制（continuous path control）数控机床

轮廓控制数控机床也称连续控制系统，其特点是能够对两个或两个以上的坐标轴同时进行连续控制，它不仅能控制机床移动部件的起点与终点坐标，而且要控制整个加工过程每一点的速度与位移量。也就是说，要控制移动轨迹，按给定的平面直线、曲线或空间曲面轮廓运动，加工出形状复杂的零件。这种系统要比点位直线系统更复杂，在加工过程中需要不断进行插补运算，然后进行相应的速度与位移控制，且其一般具有刀具长度和刀具半径补偿功能。图 1-4 所示为两坐标轮廓控制系统的工作原理。大多数数控机床具有轮廓控制功能，如数控车床、数控铣床、加工中心等。

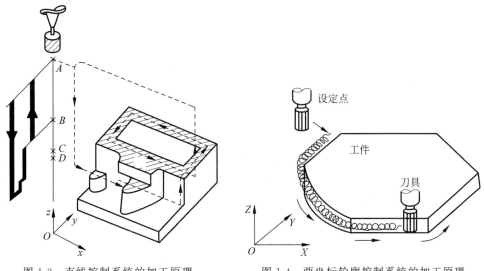

图 1-3　直线控制系统的加工原理　　　　图 1-4　两坐标轮廓控制系统的加工原理

3. 按控制方式分类

1）开环控制（open loop control）系统

开环控制系统是指不带反馈装置的控制系统。数控装置根据信息载体上的指令信号，经控制运算发出指令脉冲，使伺服驱动元件转过一定的角度，并通过传动齿轮、滚珠丝杠螺母副，使执行机构（如工作台）移动或转动。开环控制系统框图如图 1-5 所示，这种控制方式没有来自位置测量元件的反馈信号，对执行机构的动作情况不进行检查，指令流向为单向，因此被称为开环控制系统。

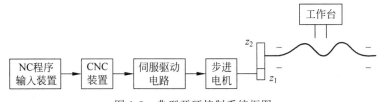

图 1-5　典型开环控制系统框图

步进电动机伺服系统是最典型的开环控制系统，这种控制系统的特点是系统简单、调试维修方便、工作稳定、成本较低。由于开环系统的精度主要取决于伺服元件和机床传动元件的精度、刚度和动态特性，也不能进行误差校正，因此控制精度较低，所以，开环控制系统一般应用于精度要求不高的经济型数控系统。

2）闭环控制（closed loop control）系统

闭环数控机床的进给伺服系统是按闭环原理工作的。图 1-6 所示为典型的闭环进给系统。将位置检测装置安装在机床运动部件上，加工中将测量到的实际位置值反馈到数控装置中，将反馈信号与位移指令值随时进行比较，根据其差值与指令进给速度的要求，按一定规律转换后，得到进给伺服系统的速度指令，最终实现移动部件的精确定位。闭环伺服系统的优点是精度高、速度快，因此主要应用于精度要求较高的数控镗铣床、数控超精车床和数控超精镗床等。

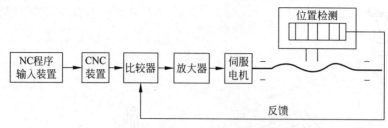

图 1-6　典型闭环控制系统框图

从理论上讲,闭环系统的运动精度主要取决于检测装置的精度,而与传动链的误差无关。但由于该系统受进给丝杠的拉压刚度、扭转刚度、摩擦阻尼特性和间隙等非线性因素的影响,给测试工作带来很大的困难。若各种参数匹配不适当,会引起系统振荡,造成系统工作不稳定,影响定位精度。所以闭环控制系统安装调试非常复杂,一定程度上限制了其应用范围。

3) 半闭环控制(semi-closed loop control)系统

半闭环控制系统与闭环系统不同之处是检测元件安装在伺服电动机的尾部,通过检测丝杠的转角间接地检测移动部件的位移,然后反馈到数控装置中。由于电动机到工作台之间的传动有间隙和弹性变形、热变形等因素,因而检测的数据与实际的坐标值有误差。由于角位移检测装置比直线位移检测装置的结构简单,安装方便,检测元件不容易受损害,且惯性较大的机床移动部件不包括在闭环之内,系统的调试比较方便,因此配有精密滚珠丝杠和齿轮的半闭环系统目前应用较多。图 1-7 所示为半闭环控制系统框图。

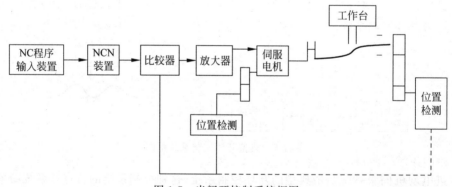

图 1-7　半闭环控制系统框图

4. 其他分类方法

1) 按数控机床的功能水平分类

数控机床按其功能水平可分为低档、中档和高档数控机床。

低档数控机床也称经济型数控机床。其特点是根据实际的使用要求,合理地简化系统,以降低产品价格。目前,我国把由单片机或单板机与步进电机组成的数控系统和功能简单、价格低的系统称为经济型数控系统,主要用于车床、线切割机床以及旧机床的数控化改造等。低档数控机床的主 CPU 一般为 16 位或 32 位,采用开环步进电动机驱动,脉冲当量为 $0.005\sim0.01\mathrm{mm}$,快进速度为 $4\sim10\mathrm{m/min}$。

中档数控机床的主 CPU 一般为 32 位,具备较齐全的 LCD 显示,可以处理字符和图形,还可以进行人机对话、自诊断等。伺服系统为半闭环直流或交流伺服系统,脉冲当量为 0.005～0.001mm,快进速度为 15～24m/min。

高档数控机床的主 CPU 一般为 32 位或 64 位,LCD 显示除具备中档的功能外,还具有三维图形显示功能等。伺服系统为闭环的直流或交流伺服系统,脉冲当量为 0.001～0.0001mm,快进速度为 15～240min。

2) 按可联动的坐标数分类

某些种类的数控机床,由于可联动的坐标数不同,其加工能力区别很大。如数控镗铣床,如果只能两坐标联动,则只能加工平面曲线表面。若能三坐标联动,则能加工三维空间表面。为使刀具能合理切削,刀具的回转中心线也要转动,因此需要更多的坐标联动,五坐标联动的镗铣床能够加工螺旋桨表面。因此在识别数控机床时,还要考察坐标联动数。机床具有的坐标轴数不等于坐标联动数,具有的伺服电机数也不等于坐标联动数。坐标联动数是指由同一个插补程序控制的移动坐标数,这些坐标的移动规律是按照所加工的轮廓表面规定的。

1.4 数控技术的发展

1.4.1 数控系统及数控机床的发展历程

自 1952 年第一台数控机床问世,随着计算机、自动控制、伺服驱动与自动检测等技术的迅速发展,表征数控机床的水平和决定数控机床功能与特性的数控系统,取得了长足的发展。数控系统最早是由电子管、继电器和模拟电路组成的,一般称之为第一代数控系统。其后在 20 世纪 50 年代末出现了采用晶体管电路的第二代数控系统。60 年代中期,中、小规模集成电路在数控系统中的应用使数控系统发展到了第三代。这三代数控系统均为硬件式数控,其输入处理、插补运算和控制功能都由专用的固定组合逻辑电路来实现,不同功能的机床,其组合逻辑电路也不相同。改变或增减控制、运算功能时,需要改变数控装置的硬件电路,因此通用性、灵活性差,制造周期较长,成本高。20 世纪 70 年代初,小型计算机逐渐普及并被应用于数控系统,数控系统中的许多功能由软件实现,简化了系统设计并增加了系统的灵活性和可靠性,计算机数控(CNC)技术从此问世,数控系统发展到第四代。1974 年,以微处理器为基础的 CNC 系统问世,标志着数控系统进入了第五代。1977 年,麦道飞机公司推出了多处理器的分布式 CNC 系统。到 1981 年,CNC 达到了全功能的技术特征,其体系结构朝柔性模块化方向发展。1986 年以来 32 位 CPU 在 CNC 中得到了应用,CNC 系统进入了面向高速、高精度、柔性制造系统(FMS)和自动化工厂(FA)的发展阶段。

20 世纪 90 年代以来,受通用微机技术飞速发展的影响,数控系统正朝着以通用微机(个人计算机——PC)为基础、体系结构开放和智能化的方向发展。1994 年基于 PC 的 NC 控制器在美国首先出现于市场,此后得到迅速发展。由于基于 PC 的开放式数控系统可充分利用通用微机丰富的软硬件资源和适用于通用微机的各种先进技术,已成为数控技术发展的潮流和趋势。

在伺服驱动方面,随着微电子、计算机和控制技术的发展,伺服驱动系统的性能也在不断提高,从最初的电液伺服控制和功率步进电机开环控制驱动发展到直流伺服电机和目前广泛应用的交流伺服电机闭环(半闭环)控制驱动,并由模拟控制向数字化控制方向发展。在高性能的数控系统上已普遍采用数字化的交流伺服驱动,使用高速数字信号处理器(DSP)和高分辨率的检测器,以极高的采样频率进行数字补偿,实现伺服驱动的高速和高精度化。同时,新的控制方法,如 FANUC-15M 采用的前馈预测控制和非线性补偿控制方法以及 FANUC-16M 中的逆传递函数控制法也被不断采用,以进一步提高伺服控制精度。

1958 年美国 Kearney&Trecker 公司开发了世界上第一台加工中心,从而揭开了加工中心的序幕。1967 年,英国首先把几台数控机床连接成具有柔性的加工系统,这就是最初的 FMS。20 世纪 70 年代,由于 CNC 系统和微处理机数控系统的研制成功,使数控机床进入一个较快的发展时期。80 年代以后,随着数控系统和其他相关技术的发展,数控机床的效率、精度、柔性和可靠性进一步提高,品种规格系列化,门类扩展齐全,FMS 也进入实用化阶段。80 年代初出现了投资较少、见效快的 FMC。

目前,以发展数控单机为基础,并加快了向 FMC、FMS 及计算机集成制造系统(CIMS)全面发展的步伐。数控加工装备的范围也正迅速延伸和扩展,除金属切削机床外,不但扩展到铸造机械、锻压设备等各种机械加工装备,而且延伸到非金属加工行业中的玻璃、陶瓷制造等各类装备。数控机床已成为国家工业现代化和国民经济建设中的基础与关键装备。

1.4.2 数控机床的发展现状与趋势

近十多年来,数控机床借助于微电子、计算机技术的飞速进步,正向着高精度、多功能、高速化、高效率、复合加工功能、网络化、开放式、智能化等方向迈进,明显地反映出时代的特征,主要表现在以下几方面。

1. 高速度化

高速化指数控机床的高速切削和高速插补进给,目标是在保证加工精度的前提下,提高加工速度。这不仅要求数控系统的处理速度快,同时还要求数控机床具有大功率和大转矩的高速主轴、高速进给电动机、高性能的刀具、稳定的高频动态刚度。

(1) 机床广泛采用电主轴(内装式主轴电机),主轴最高转速达 200 000r/min。

(2) 在分辨率为 $0.01\mu m$ 时,最大进给率达到 24m/min,且可获得复杂型面的精确加工。

(3) 微处理器的迅速发展为数控系统向高速、高精度方向发展提供了保障,现代数控系统 64 位处理器已经普遍应用。由于运算速度的极大提高,使得当分辨率为 $0.01\mu m$、$0.1\mu m$ 时仍能获得高达 24~240m/min 的进给速度。

(4) 目前先进加工中心的刀具交换时间普遍已在 1s 左右,高的已达 0.5s。

2. 高精度化

当代工业产品对精度提出了越来越高的要求,像仪器、钟表、家用电器等都有相当高精度的零件,典型的高精度零件如陀螺框架、伺服阀体、涡轮叶片、非球面透镜、光盘、磁头、反射鼓等,这些零件的尺寸精度要求均在微米、亚微米级。因此,加工这些零件的机床也必须受到需求的牵引而向高精度发展。数控机床精度的要求现在已经不局限于静态的几何精度,机床的运动精度、热变形以及对振动的监测和补偿越来越获得重视。

(1) 采用高速插补技术,其中以前瞻插补以及 NURBS 插补技术为代表,以微小程序段实现连续进给,使 CNC 控制单位精细化,并采用高分辨率位置检测装置,提高位置检测精度(现在伺服电机已经采用 23 位编码器作为位置检测元件),位置伺服系统采用前馈控制与非线性控制等方法,使 CNC 系统控制精度得到很大提高。

(2)采用综合误差补偿技术,包括反向间隙补偿、丝杠螺距误差补偿和刀具误差补偿等,对设备的热变形误差和空间误差进行综合补偿,可将加工误差减小 60%～80%。

(3)采用网格解码器检查和提高加工中心的运动轨迹精度,并通过仿真预测机床的加工精度,以保证机床的定位精度和重复定位精度,使其性能长期稳定,能够在不同运行条件下完成多种加工任务,并保证零件的加工质量。

3. 功能复合化

复合化包含工序复合化和功能复合化。在一台数控设备上能完成多工序切削加工(如车、铣、镗、钻等)的加工中心,打破了传统的工序界限和分开加工的规程。一台具有自动换刀装置、自动交换工作台和自动转换立卧主轴头的镗铣加工中心,不仅一次装夹便可以完成镗、铣、钻、铰、攻丝和检验等工序,而且还可以完成箱体件 5 个面粗、精加工的全部工序。此外,还出现了与车削或磨削复合的加工中心。

加工过程的复合化也导致机床向模块化、多轴化发展。德国 Index 公司最新推出的车削加工中心是模块化结构,该加工中心能够完成车削、铣削、钻削、滚齿、磨削、激光热处理等多种工序,可完成复杂零件的全部加工。随着现代机械加工要求的不断提高,大量的多轴联动数控机床越来越受到各大企业的欢迎。现代数控系统的控制轴数可多达 16 轴,同时联动轴数已达到 6 轴。

4. 控制智能化

带有自适应控制功能的数控系统可以在加工过程中根据切削力和切削温度等加工参数,自动优化加工过程,从而达到提高生产率、延长刀具寿命并改善加工表面质量等目的。刀具破损监控和刀具智能管理功能可以智能地管理刀具,使得刀具保持最佳工作状态。以工艺参数数据库为支撑的、具有人工智能的专家系统被用于指导加工。

人工智能技术可以实现故障的快速准确定位,并确定故障原因,找出解决问题的办法,积累生产经验。交流伺服驱动装置能自动识别负载,并自动对控制系统参数进行优化和调整,使驱动系统获得最佳运行。在制造过程中,加工、检测一体化是实现快速制造、快速检测和快速响应的有效途径,将测量(Measurement)、建模(Modelling)、加工(Manufacturing)、机器操作(Manipulator)四者(即 4M)融合在一个系统中,实现信息共享,促进测量、建模、加工、装夹、操作的一体化。

5. 极端化(大型化和微型化)

为了适应国防、航空、航天事业和能源等基础产业装备的大型化装备制造,需要大型且性能良好的数控机床的支持。而超精密加工技术和微纳米技术作为 21 世纪的战略技术,需要发展能适应微小型尺寸和微纳米加工精度的新型制造工艺和装备,所以微型机床包括微切削加工(车、铣、磨)机床、微电加工机床、微激光加工机床和微型压力机等的需求量正在逐渐增大。

6. 信息交互网络化、多媒体化

数控机床具有双向、高速的联网通信功能,以保证信息流在车间各个部门间畅通无阻。既可以实现网络资源共享,又能实现数控机床的远程监视、控制、培训、教学、管理,还可实现数控装备的数字化服务(数控机床故障的远程诊断、维护等)。合理的、人性化的富媒体用户界面极大地方便了非专业用户的使用,人们可以通过窗口和菜单进行操作,便于蓝图编程和快速编程、三维彩色立体动态图形显示、图形模拟、图形动态跟踪和仿真、不同方向的视图和局部显示比例缩放功能的实现。

7. 加工过程绿色化

随着日趋严格的环境与资源约束,制造加工的绿色化越来越重要,而中国的资源、环境问题尤为突出。因此,近年来不用或少用冷却液、实现干切削或半干切削的节能环保的机床不断出现,并在不断发展当中。在 21 世纪,绿色制造的大趋势将使各种节能环保机床加速发展,占领更多的世界市场。

8. 高可靠性

数控机床的可靠性是数控机床产品质量的一项关键性指标,数控机床能否发挥其高性能、高精度、高效率,并获得良好的效益,关键取决于可靠性。衡量可靠性的重要的量化指标是平均无故障工作时间(MTBF),数控系统的 MTBF 已由 20 世纪 80 年代的 >10 000h,提高到 90 年代的 >30 000h,而数控整机的 MTBF 也从 80 年代的 100～200h 提高到现在的 500～800h。

9. 插补功能多样化

数控机床除具有直线插补、圆弧插补功能外,有的还具有样条插补、渐开线插补、螺旋插补、极坐标插补、指数曲线插补、圆柱插补等功能。

10. 体系结构开放化

要求新一代数控机床的控制系统是一种开放式、模块化的体系结构。系统的构成要素应是模块化的,同时各模块之间的接口必须是标准化的;系统的软件、硬件构造应是"透明的""可移植的";具有面向未来技术开放的能力,同时具有面向用户特殊要求开放的能力,便于用户更新产品、扩充功能、提供硬软件产品的各种组合以满足其特殊应用要求。

目前,数控机床的发展日新月异,高速、高精度、复合型、智能型、开放式、网络化、极端化、绿色化已成为数控机床发展的趋势和方向。

1.4.3 先进数控技术概述

1. CNC 系统采用高性能 CPU 及开放式体系结构

目前先进的 CNC 系统普遍使用 32 位甚至 64 位 CPU 多总线的体系结构和实时多任务、多用户的操作系统,以提高运算处理速度。以 32 位或 64 位 CPU 为核心的 CNC 系统具有极快的数值处理能力,能同时实现几个过程的闭环控制以及完成高阶计算任务,其应用使得数控系统的输入、译码、计算、输出等环节都是在高速下完成的,并可提高 CNC 系统的分辨率及实现连续小程序段的高速、高精度加工。近几年推出的主要代表产品有德国 SIEMENS 公司的 SINUMERIK850/880 系统、美国辛辛那提公司的 ACRLMATIC2100 系统、日本 FANUC 的 180/210 系统和美国的 AB8600 系统等。

传统数控系统,如 FANUC 0 系统、MITSUBISHI M50 系统、SIEMENS 810 系统等,是一种专用的封闭体系结构的数控系统。尽管也可以由用户做人机界面,但必须使用专门的开发工具(如 SIEMENS 的 WS800A),耗费较多的人力,而对它的功能扩展、改变和维修,都必须求助于系统供应商。目前,这类系统还是占领了制造业的大部分市场。但由于开放体系结构数控系统的发展,传统数控系统的市场正在受到挑战,其市场已逐渐减小。

新一代数控系统体系结构向开放式系统发展。CNC 制造商、系统集成者、用户都希望"开放式的控制器",能够自由地选择 CNC 装置、驱动装置、伺服电动机、应用软件等数控系统的各个构成要素,并能采用规范的、简便的方法将这些构成要素组合起来。国际上主要数控系统和数控设备生产国及其厂家瞄准通用个人计算机(PC 机)所具有的开放性、低成本、高可靠性、软硬件资源丰富等特点,自 20 世纪 80 年代末以来竞相开发基于 PC 的 CNC,并提出了开放式 CNC 体系结构的概念。国际上与开放性数控相关的项目比较多,目前最具影响力的有欧盟的 OSACA(Open System Architecture for Control within Automation)、日本的 OSE(Open System Environment)、美国的 OMAC(Open Modular Architecture Controller)及美国的 SOSAS(Specification for an Open System Architecture Standard),这些计划的发展现状基本上代表了开放式数控的发展情况。以美国 NGC(Next Generation Controller)计划为例,其核心就是建立一个有硬件平台和软件平台的开放式系统,开发 SOSAS,用于管理工作站和机床控制器的设计和结构组织。

基于 PC 的开放式 CNC 大致可分为以下 3 类:

(1) 专用 CNC＋PC 型。即在传统数控系统中简单地嵌入 PC 技术,使得整个系统可以共享一些计算机的软、硬件资源,计算机主要完成辅助编程、分析、监控、指挥生产、编排工艺等工作。这种数控系统由于其开放性只在 PC 部分,其专业的数控部分仍处于瓶颈结构。

(2) 运动控制器＋PC 型。即完全采用以 PC 为硬件平台的数控系统。这种系统近年的提法比较多,主要基于 PC 或 PC Base 等,其中最主要的部件是计算机和控制运动的控制器。控制器以美国 Delta Tau 公司生产的 PMAC 多轴运动控制器最为出色。控制器本身具有 CPU,同时开放包括通信端口、结构在内的大部分地址空间,辅以通用的动态链接库(DLL),与 PC 结合得最为紧密。这种系统的特点是灵活性好、功能稳定、可共享计算机的所有资料,目前已达到远程控制等先进水平。

(3) 软件型开放式数控系统。这是一种最新开放体系的数控系统。其基本开发方法是通过 Windows 内核补丁(内核/内核驱动级别,INtime、Kithra Software、IntervalZero RT 等公司可以提供),将 Windows 改造为具有实时能力,使其可以作为软件型数控开发平台。这种方式能够提供给用户最大的选择性和灵活性,它的 CNC 全部装在 PC 机中,而硬件部分仅是计算机与伺服驱动和外部 IO 之间的标准化接口。用户可以在 Windows 平台上利用开放的 CNC 内核开发所需的功能,构成各种类型的高性能数控系统。与前面开放方式相比,软件型数控系统具有最为灵活的扩展能力、最高的性价比,因而最有生命力。通过软件智能来代替复杂的硬件逻辑,正在成为当代数控系统的发展趋势。典型产品有美国 MDSI 公司的 Open CNC、德国 Power Automation 的 PA8000 等。PA8000 系列全功能数控系统被广泛应用于车、铣、钻、镗、磨、复合机床以及激光切割等各种机械加工领域,可以最多控制 32 轴联动。"软件就是 CNC"已经成为现实。

2. 普遍采用全数字式交流伺服系统

数控机床的高速、高精度化,要求机床主轴和进给驱动要具有更高的速度和更好的动静态位置控制精度。随着电力电子、调速理论、集成电路等技术的发展,交流伺服系统已取代直流伺服系统,成为数控机床伺服系统的主流。目前,数控系统大多采用全数字式交流伺服,电机的位置、速度、电流环均实现数字化,实现了几乎不受机械负荷变动影响的高精度、高速响应的伺服控制,使加工过程柔性化和自动化,实现了高分辨率,保证了加工精度。高性能数字伺服控制技术的应用,使原来许多由硬件实现的功能,改由软件实现,如合理选择升降速控制,减小由此引起的误差;采用前馈控制,减小因伺服滞后引起的误差;加工误差大的夹角部分自行采用降速加工,保证加工质量等。应用高精度位移和转速传感器,应用现代控制理论的各种控制算法,可在系统中进行在线控制,它可进行非线性补偿以及静动态惯性补偿值的自动设定和更新等,在一定精度的要求下,可使响应速度大幅提高。

3. 直线电动机已开始推广应用

数控机床的主轴高速化,使得直线电动机伺服驱动得到应用和发展。直线电动机取代传统以滚珠丝杠为核心的进给驱动系统主要有如下优势:传动结构简单、高速化、传动效率高、动态特性好,便于保养,便于长行程化。直线电动机的运动轨迹为直线,可直接提高机床部件的运动精度。由美国 Anorad 公司开发的机床进给驱动直线电动机,是由永久磁铁与励磁线圈构成的 DC 无刷式直线电动机,其耐冲击能力(峰值载荷)高达 9000N,最大进给速度高达 8m/s,最大加速度高达 10g。

4. 实时以太网技术在运动控制系统中得到越来越广泛的应用

工业以太网通过减轻负荷、全双工通信等对以太网进行扩展,在保证与标准以太网无缝连接的基础上,使其适用于运动控制。其中主流的运动控制总线有 Ehternet PowerLink、PROFINET、SERCOSIII、EtherCAT 和 Ethernet/IP。这些总线协议,目前普遍采用 100M 通信速率,大多具有 $100\mu s$,最低至 $25\mu s$ 的循环周期控制能力。图 1-8 所示为一种基于 EtherCAT 的总线型运动控制系统拓扑结构示意图。

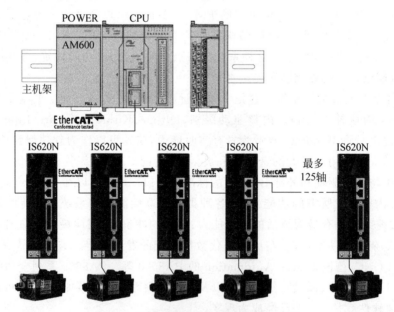

图 1-8　总线型运动控制系统拓扑示意图

总线型运动控制系统具有以下主要特点:控制器与驱动器之间采用全数字总线连接,每个驱动器自己构成了一个节点,驱动器内完成系统闭环(位置环、速度环及电流环);控制器输出位置指令信号给每个节点;系统中的各个环节都可以通过总线组合在一起;分布式时钟技术保证了轴之间的同步时间偏差小于 $1\mu s$。

总线型模式使得系统开放性成为可能,其具有以下主要优点:可以实现非常多的轴的控制,甚至 100 轴的控制;可以实现分布式控制,因为传递的是全数字总线协议,控制器与单台驱动器可以距离很远,理论上可以达到 100m;可以实现不同的网络拓扑结构;控制器与驱动器之间的连接非常简单,可以实现运动控制与 PLC 的完美结合;在控制器中也能获得很多与电机相关的参数与状态。

总线型模式主要有以下缺点:成本高;控制器与驱动器需要支持相同的总线协议,且驱动器要实现 3 闭环,需要更高的处理能力;总线协议多,不同厂家的总线产品不能兼容,很难实现全闭环控制。

5. 驱动并联化

并联运动机床是一种全新结构的数控机床,最早出现在美国 IMTS'94 机床博览会上,被称为"六条腿"的机床。这种新型结构机床的 6 条腿能自由伸缩,没有导轨和拖板,也称为虚轴机床(virtual axis machine)。并联运动机床克服了传统机床串联机构移动部件质量大、系统刚度低、刀具只能沿固定导轨进给、作业自由度偏低、设备加工灵活性和机动性不够等固有缺陷,在机床主轴(一般为动平台)与机座(一般为静平台)之间采用多杆并联连接机构驱动,通过控制杆系中杆的长度使杆系支撑的平台获得相应自由度的运动,可实现多坐标联动数控加工、装配和测量多种功能,更能满足复杂特种零件的加工,具有现代机器人的模块化程度高、质量轻和速度快等优点。并联运动机床的精度相当于测量机,比传统机械加工中心高 2～10 倍;刚度为传统机械加工中心的 5 倍;对零件轮廓的加工效率是传统加工中心的 5～10 倍。这种机床结构设想是德国 STEWART 于 1962 年提出的,称之为数学造型机床,今天借助计算机技术的进步得以实现。

并联机床作为一种新型的加工设备,已成为当前机床技术的一个重要研究方向,受到了国际机床行业的高度重视,被认为是"自发明数控技术以来在机床行业中最有意义的进步"和"21 世纪新一代数控加工设备"。

6. 数控标准 STEP-NC

国际上正在研究和制定一种新的 CNC 系统标准 ISO14649(STEP-NC),其目的是提供一种不依赖于具体系统的中性机制,能够描述产品整个生命周期内的统一数据模型,从而实现整个制造过程乃至各个工业领域产品信息的标准化。标准化的编程语言,既方便用户使用,又降低了和操作效率直接有关的劳动消耗。

STEP-NC 的出现可能是数控技术领域的一次革命,对于数控技术的发展乃至整个制造业将产生深远的影响。传统的制造理念中,加工程序都集中在单个计算机上。STEP-NC 提出一种崭新的制造理念,即 NC 程序可以分散在互联网上,这正是数控技术开放式、网络化的发展方向。STEP-NC 是一种在 CAD/CAM 系统和 CNC 机床之间进行数据交换的模型,它使用工步的概念,通过描述加工过程而不是机床运动来弥补 ISO6983(G、M 代码)的不足。它是基于制造特征进行编程,而不是直接对刀具运动进行编程。STEP-NC 数控系统可以大大减少加工图纸(约 75%)、加工程序编制时间(约 35%)和加工时间(约 50%)。

1.4.4　我国数控产业现状及发展

1. 我国数控产业现状

我国从 20 世纪 50 年代末期,开始研究数控技术,开发数控产品。1958 年,清华大学和北京第一机床厂合作研制了我国第一台数控铣床。由于种种原因,我们错过了 20 世纪

70—80 年代的新型工业化大发展时期,导致我国的机械装备制造产业到现在为止仍然处在赶超发达国家的阶段。20 世纪 80 年代以来,国家对数控机床的发展十分重视,经历了"六五""七五"期间的消化吸收引进技术以及"八五"期间科技攻关开发自主版权数控系统两个阶段,已为数控机床的产业化奠定了良好基础,并取得了长足的进步。"九五"期间数控机床发展已进入实现产业化阶段,产业化规模有了较大幅度的提高,形成了十几个普及型数控机床的产业化基地和开发中心,使得我国与先进国家的差距正在迅速缩小。特别是《国家中长期科学和技术发展规划纲要(2006—2020 年)》将"高档数控机床与基础制造装备"确定为 16 个科技重大专项之一。通过国家相关计划的支持,我国在数控机床关键技术研究方面有了较大突破,创造了一批具有自主知识产权的研究成果和核心技术。尤其是现在随着开放式数控系统概念的提出,使得我国的数控技术研究与国外站在了同一起点上。

当前,我国数控系统正处在由研究开发阶段向推广应用阶段过渡的关键时期,也是由封闭型系统向开放型系统过渡的时期。从生产规模上看,已拥有了像广州数控、航天数控集团、华中数控系统有限公司、北京机床研究所等可实现批量生产的产业化基地。我国数控系统在技术上已趋于成熟,在部分重大关键技术上(包括核心技术)已达到国外先进水平,已开发出具有自主知识产权的基于 PC 机的开放式智能化数控系统。

目前国产数控机床已达 1500 种,覆盖超重型机床、高精度机床、特种加工机床、锻压设备、前沿高技术机床等领域,产品种类可与日、德、意、美等国并驾齐驱。曾长期困扰我国,并受到西方国家封锁的多坐标联动数控系统和数控机床技术已日渐成熟,并进入生产应用阶段。特别是在五轴联动数控机床、数控超重型机床、立式卧式加工中心、数控车床、数控齿轮加工机床领域部分技术已经达到世界先进水平。国产五轴联动数控机床品种日趋增多,国际强手对中国限制的五轴联动加工中心、五轴数控铣床、五轴龙门铣床、五轴落地铣镗床等均在国内研制成功,改变了国际强手对数控机床产业的垄断局面。

2. 我国数控产业存在的问题

虽然我国在数控机床领域取得了非常大的突破,但是由于中国技术水平和工业基础与先进国家相比还比较落后,数控机床的性能、水平和可靠性与工业发达国家相比,差距还是很大,尤其是数控系统的控制可靠性还较差,数控产业尚有很长的路要走,主要问题有以下几个:

(1)核心技术严重缺乏。国产数控机床的关键零部件(伺服控制器、伺服电机)和关键技术主要依赖进口,国内真正大而强的企业并不多。国内能制造的中、高端数控机床,更多处于组装和制造环节,普遍未掌握核心技术。国产数控系统软件水平很高,但在电器硬件方面还需进一步提高。

(2)数控功能部件是另外一个薄弱环节。功能部件的性能和价格决定了数控机床的性能和价格。国产数控机床的主要故障大多出在功能部件上,它是影响国产数控机床使用的主要根源。特别是数控刀具滞后现象反映相当强烈。由于国产刀具品种少、寿命短,严重影响数控机床效率的发挥。数控立卧回转工作台、数控分度盘和数控电动刀架等数控功能部件市场中,海外商家也稍胜一筹。

(3)民族品牌与国际品牌差距明显。品牌知名度上的差距,导致用户在选择加工设备时把更多的机会给了海外数控机床行业的一些"实力派"。

(4)技术创新和成果转化与市场脱节。多数企业在确定数控技术创新项目上没有突出重点,市场定位不明确,不能集中力量、突破重点、带动整体,项目安排带有盲目性。首先,盲目跟随国际技术潮流增加生产能力;其次技术创新取得成果后,缺乏市场化的全面安排,质量保证体系不健全;再次,不重视质量和服务。

(5) 缺乏先进的管理机制。多数企业生产经营缺乏动力、自我约束机制不健全、劳动生产率低下,以企业为主体、产学研相结合的技术创新体系尚未形成,没有建立健全吸引高层次、高素质人才的创新创业环境,没有真正让市场在资源配置中起基础作用。

3. 我国数控机床发展策略

为了振兴制造业,我国政府实施制造强国战略第一个十年的行动纲领"中国制造2025"。"中国制造 2025"提出,坚持"创新驱动、质量为先、绿色发展、结构优化、人才为本"的基本方针,坚持"市场主导、政府引导,立足当前、着眼长远,整体推进、重点突破,自主发展、开放合作"的基本原则,通过"三步走"实现制造强国的战略目标:第一步,到 2025 年迈入制造强国行列;第二步,到 2035 年中国制造业整体达到世界制造强国阵营中等水平;第三步,到新中国成立一百年时,综合实力进入世界制造强国前列。

以"中国制造 2025"为契机,以汽车及其零部件制造业、以航空航天为代表的高新技术产业的加速发展,为机床制造业带来了巨大商机。同时,要满足我国重大基础制造和国防工业领域对高档数控机床的巨大需求,摆脱对国外高档数控机床的依赖及垄断,必须突破高档数控机床及相应高性能功能部件的关键技术。只要我们紧跟目前开放式数控系统潮流,坚持以市场需求为导向,以主机为牵引,统筹考虑数控系统与功能部件、关键部件与主机的关系,推行数字制造,以功能部件为基础,以共性技术为支撑,注重技术积累,就一定能够振兴我国机床制造业。

思考与练习

1-1　数控机床由哪几个部分组成?各自的功用如何?

1-2　数控机床的特点有哪些?

1-3　点位控制方式与轮廓控制方式有哪些区别?各适用于哪些场合?

1-4　开环控制系统、半闭环控制系统与闭环控制系统有何特点?它们分别应用在哪些场合?

1-5　数控加工技术的发展趋势是什么?

1-6　数控系统发展趋势呈现哪些特点?

第2章　数控机床的程序编制

2.1　程序编制的基本概念

编制数控加工程序时,要把加工零件的工艺过程、运动轨迹、工艺参数和辅助操作等信息,按运动顺序和所用数控机床规定的指令代码及程序格式编成加工程序单,通过输入装置,将其输入到数控系统中,使数控机床进行自动加工。从分析零件图样开始到获得正确的程序为止的全过程,称为零件加工程序的编制,以后也简称为编程。

在普通机床上加工工件时,一般是由工艺人员按照设计图样事先制定好工件的加工工艺规程,工艺规程中规定了工件加工的工艺路线、工步的选择、切削用量等内容。操作人员按工艺规程的各个步骤操作机床,机床的启动、停止、主轴转速的改变、进给速度和方向的改变等都由操作工人手工操纵。

在数控机床上加工工件与在普通机床上的方式不同,它是按照事先编好的程序自动地进行加工。编程人员必须把被加工零件的全部工艺过程、工艺参数和位移数据编制成零件加工程序,用它来控制机床加工,编制出的数控加工程序要比制定普通机床的加工工艺规程复杂和细致得多。数控机床之所以能加工出各种形状和尺寸的零件,就是因为可为它编制出不同的加工程序。

目前零件加工程序编制主要采用以下两种方法:手工编程和自动编程。

手工编程时,整个程序的编制是由人工完成的。编程人员通过使用各种数学方法,人工进行刀具轨迹的运算,并编制指令。这种方式比较简单,很容易掌握,适应性较强,适用于较简单或中等复杂程度、计算量不大的零件编程。要求编程人员不仅要熟悉数控代码及编程规则,而且还必须具备机械加工工艺知识和数值计算能力。

自动编程是指利用 CAD/CAM 技术进行零件设计、分析和造型,并通过后置处理,自动生成加工程序,经过程序校验和修改后,形成加工程序。该种方法适用于制造业中的 CAD/CAM 集成系统,目前正被广泛使用。该方法适应面广、效率高、程序质量好,适用于各类柔性制造系统(FMS)和集成制造系统(CIMS)。

本章主要学习手工编程,并为 CAD/CAM 自动编程的学习打下基础。

2.1.1　程序编制的内容和步骤

数控编程的具体内容和步骤如下:

(1) 分析工件图样。通过对工件的材料、形状、尺寸、精度及毛坯形状和热处理进行分析,确定该工件是否适宜在数控机床上进行加工,以及适宜在哪台数控机床上加工。根据数控机床加工精度高、适应性强的特点,对于批量小、形状复杂、精度要求高的工件,特别适合于在数控机床上加工。

(2) 确定工艺过程。在确定加工工艺过程时,编程人员要根据图样对工件的形状、尺寸、技术要求、毛坯等进行详细分析,从而选择加工方案,确定工步顺序、加工路线、定位夹紧,并合理选用刀具及切削用量等。制定数控加工工艺除考虑通常的一般工艺原则外,还应考虑如何充分发挥所用数控机床的指令功能,使走刀路线短、换刀次数尽可能少等。

(3) 数值计算。根据零件图的几何尺寸、进给路线及设定的工件坐标系,计算工件粗、精加工刀具各运动轨迹关键点的坐标值。对于形状比较简单的零件(如直线和圆弧组成的零件)的轮廓加工,需要计算出几何元素的起点、终点、圆弧的圆心、两几何元素的交点或切点的坐标值,有时还包括由这些数据转化而来的刀具中心运动轨迹的坐标值。对于形状比较复杂的零件(如非圆曲线、曲面组成的零件),需要用直线段或圆弧段逼近,计算出逼近线段的交点坐标值,并限制在允许的误差范围以内,这种情况一般要用计算机来完成数值计算的工作。

(4) 编写程序单。根据计算出的运动轨迹坐标值和已确定的进给路线、刀具参数、切削参数、辅助动作,按照数控系统规定的功能指令代码及程序段格式,逐段编写加工程序单。在程序段之前加上程序的顺序号,在其后加上程序段结束标志符号。并附上必要的加工示意图、刀具布置图、零件装夹图和有关的工艺文件(如工序卡、机床调整卡、数控刀具卡、夹具卡等),以及必要的说明(如零件名称与图号、零件程序号、机床类型以及日期等)。

(5) 程序校验和试切削。程序单必须经过校验和零件试切后才能正式使用。通常的方法是将程序直接输入数控装置进行机床的空运转检查。对于平面轮廓工件可在机床上用笔代替刀具、用坐标纸代替工件进行空运转画图,检验机床运动轨迹的正确性。对于空间曲面零件,可用木料或塑料工件进行试切,以此检查机床运动轨迹与动作的正确性。在具有屏幕图形显示的数控机床上,则采用另一种校验方法,即用图形模拟刀具相对工件的运动。但这些方法只能粗略检验运动轨迹是否正确,不能检查被加工零件误差的大小。因此还必须进行工件的首件试切。当发现错误时,应分析错误产生的原因,或者修改程序单,或者调整刀具补偿尺寸,直到符合图纸规定的精度要求为止。

程序编制的一般过程如图 2-1 所示。

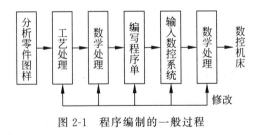

图 2-1　程序编制的一般过程

2.1.2　数控编程的几何基础

统一规定数控机床坐标轴名称及其运动的正负方向,是为了使所编程序对同类型机床有互换性,同时也使程序编制更加简便。目前,国际标准化组织已经统一了标准的坐标系。我国也已制定了国家标准《工业自动化系统与集成　机床数值控制坐标系和运动命名》(GB/T 19660—2005),它与 ISO841 等效。

1. 坐标系的建立

由于机床的结构不同,有的是刀具运动而零件固定,有的是刀具固定而零件运动。在确定编程坐标时,一律规定为零件固定,刀具运动,这一原则可以保证编程人员在不知道是机床移向刀具还是刀具移向机床的情况下,就可以根据图样确定机床的加工过程。

标准的坐标系采用右手直角笛卡儿坐标系统,如图 2-2 所示。这个坐标系的各个坐标轴与机床的主要导轨相平行。直角坐标 X、Y、Z 三轴正方向用右手定则判定,围绕 X、Y、Z 各轴(或与 X、Y、Z 各轴相平行的直线)的回转运动及其正方向 $+A$、$+B$、$+C$ 用右旋螺旋法则判定。与 X、Y、Z、A、B、C 相反的方向相应用 X'、Y'、Z'、A'、B'、C' 表示。通常 X、Y、Z、A、B、C 用于考虑刀具移动的场合,而 X'、Y'、Z'、A'、B'、C' 用在考虑工件运动的场合。

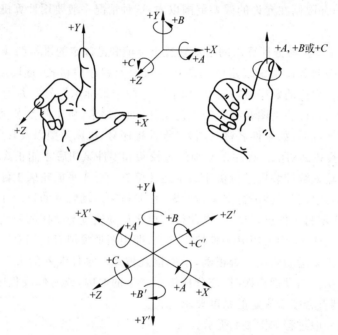

图 2-2　右手直角笛卡儿坐标系

2. 坐标轴的确定

在确定机床坐标轴时,一般先确定 Z 轴,然后确定 X 轴和 Y 轴,最后确定其他轴。机床某一零件运动的正方向,即坐标轴的正方向,是指增大工件和刀具之间距离(即增大工件尺寸)的方向。

(1) Z 轴。一般取产生切削力的主轴轴线为 Z 轴,刀具远离工件方向为正向。当机床有几个主轴时,则尽可能选取垂直于工件装夹面的主要轴为 Z 轴;当机床无主轴时,以与装夹工件的工作台面相垂直的直线为 Z 轴;如主要的主轴能摆动,在摆动范围内使主轴只平行于三坐标系统中的一个坐标轴,则这个坐标轴就是 Z 轴。

(2) X 轴。X 轴一般位于平行工件装夹面的水平面内。对工件作回转切削运动的机床(如车床、磨床),X 坐标的方向是在工件的径向上,且平行于横滑座,对于安装在横滑座的刀架上的刀具,离开工件旋转中心的方向是 X 轴的正方向。在刀具旋转的机床(如铣床、钻床、镗床等)上,如 Z 坐标是水平的,当从主要刀具主轴向工件看时,$+X$ 运动方向指向右方。如 Z 坐标是垂直的,对于单立柱机床,当从主要刀具主轴向立柱看时,$+X$ 运动的方向指向右方;对于桥式龙门机床,当从主要主轴向左侧立柱看时,$+X$ 运动的方向指向右方。

（3）Y 轴。Y 坐标轴垂直于 X、Z 坐标轴。Y 运动的正方向根据 X 和 Z 坐标的正方向，按照右手直角笛卡儿坐标系来判断。

（4）围绕坐标轴 X、Y、Z 旋转的运动，分别用 A、B、C 表示，它们的正方向用右手螺旋法则判定。

（5）直角坐标 X、Y、Z 又称为主坐标系或第一坐标系。如有第二组坐标和第三组坐标平行于 X、Y、Z，则分别指定为 U、V、W 和 P、Q、R。

图 2-3、图 2-4、图 2-5 分别为普通车床坐标系、立式铣床和卧式铣床坐标系、龙门铣床坐标系，其他数控机床坐标系可查阅 GB/T 19660—2005。

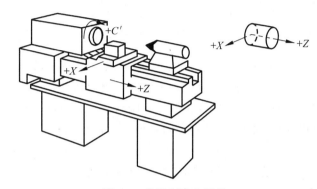

图 2-3 普通车床坐标系

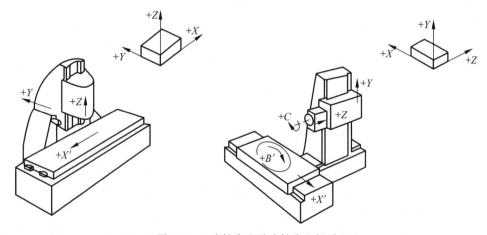

图 2-4 立式铣床和卧式铣床坐标系

3. 机床原点、参考点与机床坐标系

现代数控机床一般都有一个基准位置，称为机床原点（machine origin 或 home position）或机床绝对原点（machine absolute origin）。机床原点是机床上的一个固定点，由制造厂商确定，其作用是使机床与控制系统同步，建立测量机床运动坐标的起始点。从机床设计的角度看，该点位置可以是任意点，但对某一具体机床来说，机床原点是固定的。数控车床的零点一般设在主轴前端面的中心。数控铣床的原点位置，各厂商不一致，有的设在机床工作台中心，有的设在进给行程范围的终点。

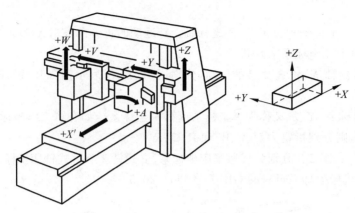

图 2-5　龙门铣床坐标系

机床坐标系建立在机床原点($X=0,Y=0,Z=0$)之上,是机床上固有的坐标系。

数控机床参考点(reference point)是用于对机床工作台(或滑板)与刀具相对运动的测量系统进行定标和控制的点。参考点的位置是机床制造厂商用行程开关精确地预先确定好的。因此,参考点对机床零点的坐标是一个固定值。数控车床的参考点一般是指车刀退离主轴端面和中心线最远并且固定的一个点,数控铣床和加工中心的参考点一般为各坐标行程的最大处,与机床原点重合,且一般为机床的自动换刀位置。数控机床在工作时,如果采用的是增量式位移测量系统,移动部件必须首先返回参考点,测量系统置零之后,测量系统即可以参考点为基准,随时测量运动部件的位置。

4. 工件坐标系与工件原点、编程原点

工件坐标系是编程人员在编程时使用的,由编程人员以工件图纸上的某一固定点为原点,即工件原点(part origin)所建立的坐标系,编程尺寸都按工件坐标系中的尺寸确定。在加工时,工件随夹具在机床上安装好后,测量工件原点与机床原点间的距离(通过测量某些基准面、线之间的距离来确定),这个距离称为工件原点偏置(见图 2-6)。该偏置值需预存到数控系统中,在加工时,工件原点偏置值便能自动加到工件坐标系上,使数控系统可按机床坐标系确定加工时的坐标值。因此,编程人员可以不考虑工件在机床上的安装位置和安装精度,而利用数控系统的原点偏置功能,通过工件原点偏置值,来补偿工件在工作台上的装夹位置误差,使用起来十分方便,现在大多数数控机床均有这种功能。

一般对于简单零件,编程原点(program origin)就是工件原点,这时的编程坐标系就是工件坐标系。而对于一些形状复杂的零件,需要编制几个程序或子程序,为了编程方便和减少许多坐标值的计算,编程原点就不一定设在工件原点上,而设在便于程序编制的位置。

在运用工件坐标系(编程坐标系)编程时,由于工件与刀具是一对相对运动的物体,为了使编程方便,一律假定工件固定不动,全部用刀具运动的坐标系来编程,即用标准坐标系 X、Y、Z 和 A、B、C 进行编程。当表示 $+X$、$+Y$、$+Z$、$+A$、$+B$、$+C$ 方向的坐标字时,用地址符加其后的数值表示,如 $X20.0$,正号可省略;当表示 $+X'$、$+Y'$、$+Z'$、$+A'$、$+B'$、$+C'$(表示工件移动的正方向,与刀具移动方向相反)反方向坐标字时,则用负号紧跟地址符之后表示,如 $X-20.0$。

除了上述三个基本原点以外,有的机床还有一个重要的原点,即装夹原点(fixture

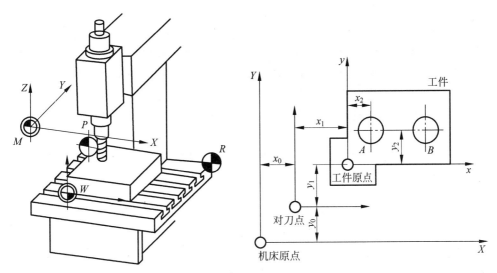

图 2-6　机床原点和工件原点的关系

M—机床原点；W—工件原点；R—参考点；P—程序原点

origin)。装夹原点常见于带回转(或摆动)工作台的数控机床或加工中心,一般是机床工作台上的一个固定点,比如回转中心。与机床参考点的偏移量可通过测量存入 CNC 系统的原点偏移寄存器(origin offset register)中,供 CNC 系统原点偏移计算用。

2.1.3　程序结构与格式

1. 程序的组成

一个完整的零件加工程序由若干程序段组成,程序段由若干字组成,每个字由字母(地址符)和数字组成。即字母和数字组成字,字组成程序段,程序段组成程序。例如:

```
O0001                    程序号
N01 G00 G40 G80 G17;     第一程序段
N02 G91 G28 X0 Y0 Z0;    第二程序段
N03 X-460. Y-200;        …
N04 G92 X0 Y0 Z0;
N05 G90 G43 Z5. H01 M3 S2000;
N06 G91 G99 G81 Z-11. R-6. F200;
N07 Y65.0;
N08 G98 Y65.0;
N09 X130. Z-15. R-2.;
N10 Y-65.0 K(L)2.0;
N11 G99 X130. Z-11. R-6.;
N12 Y65.0;
N13 G98 Y65.0;
N14 G80 G90 G49 Z0 H10 M5;
N15 M30;
```

程序号是程序的开始标记,供在数控装置存储器的程序目录中查找、调用程序,它一般由地址码和四位编号数字组成,如上例中的 O0001。整个程序的主体部分由多个程序段组成,每个程序段表示一种操作。程序结束一般用辅助功能代码 M02(程序结束)和 M30(程序结束,返回起点)来表示。

2. 程序段格式

所谓程序段格式,即一个程序段中字的排列书写方式和顺序,以及每个字和整个程序段的长度限制和规定。不同的数控系统往往有不同的程序段格式,如果格式不符合规定,则数控系统便不能接受。程序段格式主要有三种,即固定顺序程序段格式、使用分隔符的程序段格式和字地址程序段可变格式。现代数控机床系统广泛采用的程序段格式是字地址程序段可变格式,其他两种已很少使用,前面的例子就是这种格式。

字地址程序段可变格式由语句号字、数据字和程序段结束符组成。每个字的字首是一个英文字母,称为字地址码。表 2-1 列举了现代 CNC 系统中各地址码字符的意义(ISO646)。

表 2-1 地址码字符的意义(ISO646)

地址码	意义	地址码	意义
A	绕着 X 轴的角度	N	序号
B	绕着 Y 轴的角度	O	不用
C	绕着 Z 轴的角度	P	平行于 X 坐标的第三坐标
D	特殊坐标的角度尺寸,或第三进给速度功能	Q	平行于 Y 坐标的第三坐标
E	特殊坐标的角度尺寸,或第二进给速度功能	R	平行于 Z 坐标的第三坐标
F	进给速度功能	S	主轴速度功能
G	准备功能	T	刀具功能
H	永不指定(可作特殊用途)	U	平行于 X 坐标的第二坐标
I	沿 X 坐标圆弧起点对圆心值	V	平行于 Y 坐标的第二坐标
J	沿 Y 坐标圆弧起点对圆心值	W	平行于 Z 坐标的第二坐标
K	沿 Y 坐标圆弧起点对圆心值	X	X 坐标方向的主运动
L	永不指定	Y	Y 坐标方向的主运动
M	辅助功能	Z	Z 坐标方向的主运动

字地址可变程序段的格式为:

```
N_ G_ X_ Y_ Z_ F_ S_ T_ M_ LF
```

它的特点是:程序段中各字的先后顺序并不严格(但为了程序编制方便,常按一定的顺序排列),不需要的字以及与上一程序段相同的继续使用的字可以省略,数据的位数可多可少;程序简短、直观、不易出错。如"N10 G01 X15.0 Y31.0 Z20.0 F150"。

(1)序号。用以识别程序段的编号,通常用 N 和后面的数字表示,如 N15。现代 CNC 系统中很多都不要求程序段号,即程序段号可有可无。

(2)准备功能(G 功能)。准备功能指令由字符 G 和其后的 1~3 位数字组成,常用的是 G00~G99。很多现代 CNC 系统的准备功能已扩大到 G150,G 功能的代号已标准化。准备功能的主要作用是指定机床的运动方式,为数控系统的插补运算做准备。

(3)坐标字。由坐标地址符、+、− 及数字组成,且按一定的顺序进行排列。坐标轴地址符的顺序为 X、Y、Z、U、V、W、P、Q、R、A、B、C。

(4)进给功能 F。表示刀具中心运动时的进给速度,由地址符 F 和数字组成。数字的单位取决于各数控系统的具体规定,如 F150 一般表示进给速度为 150mm/min。

(5)主轴转速功能 S。由地址符 S 和数字组成,数字表示主轴转速,单位为 r/min。

（6）刀具功能 T。由地址符和数字组成，数字是指定的刀号，位数由所用系统确定。

（7）辅助功能（M 功能）。表示机床的辅助动作，由地址符 M 和两位数字组成，从 M00～M99 共 100 种。

（8）程序段结束符。列在每一程序段的最后，表示程序段结束。根据控制系统不同，有的用 LF，有的用"；"或"×"表示。

2.1.4　准备功能 G 代码和辅助功能 M 代码

CNC 机床功能指令代码可以分为两大类，一类是准备功能代码（G 代码），一类是辅助功能代码（M 代码）。G 代码和 M 代码是数控加工程序中描述零件加工工艺过程的各种操作和运行特征的基本单元，是程序的基础。

国际上广泛应用的 ISO 6983 标准规定了 G 代码和 M 代码。我国机械部根据 ISO 标准制定了行业标准《数控机床　穿孔带程序段格式中的准备功能 G 和辅助功能 M 的代码》（JB 3208—1999）。

1. 准备功能 G 指令

G 代码是使 CNC 机床准备好某种运动方式的指令，如快速定位、直线插补、圆弧插补、刀具补偿、固定循环等。G 代码由地址 G 及其后的两位数字组成，从 G00～G99 共 100 种，见表 2-2。

表 2-2　JB 3208—1999 准备功能 G 指令

代码(1)	功能保持到被取消或被同样字母表示的程序指令所代替(2)	功能仅在所出现的程序段内有作用(3)	功能(4)
G00	a		点定位
G01	a		直线插补
G02	a		顺时针方向圆弧插补
G03	a		逆时针方向圆弧插补
G04		*	暂停
G05	#	#	不指定
G06	a		抛物线插补
G07	#	#	不指定
G08		*	加速
G09		*	减速
G10～G16	#	#	不指定
G17	c		XY 平面选择
G18	c		ZX 平面选择
G19	c		YZ 平面选择
G20～G32	#	#	不指定
G33	a		螺纹切削，等螺距
G34	.a		螺纹切削，增螺距
G35	a		螺纹切削，减螺距
G36～G39	#	#	永不指定
G40	d		刀具补偿/刀具偏置注销
G41	d		刀具补偿（左）

代码(1)	功能保持到被取消或被同样字母表示的程序指令所代替(2)	功能仅在所出现的程序段内有作用(3)	功能(4)
G42	d		刀具补偿(右)
G43	#(d)	#	刀具偏置(正)
G44	#(d)	#	刀具偏置(负)
G45	#(d)	#	刀具偏置＋/＋
G46	#(d)	#	刀具偏置＋/－
G47	#(d)	#	刀具偏置－/－
G48	#(d)	#	刀具偏置－/＋
G49	#(d)	#	刀具偏置0/＋
G50	#(d)	#	刀具偏置0/－
G51	#(d)	#	刀具偏置＋/0
G52	#(d)	#	刀具偏置－/0
G53	f		直线偏移,注销
G54	f		直线偏移 X
G55	f		直线偏移 Y
G56	f		直线偏移 Z
G57	f		直线偏移 XY
G58	f		直线偏移 XZ
G59	f		直线偏移 YZ
G60	h		准确定位1(精)
G61	h		准确定位2(中)
G62	h		快速定位(粗)
G63		*	攻丝
G64～G67	#	#	不指定
G68	#(d)	#	刀具偏置,内角
G69	#(d)	#	刀具偏置,外角
G70～79	#	#	不指定
G80	e		固定循环注销
G81～G89	e		固定循环
G90	j		绝对尺寸
G91	j		增量尺寸
G92		*	预置寄存
G93	k		时间倒数,进给率
G94	k		每分钟进给
G95	k		主轴每转进给
G96	I		恒线速度
G97	I		每分钟转数(主轴)
G98～G99	#	#	不指定

注：① #表示：如选作特殊用途,必须在程序格式说明中说明。
② 如在直线切削控制中没有刀具补偿,则 G43～G52 可指定作其他用途。
③ 序号(2)列中的(d)表示：可以被同栏中没有括号的字母 d 所注销或代替,亦可被(d)所注销或代替。
④ G45～G52 的功能可用于机床上任意两个预定的坐标。
⑤ 控制机上没有 G53～G59,G63 功能时,可以指定作其他用途。

G 代码分为模态代码和非模态代码。表 2-2 序号(2)列中的 a、c、d、e、h、j、k、i 各字母所对应的 G 代码为模态代码,它表示在程序中一经被应用(如 a 组中的 G01),直到出现同组(a 组)其他任一 G 代码(如 G02)时才失效,否则该指令继续有效,直到被同组代码取代为止。模态代码可以在其后的语句中省略不写。非模态代码只在本程序句中有效。表 2-2 序号(4)列中的"不指定"代码,用作将来修订标准时供指定新的功能之用。"永不指定"代码,说明即使将来修订标准时,也不指定新的功能。但是这两类代码均可由数控系统设计者根据需要自行定义表中所列功能以外的新功能,但必须在机床说明书中予以说明,以便用户使用。

2. 辅助功能 M 指令

辅助功能又称 M 功能或 M 指令,是控制机床在加工操作时做一些辅助动作的开/关功能。我国行业标准 JB 3208—1999 规定,辅助功能 M 代码由以地址 M 为首后跟两位数字组成,从 M00~M99 共 100 种(见表 2-3),也有模态代码与非模态代码之分。

表 2-3　JB 3208—1999 辅助功能 M 指令

代码(1)	功能开始时间		功能保持到被注销或被适当程序指令代替(4)	功能仅在所出现的程序段内有作用(5)	功能(6)
	与程序段指令运动同时开始(2)	在程序段指令运动完成后开始(3)			
M00		*		*	程序停止
M01		*		*	计划停止
M02		*		*	程序结束
M03	*		*		主轴顺时针方向
M04	*		*		主轴逆时针方向
M05		*	*		主轴停止
M06	#	#		*	换刀
M07	*		*		2 号冷却液开
M08	*		*		1 号冷却液开
M09		*	*		冷却液关
M10	#	#	*		夹紧
M11	#	#	*		松开
M12	#	#	#	#	不指定
M13	*		*		主轴顺时针方向,冷却液开
M14	*		*		主轴逆时针方向,冷却液开
M15	*			*	正运动
M16	*			*	负运动
M17~M18	#	#	#	#	不指定
M19		*	*		主轴定向停止
M20~M29	#	#	#	#	永不指定
M30		*		*	纸带结束
M31	#	#		*	互锁旁路
M32~M35	#	#	#	#	不指定
M36	*		*		进给范围 1
M37	*		*		进给范围 2

代码(1)	功能开始时间		功能保持到被注销或被适当程序指令代替(4)	功能仅在所出现的程序段内有作用(5)	功能(6)
	与程序段指令运动同时开始(2)	在程序段指令运动完成后开始(3)			
M38	*		*		主轴速度范围1
M39	*		*		主轴速度范围2
M40～M45	#	#	#	#	如有需要作为齿轮换挡,此外不指定
M46～M47	#	#	#	#	不指定
M48		*			注销M49
M49					进给率修正旁路
M50	*		*		3号冷却液开
M51	*		*		4号冷却液开
M52～M54	#	#	#	#	不指定
M55	*		*		刀具直线位移,位置1
M56	*		*		刀具直线位移,位置2
M57～M59	#	#	#	#	不指定
M60		*		*	更换工件
M61	*		*		工件直线位移,位置1
M62	*		*		工件直线位移,位置2
M63～M70	#	#	#	#	不指定
M71	*		*		工件角度位移,位置1
M72	*		*		工件角度位移,位置2
M73～M89	#	#	#	#	不指定
M90～M99	#	#	#	#	永不指定

注:① #表示:如选作特殊用途,必须在程序说明中说明。

② M90～M99可指定为特殊用途。

3. 数控系统的功能

目前我国数控机床的形式和数控系统的种类较多,常用的有日本 FANUC、德国 SIEMENS、华中数控、广州数控、日本三菱数控、西班牙 FAGOR 等,它们的指令代码定义并不统一,大都在遵循 ISO6983 标准的基础上进行了扩展,同一 G 指令或同一 M 指令其含义不完全相同,甚至完全不同。因此,编程人员在编程前必须对自己使用的数控系统的功能进行仔细研究,以免发生错误。

本书主要以 FANUC-0i 为例介绍数控系统编程功能。

2.2　数控加工工艺基础

无论是普通加工还是数控加工,手工编程还是自动编程,首先遇到的是工艺处理问题。在编程前,必须对所加工的零件进行工艺分析,拟定加工方案,选择合适的刀具和夹具,确定切削用量。在编程中,还需进行工艺处理,如确定对刀点等。因此,数控机床程序编制中的工艺处理是一项十分重要的工作。

2.2.1 数控加工工艺分析的特点及内容

1. 数控加工工艺的特点

数控加工与通用机床加工在方法与内容上有许多相似之处,不同点主要表现在控制方式上。在通用机床上加工零件时,是用工艺规程、工艺卡片来规定每道工序的操作程序,操作人员按规定的步骤加工零件。而在数控机床上加工零件时,情况就完全不同了。在数控机床加工前,必须由编程人员把全部加工工艺过程、工艺参数和位移数据等编制成程序,记录在控制介质上,用它控制机床加工。由于数控加工的整个过程是自动进行的,因而形成了以下的工艺特点:

(1)数控机床加工程序的编制比普通机床的工艺编制更为复杂。在用通用机床加工时,许多具体的工艺问题,如工步的划分、对刀点、换刀点、走刀路线等在很大程度上都是由操作工人根据自己的经验和习惯自行考虑、决定的,一般无须工艺人员在设计工艺规程时作过多的规定。而在数控加工时,上述这些具体工艺问题,不仅成为数控工艺处理时必须认真考虑的内容,而且还必须正确地选择并编入加工程序中。换言之,本来是由操作工人在加工中灵活掌握并可通过适时调整来处理的许多工艺问题,在数控加工时就转变成为编程人员必须事先具体设计和具体安排的内容。

(2)数控加工的工艺处理相当严密。数控机床虽然自动化程度较高,但自适性差。它不可能对加工中出现的问题自由地进行人为调整,尽管现代数控机床在自适应调整方面作了不少改进,但自由度还是不大。因此,在进行数控加工的工艺处理时,必须注意加工过程中的每一个细节,考虑要十分严密。所以,编程人员不仅必须具备扎实的工艺基础知识和丰富的工艺设计经验,而且必须具有踏实的工作作风。

2. 数控加工工艺的主要内容

根据实际应用需要,数控加工的工艺处理主要包括以下几方面的内容:

(1)选择并确定适合进行数控加工的零件及加工内容。

(2)对被加工零件的图纸进行数控工艺分析,明确加工内容和技术要求。

(3)确定零件的加工方案,划分和安排加工工序。

(4)具体设计数控加工工序,如工步的划分、零件的定位、夹具与刀具的选择、切削用量的确定等。

(5)处理特殊的工艺问题,如确定对刀点、换刀点、加工路线,进行刀具补偿,分配加工误差等。

(6)处理数控机床上部分工艺指令,编制工艺文件。

2.2.2 数控加工的工艺分析

1. 数控加工内容的选择

制定零件的数控加工工艺时,首先要对零件图进行工艺分析,主要内容是数控加工内容的选择。数控机床的工艺范围比普通机床宽,但一般其价格较普通机床高得多,因此,选择数控加工内容时,应从实际需要和经济性两个方面考虑。通常选择下列加工部位为其加工内容:

(1)形状复杂,加工精度要求高,用通用机床无法加工或虽然能加工但很难保证产品质量的零件。

（2）零件上具有曲线、曲面轮廓，特别是由数学表达式描绘的复杂曲线或曲面轮廓。

（3）具有难测量、难控制进给、难控制尺寸的不开敞内腔的壳体或盒形零件。

（4）必须在一次装夹中合并完成铣、镗、锪、铰或攻螺纹等多道工序的零件。

（5）在通用机床上加工时极易受人为因素（如情绪波动、体力强弱、技术水平高低等）干扰，零件价值又高，一旦质量失控便造成重大经济损失的零件。

（6）在通用机床上加工时必须制造复杂的专用工装的零件，或需要作长时间调整的零件。

（7）尺寸精度和相互位置精度要求较高的零件。

（8）采用数控加工能成倍提高生产率，大大减轻体力劳动强度的一般加工内容。

当选择并决定某个零件进行数控加工后，并不等于要把它所有的加工内容都包下来，而可能只是其中的一部分进行数控加工。因此，必须对零件图样进行仔细的工艺分析，选择那些最适合、最需要进行数控加工的内容和工序。

2. 零件加工工艺性

零件的结构工艺性是指根据加工工艺特点，对零件的设计所产生的要求，也就是说，零件的结构设计会影响或决定工艺性的好坏。在选择和决定数控加工内容的过程中，有关工艺人员须对零件作一些工艺性分析。在普通加工结构工艺性分析的基础上，我们从以下几方面来考虑数控加工结构工艺性特点。

1）零件图样尺寸的正确标注

由于加工程序是以准确的坐标点来编制的，因此，各图形几何要素间的相互关系（如相切、相交、垂直和平行等）应明确，各种几何要素的条件要充分，应无引起矛盾的多余尺寸或影响工序安排的封闭尺寸等。

以同一基准引注尺寸或直接给出坐标尺寸，这种标注法最能适应数控加工的特点。它既便于编程，也便于尺寸之间的相互协调，在保持设计、工艺、检测基准与编程原点设置的一致性方面会带来很大方便，如图 2-7（a）所示。另一种是局部分散的尺寸标注法，这种标注法，较多地考虑了装配、减小加工的积累误差等方面的要求，却给数控加工带来很多不便。因此对这类图样，必须改动局部分散标注法为集中引注或坐标式尺寸，以符合数控加工的要求，如图 2-7（b）所示。事实上，由于数控加工精度及重复定位精度都很高，不会产生过多的积累误差而破坏使用性能，所以这种标注法的改动是完全可行的。

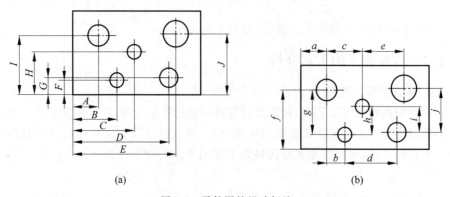

(a)　　　　　　　　　　　　　　　　(b)

图 2-7　零件图的尺寸标注

2) 保证基准统一

数控加工应采用统一的基准定位,否则会因工件的重新安装而导致加工后的两个面上轮廓位置及尺寸不协调现象。例如,正反两面都采用数控加工的零件,往往会因为零件的重新安装而接不好刀,这时,最好用零件上现有的合适的孔作定位基准孔,即使零件上没有合适的孔,也要想办法专门设置工艺孔作为定位基准。有时还可以考虑在零件轮廓的毛坯上增加工艺凸耳的方法,在凸耳上加工定位孔,在完成加工后再除去。若无法制出工艺孔时,至少也要用经过精加工的零件轮廓基准边定位,以减小两次装夹产生的误差。

3) 尽量统一零件轮廓内圆弧的有关尺寸

内槽圆角的大小决定刀具直径的大小,如图 2-8(a)所示,当工件的被加工轮廓高度低,转接圆弧半径比较大时,可以采用较大直径的铣刀来加工,减少了加工底板面的次数,表面加工质量也比较好,因此工艺性较好。通常 $R<0.2H$(H 为被加工轮廓面的最大高度)时,可以判定零件的该部位工艺性不好。

铣削零件底面时,槽底圆角半径 r 不应过大。如图 2-8(b)所示,圆角 r 越大,铣刀端刃铣削平面的能力越差,效率越低。当 r 大到一定程度时甚至必须用球头铣刀加工,这是应当避免的。因为铣刀与铣削平面接触的最大直径 $d=D-2r$(D 为铣刀直径),当 D 越大而 r 越小时,铣刀端刃铣削平面的面积越大,加工平面的能力越强,工艺性当然也越好。

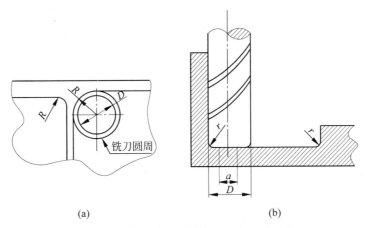

(a)　　　　　　　　　　(b)

图 2-8　零件轮廓内圆弧与刀具直径的关系

4) 毛坯结构工艺性

除了以上有关零件的结构工艺性外,有时尚需考虑毛坯的结构工艺性。因为在数控加工时,加工过程是自动的,毛坯余量的大小、如何装夹等问题在选择毛坯时就要仔细考虑好,否则,一旦毛坯不适合数控加工,加工将很难进行下去。首先,毛坯的加工余量应充足和尽量均匀;其次,要分析毛坯的装夹适应性,主要是毛坯在加工时定位和夹紧的可靠性与方便性,以便在一次装夹中加工出尽量多的表面。对于不便装夹的毛坯,可考虑在毛坯上另外增加装夹余量或工艺凸台、工艺凸耳等辅助基准。

对图样的工艺性分析与审查,一般是在零件图样和毛坯设计以后进行的,特别是在把原来采用通用机床加工的零件改为数控加工的情况下,零件设计都已经定型,再根据数控加工的特点,对图样或毛坯进行较大更改一般比较困难。因此,一定要把工作重点放在零件图样初步设计与定型设计之间的工艺性审查与分析上。编程人员要积极参与并且认真仔细地完成审查工作,还要与设计人员密切合作,在不损害零件使用性能的前提下,让图样设计更多地满足数控加工工艺的各种要求。

2.2.3　确定工艺路线及加工路线

1. 工艺路线的确定

在数控机床上,特别是在加工中心上加工零件,工序十分集中,许多零件只需在一次装夹中就能完成全部工序。但是零件的粗加工,特别是铸、锻毛坯零件的基准平面、定位面等部位的加工应在普通机床上加工完成之后,再装夹到数控机床上进行加工。这样可以发挥数控机床的特点,保持数控机床的精度,延长数控机床的使用寿命,降低数控机床的使用成本。经过粗加工或半精加工的零件装夹到数控机床上之后,机床按规定的工序一步一步地进行半精加工和精加工。

在数控机床上加工零件其工序划分方法有:

(1) 刀具集中分序法。就是按所用刀具划分工序,即在一次装夹中,尽可能用同一把刀具加工出可能加工的所有部位,再用另一把刀具加工其他部位。这样可以减少换刀次数,压缩空程时间,减小不必要的定位误差。

(2) 粗、精加工分序法。根据零件的加工精度、刚度和变形等因素来划分工序时,可按粗、精加工分开的原则来划分工序,即对单个零件要先粗加工、半精加工,然后精加工。或者一批零件,先全部进行粗加工、半精加工,最后再进行精加工。粗、精加工之间最好隔一段时间,以使粗加工后零件的变形得到充分恢复,再进行精加工,以提高零件的加工精度。

(3) 根据装夹定位划分工序。按零件结构特点,将加工部位分成若干部分,每次安排(即每道工序)加工其中一部分或几部分,每一部分可用典型刀具加工。比如可将一个零件分成加工外形、内形和平面部分。加工外形时,以内形中的孔夹紧;加工内形时,以外形夹紧。

总之,在数控机床上加工零件,其加工工序的划分要视加工零件的具体情况具体分析。许多工序的安排是按上述分序方法进行综合考虑的。

2. 加工路线的确定

所谓加工路线,就是指数控机床在加工过程中,刀具运动的轨迹和方向。即刀具从对刀点开始运动起,直至结束加工所经过的路径,包括切削加工的路径及刀具引入、返回等非切削空行程。每道工序加工路线的确定是非常重要的,因为它与零件的加工精度和表面粗糙度密切相关。

对点位加工的数控机床,如钻床、镗床,只要求定位精度高,定位过程尽可能快,而刀具相对工件的运动路线无关紧要,因此要考虑尽可能缩短走刀路线,以减少空程时间。

对于位置精度要求较高的孔系加工,特别要注意孔的加工顺序的安排,安排不当时,就有可能将沿坐标轴的反向间隙带入,直接影响位置精度。图 2-9(a)所示为某孔系零件的零件图,在该零件上加工 6 个尺寸相同的孔,有两种加工路线:当按图 2-9(b)所示路线加工时,由于 5、6 孔与 1、2、3、4 孔定位方向相反,在 Y 方向反向间隙会使定位误差增大,而影响 5、6 孔与其他孔的位置精度;按图 2-9(c)所示路线,加工完 4 孔后,往上移动一段距离到 P 点,然后再折回来加工 5、6 孔,这样方向一致,可避免反向间隙的引入,从而提高 5、6 孔与其他孔的位置精度。

在车削和铣削零件时,应尽量避免径向切入和切出,而应沿零件的切向切入和切出。如

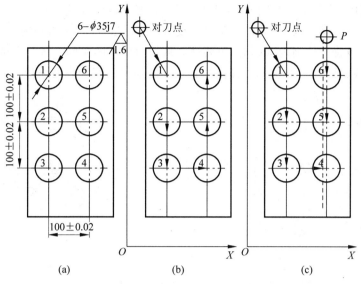

图 2-9　孔系零件的加工路线

图 2-10 所示,如果刀具径向切入,则切入后转向轮廓加工时要改变运动方向,此时切削力的大小和方向也将改变,并且在工件表面有停留时间,由于工艺系统的弹性变形,在工件表面将产生刀痕,而采用切向切入和切出则表面光洁度较好,如图 2-11 所示。

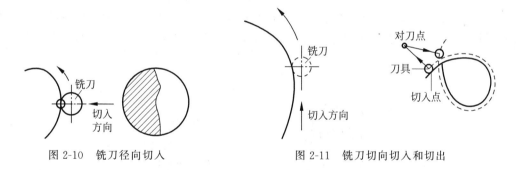

图 2-10　铣刀径向切入　　　　　　　　　　图 2-11　铣刀切向切入和切出

铣削封闭的内轮廓表面时(见图 2-12),因内轮廓曲线不允许外延,刀具只能沿轮廓曲线的法向切入和切出,此时刀具的切入和切出点应尽量选在内轮廓曲线两几何元素的交点处。

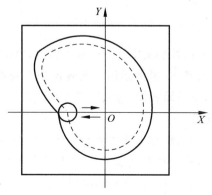

图 2-12　内轮廓铣削刀具的切入和切出

用圆弧插补方式铣削外整圆时(见图 2-13(a)),当整圆加工完毕时,不要在切点处直接退刀,要让刀具多运动一段距离,最好是沿切线方向,以免取消刀具补偿时,刀具与工件表面碰撞,造成工件报废。铣削内圆弧时,也要遵守从切向切入的原则。最好安排从圆弧过渡到圆弧的加工路线(见图 2-13(b)),以提高内孔表面的加工精度和表面质量。

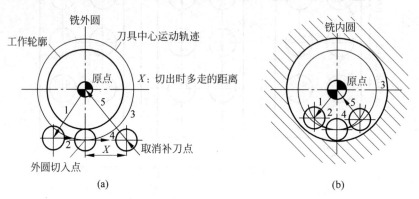

图 2-13   圆弧插补铣削整圆时刀具的切入和切出

铣削曲面时,常用球头刀采用行切法进行加工,即刀具与零件轮廓的切点轨迹是一行一行的,行间距按零件加工精度要求而确定。对于边界敞开的曲面,例如图 2-14 所示的发动机叶片可采用两种加工路线:当采用图 2-14(a)所示的加工方案时,每次沿直线加工,刀位点计算简单,程序少,加工过程符合直纹面的形成,可以准确保证母线的直线度。当采用图 2-14(b)所示的加工方案时,符合这类零件数据给出情况,便于加工后检验,叶形的准确度高,但程序较多。由于曲面零件的边界是敞开的,没有其他表面限制,所以曲面边界可以延伸,球头刀应由边界外开始加工。

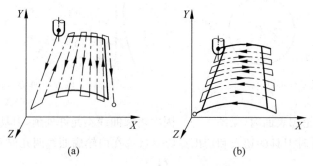

图 2-14   直纹曲面的加工路线

以上通过几个例子分析了数控加工中常用的加工路线,实际生产中,加工路线的确定要根据零件的具体结构特点综合考虑、灵活运用。而确定加工路线的原则是:在保证零件加工精度和表面质量的条件下,尽量缩短加工路线,以提高生产率。

3. 对刀点与换刀点的确定

对刀点是指数控加工时,刀具相对工件运动的起点。对刀点也是编程时程序的起点,因此对刀点也称程序起点或起刀点。对刀点选定后,便确定了机床坐标系和零件坐标系的关系。在编程时应正确选择对刀点的位置,选择的原则是:

(1) 选定的对刀点位置应便于数学处理和使程序编制简单。

（2）对刀点应选在对刀方便的位置，以便于观察和检测。

（3）对刀点应尽量选在零件的设计基准或工艺基准上，以提高零件的加工精度。

对刀点可以选在工件上（如工件上的设计基准或定位基准），也可选在夹具或机床上（夹具或机床上设相应的对刀装置）。若对刀点选择在夹具或机床上，则必须与工件的定位基准有一定的尺寸联系，以保证机床坐标系与工件坐标系的关系。

对刀时，应使刀位点与对刀点重合。刀位点是指车刀、镗刀的刀尖，钻头的钻尖，立铣刀、端面铣刀刀头底面的中心，球头铣刀的球头中心。

对刀点不仅是程序的起点，往往也是程序的终点。因此在批量生产中，要考虑对刀点的重复定位精度。一般情况下，刀具在加工一段时间后或每次起动机床时，都要进行一次刀具回机床原点或参考点的操作，以减小对刀点累积误差。

对于多刀数控机床，换刀时，还要考虑换刀点的设置。为避免加工过程中换刀时刀具与工件、夹具、机床发生碰撞，换刀点应设置在工件外合适的位置，如图 2-15 所示。

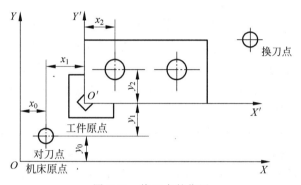

图 2-15　换刀点的位置

2.2.4　刀具及切削用量的选择

1. 刀具的选择

刀具的选择是加工工艺中的重要内容之一，不仅影响机床的加工效率，而且直接影响加工质量。由于在数控机床上是根据编好的程序自动进行加工的，主轴转速也比普通机床的转速高，因此，合理选择刀具尤为重要。选择数控机床用刀具时，通常要考虑机床的加工能力、工序内容、工件材料等因素。一般来说，数控机床用刀具应具有刚度好、寿命长，刀具材料抗脆性好，有良好的断屑性能和尺寸稳定性，而且安装调整方便等特点。

选取刀具时，要使刀具的类型和尺寸与工件表面形状和尺寸相适应。加工较大的平面应选择面铣刀，加工凹槽、较小的台阶面及平面轮廓应选择立铣刀，加工空间曲面、模具型腔或凸模成形表面等多用球头铣刀，加工封闭的键槽选择键槽铣刀，加工变斜角零件的变斜角面应选用鼓形铣刀，加工各种直的或圆弧形凹槽、斜角面、特殊孔等应选用成形铣刀。根据不同的加工材料和加工精度要求，应选择不同参数的刀具进行加工。

在加工中心上，各种刀具分别装在刀库上，按程序规定随时进行选刀和换刀工作，因此，必须有一套连接普通刀具的接杆，以便使钻、镗、扩、铰削等工序用的标准刀具能迅速、准确地安装到机床主轴或刀库上去。目前我国的加工中心采用 TSG 工具系统，其柄部有直柄（3 种规格）和锥柄（4 种规格）两种，共包括 16 种不同用途的刀具。

2. 切削用量的确定

切削用量是指主轴转速（切削速度）、进给速度和切削深度。编程时程序员要将切削用量各参数编入程序并在加工前预先调整好机床的转速。合理选择切削用量的原则是：粗加工时，一般以提高生产率为主，但也应考虑经济性和加工成本；半精加工和精加工时，应在保证加工质量的前提下，兼顾切削效率、经济性和加工成本。切削用量各参数的具体数值应根据机床说明书、手册中的有关规定或根据经验采用类比法来确定。

1）主轴转速的确定

主轴转速要根据允许的切削速度来确定：

$$n = \frac{1000v}{\pi D}$$

式中：v 为切削速度，m/min，由刀具耐用度来确定；D 为工件或刀具直径，mm；n 为主轴转速，r/min。

2）进给速度的确定

进给速度主要受工件的加工精度、表面粗糙度和刀具、工件材料的影响，最大进给速度还受到机床刚度和进给系统性能的制约。在加工精度、表面粗糙度质量要求高时，进给速度值应取小一些，一般在 20~50mm/min 范围内选取。

在轮廓加工中，在接近拐角处应适当降低进给量，以克服由于惯性或工艺系统变形在轮廓拐角处造成"超程"或"欠程"现象。

以加工如图 2-16 所示的零件为例，铣刀由 A 点运动到 B 点，再由 B 点运动到 C 点。如果速度较高，由于惯性作用，在 B 点可能出现超程现象，将拐角处的金属多切去一部分；而在加工外形面时，可能在 B 点处留有多余的金属未切去。为了克服这种现象，可在接近拐角处适当降低速度。这时可将 AB 段分成 AA' 和 $A'B$ 两段，在 AA' 段使用正常的进给速度，$A'B$ 为低速度。

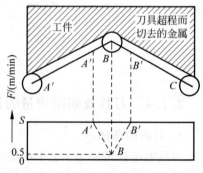

图 2-16　"超程"或"欠程"现象

3）切削深度的确定

背吃刀量的确定主要受机床、夹具、刀具、工件组成的工艺系统刚度的影响。在系统刚度允许的情况下，尽量选择加工深度等于加工余量，以减少加工次数、提高加工效率。对加工精度和表面粗糙度质量要求较高的工件，应留一些加工余量，最后进行精加工。

2.3　数控车床和车削中心编程

2.3.1　数控车床和车削中心编程基础

数控车床，其总体布局和结构形式与普通车床类似，主要还是由床身、主轴箱、刀架、进给系统、液压系统、冷却系统、润滑系统等部分组成。由于应用了数控系统以及动力源采用了伺服电动机，使得主运动和进给运动系统机械结构大大简化。特别是数控车床的进给系统与普通车床有质的区别，它没有传统的进给箱、溜板箱和挂轮架，而是直接用伺服电动机通过滚珠丝杠驱动溜板和刀架,实现进给运动,它可以连续控制刀具的纵向(Z 轴)和横向(X 轴)运动,从而完成各类回转体工件内外型面的加工。

车削中心是一种以车削加工模式为主、添加铣削动力刀头后又可进行铣削加工模式的车铣合一的数控机床。车削中心的主要特征是主轴(称为 C 轴)可以分度和进行伺服控制,回转刀架上除了安装车削刀具外,还可以安装钻削和铣削等自驱动刀具。在保证数控车床基本功能的同时,使工件在一次装夹下实现回转体的端面或圆柱面的铣削、钻削、镗削和攻丝的加工。这样工件在一次装夹下可以完成更多的加工工序,不仅提高了效率,而且能大大提高加工精度。

车削中心加工回转体工件时,工件的旋转是主运动,刀具的横向或纵向移动是从运动。而在进行铣削加工时,主轴及工件将转换成分度旋转运动,装在刀架台上的刀具的旋转运动是主运动,由内置于刀架台内的伺服电机带动。

1. 数控车床和车削中心的编程特点

由于被加工零件的径向尺寸在图纸上和测量时,都是以直径值表示的,所以直径方向用绝对值编程时通常 X 以直径值表示,用增量值编程时通常以径向实际位移量的两倍值表示,并附上方向符号(正向可以省略)。车床出厂时一般设定为直径编程,所以在编程时与 X 轴有关的各项尺寸一定要用直径编程。如果需要用半径编程,则要改变系统中相关的几项参数,使系统处于半径编程状态。

由于车削加工常用棒料或锻料作为毛坯,加工余量较大,所以为简化编程,数控装置常具备不同形式的固定循环,可进行多次重复循环切削。

编程时,认为车刀刀尖是一个点,而实际上为了延长刀具寿命和提高工件表面质量,车刀刀尖常磨成一个半径不大的圆弧,为提高工件的加工精度,编制圆头刀程序时,需要对刀具半径进行补偿。大多数数控车床都具有刀具半径自动补偿功能($G41$、$G42$),这类数控车床可直接按工件轮廓尺寸编程。

车削中心是在数控车床的基础上发展起来的,编程方法大部分与数控车床相同,所不同的是多了一个第三轴(C 轴),为此数控系统也增加了专门用于车削中心的编程指令。

2. 数控车床编程中的坐标系

数控车床是以机床主轴线方向为 Z 轴方向,以刀具远离工件的方向为 Z 轴的正方向。X 轴位于与工件安装面相平行的水平面内,垂直于工件旋转轴线的方向,且刀具远离主轴轴线的方向为 X 轴的正方向。

车床的机床原点定义为主轴旋转中心线与卡盘后端面的交点。如图 2-17 所示,O 点即为机床原点。

机床坐标系即以机床原点为原点,由 X 轴和 Z 轴组成的直角坐标系。

参考点与机床原点的相对位置如图 2-17 所示,点 O' 即为参考点,是离机床原点最远的极限点。其位置由 Z 向与 X 向的机械挡块来决定。当进行回参考点的操作时,安装在纵向和横向滑板上的行程开关碰到相应的挡块后数控系统发出信号,由系统控制滑板停止运动,完成回参考点的操作。

从理论上讲,工件坐标系的原点(即工件原点)可以选在任何位置,但实际上,为了编程方便以及各尺寸较为直观,工件坐标系的 Z 向一般取在工件的回转中心即主轴的轴线上,X 向一般在左端面或右端面两者之中选择,即工件的原点可选在主轴回转中心与工件右端面的交点 O 上,也可选在主轴回转中心与工件左端面的交点 O' 上(见图 2-18)。

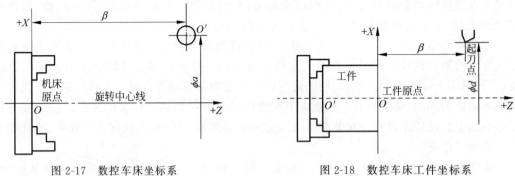

图 2-17 数控车床坐标系　　　　　　　　图 2-18 数控车床工件坐标系

2.3.2 FANUC 系统数控车床和车削中心常用指令的编程方法

1. FANUC 系统编程概述

1) FANUC 的 G 代码系统

FANUC 0iT 系列系统是目前我国数控车床和车削加工中心采用较多的机床数控系统。FANUC 有 A、B、C 共 3 种 G 代码系统,一般情况下采用 A 系统。A、B、C 系统中 G 代码的含义见表 2-4。

表 2-4 FANUC0iT 系列系统 G 代码含义

G 代码			组	功能
A	B	C		
G00	G00	G00	01	定位(快速)
G01	G01	G01		直线插补(切削进给)
G02	G02	G02		顺时针圆弧插补
G03	G03	G03		逆时针圆弧插补
G04	G04	G04	00	暂停
G07.1 (G107)	G07.1 (G107)	G07.1 (G107)		圆柱插补
G10	G10	G10		可编程数据输入
G11	G11	G11		可编程数据输入注销
G12.1 (G112)	G12.1 (G112)	G12.1 (G112)	21	极坐标插补方式
G13.1 (113)	G13.1 (113)	G13.1 (113)		极坐标插补注销方式
G17	G17	G17	16	XpYp 平面选择
G18	G18	G18		ZpXp 平面选择
G19	G19	G19		YpZp 平面选择
G20	G20	G70	06	英寸输入
G21	G21	G71		毫米输入
G22	G22	G22	09	存储行程检查接通
G23	G23	G23		存储行程检查断开
G25	G25	G25	08	主轴速度波动检测断开
G26	G26	G26		主轴速度波动检测接通

G 代码			组	功能
A	B	C		
G27	G27	G27		参考位置返回检查
G28	G28	G28	00	返回参考位置
G30	G30	G30		第 2、第 3 和第 4 参考位置返回
G31	G31	G31		跳过功能
G32	G33	G33	01	螺纹切削
G34	G34	G34		变螺距螺纹切削
G36	G36	G36	00	自动刀具补偿 X
G37	G37	G37		自动刀具补偿 Z
G40	G40	G40		刀尖半径补偿注销
G41	G41	G41	07	刀尖半径补偿左
G42	G42	G42		刀尖半径补偿右
G50	G92	G92	00	坐标系设定或最大主轴速度设定
G50.3	G92.1	G92.1		工件坐标系预置
G50.2 (G250)	G50.2 (G250)	G50.2 (G250)	20	多边形车削注销
G51.2 (G251)	G51.2 (G251)	G51.2 (G251)		多边形车削
G52	G52	G52	00	局部坐标系设定
G53	G53	G53		机床坐标系设定
G54	G54	G54		工件坐标系选择 1
G55	G55	G55		工件坐标系选择 2
G56	G56	G56	14	工件坐标系选择 3
G57	G57	G57		工件坐标系选择 4
G58	G58	G58		工件坐标系选择 5
G59	G59	G59		工件坐标系选择 6
G65	G65	G65	00	宏调用
G66	G66	G66	12	模态宏调用
G67	G67	G67		模态宏调用注销
G70	G70	G72		精加工循环
G71	G71	G73		车削中刀架移动
G72	G72	G74		端面加工中刀架移动
G73	G73	G75	00	图形重复
G74	G74	G76		端面深孔钻
G75	G75	G77		外径/内径钻
G76	G76	G78		多头螺纹循环
G80	G80	G80		固定钻循环注销
G83	G83	G83		平面钻孔循环
G84	G84	G84		平面攻丝循环
G85	G85	G85	10	正面镗循环
G87	G87	G87		侧钻循环
G88	G88	G88		侧攻丝循环
G89	G89	G89		侧镗循环

G 代码			组	功能
A	B	C		
G90	G77	G20		外径/内径切削循环
G92	G78	G21	01	螺纹切削循环
G94	G79	G24		端面车循环
G96	G96	G96	02	恒表面速度控制
G97	G97	G97		恒表面速度控制注销
G98	G94	G94	05	每分进给
G99	G95	G95		每转进给
—	G90	G90	03	绝对值编程
—	G91	G91		增量值编程
—	G98	G98	11	返回到起始点(见解释 6)
—	G99	G99		返回到 R 点(见解释 6)

2) FANUC 程序的结构

FANUC 0i CNC 存储器最多能够保存 200 个主程序和子程序,可以从存储的主程序中选择一个主程序来操作机床。FANUC 程序由若干程序段组成,由程序号开始,由程序代码结束。

```
程序区结构      程序区
程序号          O0001
程序段 1        N1  G91  G00  X120.0  Y80.0;
程序段 2        N2  G43  Z-32.0  H01;
⋮              ⋮
程序段 n        Nn  Z0;
程序结束        M30;
```

为了识别存在存储器中的程序,给每个程序分配一个程序号,它由地址 O 紧跟 4 位数值组成,放在程序的开头。一个程序由若干指令组成,一个指令单位叫作一个程序段,用程序段结束代码 EOB 将一个程序段与另一个程序段分隔开。FANUC 系统 EOB 代码为";"号。

在程序段的开头可以放置一个顺序号,它由地址 N 后跟一个不超过 5 位的数值(1~9999)组成。顺序号可以随意指定,也可以没有顺序号,可以跳过任何号。可以为所有的程序段指定顺序号,也可以只为那些程序中想要加顺序号的程序段指定顺序号,但是通常还是习惯于按照与加工步骤相协调的递增次序分配顺序号。

一个程序段由一个或多个地址字组成,一个字由一个地址和其后的数值组成,如 G01、X70.0 等。当在程序段的开头指定一个斜杠后跟一个数值(/n(n=1~9)),且机床操作面板上的选择程序段跳过开关接通时,在纸带工作方式或存储器工作方式中与指定的开关 n 对应的/n 程序段中所包含的信息被忽略。当选择程序段跳过开关为断开时,以/n 指定的程序段中的信息有效,这意味着操作者能够决定是否跳过含有/n 的程序段。/1 中的号 1 可以忽略。

在任何地方,一对圆括号之间的内容为注释部分,NC 对这部分内容只显示,在执行时不予理会。

3) 绝对值编程、增量值编程与混合编程

X 轴和 Z 轴移动量的编程方法有绝对值编程、增量值编程和二者混合编程 3 种。绝对值编程是根据预先设定的编程原点计算出绝对值坐标尺寸进行编程的一种方法。增量值编程是根据与前一个位置的坐标值增量来表示位置的一种编程方法,即程序中的终点坐标是相对于起点坐标而言的。绝对值编程与增量值编程混合起来进行编程的方法叫作混合编程,编程时也必须先设定编程原点。

采用 A 系统时,用 X、Z 表示 X 轴与 Z 轴的坐标值;增量值编程时,用 U、W 表示在 X 轴和 Z 轴上的移动量。如图 2-19 所示,绝对值编程时为"X30.0 Z70.0",增量值编程时为"U-30.0 W-40.0"。也可采用混合编程,如"X30.0 W-40.0"。

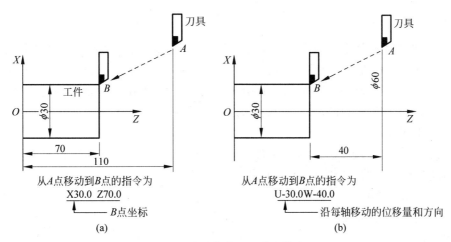

图 2-19　绝对值编程和增量值编程
(a) 绝对值编程;(b) 增量值编程

4) 小数点编程

FANUC 系统编程时,数值可以用小数点输入。距离、时间或速度的输入可使用小数点。下列地址可用小数点:X、Y、Z、U、V、W、A、B、C、I、J、K、R 和 F。有两种类型的小数点表示法:计算器型和标准型。

采用标准型表示法时,带小数点数值的单位为 mm(公制)和(°)。例如,从 $A(0,0)$ 移动到 $B(50,0)$,当使用小数点编程时,有以下两种表示方式:

```
X50.0    X50.
```

对于程序中不带小数点的值,需要乘以最小输入增量。存在两种不同的增量系统:IS-B 和 IS-C。对于公制尺寸,IS-B 线性轴的最小输入增量为 0.001mm,回转轴的最小输入增量为 0.001°,因此,当选择 IS-B 时,X1000 相当于 X1.0;IS-C 线性轴的最小输入增量为 0.0001mm,回转轴的最小输入增量为 0.0001°,因此,当选择 IS-C 时,X1000 相当于 X0.1。通常采用 IS-B。

当采用计算器型表示法时,带小数点和不带小数点的值的单位均为 mm。小数点表示法的选择由 3401 号参数的第 0 位(DPI)确定。

5) 英制和米制输入指令(G20、G21)

G20 表示英制(inch)输入,G21 表示米制(mm)输入。G20 和 G21 是两个互相取代的代码,机床出厂前一般设定为 G21 状态,机床的各项参数均以米制单位设定,所以数控车床一般适用于米制尺寸工件的加工。在一个程序内,不能同时使用 G20 与 G21 指令,且必须在程序的开始设定坐标系之前在一个单独的程序段中指定。G20 和 G21 指令断电前后一致，即停电前使用 G20 或 G21 指令，在下次开机后仍有效，除非重新设定。

2. 插补功能

1）快速点定位指令 G00

G00 指令是模态代码，使刀具以点位控制方式，从刀具所在点快速移动到目标点。G00 移动速度是机床参数设定的空行程速度，与程序段中的进给速度 F 无关。

格式为：

G00　X(U)_　Z(W)_;

G00 有非线性插补定位和线性插补定位两种方式，由机床参数设定。当采用非线性插补定位时，刀具以每轴的快速移动速度定位，只是快速定位，对中间空行程无轨迹要求，刀具轨迹通常不是直线，而是折线，折线的起始角 θ 是固定的，取决于各轴的快速移动速度；当采用线性插补定位时，刀具轨迹与直线插补（G01）相同，刀具以不大于每轴的快速移动速度在最短的时间内定位。

即使指定了线性插补定位，当用 G53 指令以及用 G28 指令在参考位置和中间位置之间定位时，还是用非线性插补定位，所以使用 G00 指令时要注意刀具是否和工件及夹具发生干涉，以避免发生碰撞。

如图 2-20 所示，从起点快速移动到终点，绝对值方式编程为：

G00　X40.0　Z56.0;

增量值方式编程为：

G00　U-60.0　W-30.5;

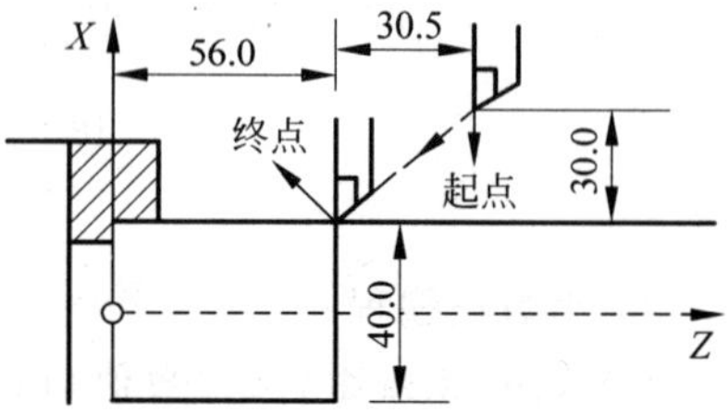

图 2-20　快速点定位指令示意图

增量值方式编程中的 X 轴向增量为 U-60.0，这是由于按直径编程方式，终点 X 向坐标增量为终点处的直径减去起点处的直径。

2）直线插补指令 G01

G01 指令命令刀具在两坐标或三坐标间以 F 指令的进给速度进行直线插补运动。G01 指令是模态指令，其书写格式是：

G01　X(U)_　Z(W)_　F_;

采用绝对值编程时，刀具以 F 指令的进给速度进行直线插补，移至坐标值为 X、Z 的点上；采用增量编程时，刀具则移至距起始点（即当前点）距离为 U、W 值的点上。F 代码是进给速度的指令代码，在没有新的 F 指令以前一直有效，不必在每个程序段中都写入 F 指令。如果在 G01 程序段之前的程序段中没有 F 指令，而当前的 G01 程序段中也没有 F 指令，则机床不运动。F 指令可用 G00 指令取消。X、Z 坐标值也具有继承性，即如果本段程序的 X（或 Y 或 Z）坐标值与上一段程序的 X（或 Y 或 Z）坐标值相同，则本段程序可以不写 X（或 Y 或 Z）坐标。

如图 2-21 所示，要求刀具从 P_0 快速移动到 P_1，再从 P_1 直线插补到 P_2，最后从直线插补到 P_3。采用绝对值编程（选右端面 O 为编程原点），其程序为：

...
N03 G00 X50.0 Z2.0 S800 T01 M03;   (P_0—P_1 点)
N04 G01 Z − 40.0 F80.;   (刀尖从 P_1 点按 F 值运动到 P_2 点)
N05 X80.0Z − 60.0;   (P_2—P_3 点)
N06 G00 X200.0 Z100.0;   (P_3—P_0 点)
...

采用增量值编程,其程序为:

...
N03 G00 U − 150.0 W − 98.0 S800 T01 M03;
N04 G01 W − 42.0 F80.;
N05 U30.0 W − 20.0;
N06 G00 U120.0 W160.0;
...

3) 圆弧插补指令 G02/G03

刀具在 XZ 坐标平面内以一定进给速度进行圆弧插补运动,从当前位置(圆弧的起点),沿圆弧移动到指令给出的目标位置,切削出圆弧轮廓。G02 为顺时针圆弧插补指令,G03 为逆时针圆弧插补指令。其书写格式为:

$\begin{Bmatrix} G02 \\ G03 \end{Bmatrix}$ X(U)_ Z(W)_ R_ F_;   (用圆弧半径 R 指定圆心位置)

$\begin{Bmatrix} G02 \\ G03 \end{Bmatrix}$ X(U)_ Z(W)_ I_ K_ F_;   (用 I、K 指定圆心位置)

X、Z 表示圆弧终点在工件坐标系中的坐标值,U、W 表示圆弧终点相对于圆弧起点的增量值。I、K 为圆弧中心在 X 轴和 Z 轴上相对于圆弧起点的坐标增量,有正负号,当 X 和 Z 被忽略(终点与起点相同)且圆心用 I 和 K 指定时,即指定了一个 360° 的圆弧(圆)。R 为圆弧半径,用其编程时,不能描述整圆。F 为沿圆弧切线方向的进给率或进给速度,单位与 G01 指令中的相同。

圆弧插补的顺逆判定方法是沿圆弧所在平面(如 XZ 平面)的垂直轴的负方向(−Y)看去,顺时针方向为 G02,逆时针方向为 G03,如图 2-22 所示。

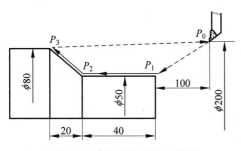

图 2-21 直线插补指令示意图

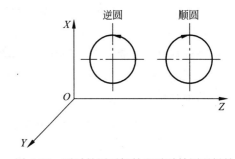

图 2-22 顺时针圆弧插补和逆时针圆弧插补

例如,图 2-23(a)中所示的圆弧从起点到终点为顺时针方向,其走刀指令可编写如下。
绝对值编程:

G02 X50.0 Z30.0 I25.0 F60.0;

或

G02 X50.0 Z30.0 R25.0 F60.0;

增量值编程：

G02 U20.0 W－20.0 I25.0 F60.0;

或

G02 U20.0 W－20.0 R25.0 F60.0;

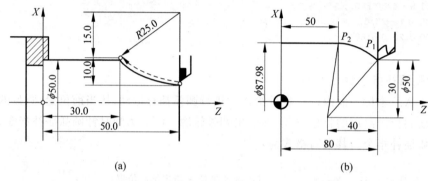

(a)　　　　　　　　　　　　　　　　(b)

图 2-23　圆弧插补指令示意图

图 2-23(b)中所示的圆弧从 P_1 点到 P_2 点为逆时针方向，其走刀指令可编写如下。
绝对值编程：

G03 X87.98 Z50.0 I－30.0 K－40.0 F60.0;

增量值编程：

G03 U37.98 W－30.0 I－30.0 K－40.0 F60.0;

当用半径 R 指定圆心位置时，由于在同一半径 R 的情况下，从圆弧的起点到终点有两个圆弧的可能性，为区别二者，规定圆心角 $\alpha<180°$ 时，用＋R 表示，如图 2-24 中的圆弧 1。$\alpha>180°$ 时，用－R 表示，如图 2-24 中的圆弧 2。

4）极坐标插补 G12.1、G13.1

极坐标插补功能是将轮廓控制由直角坐标系中编程的指令转换成一个直线轴运动（刀具的运动）和一个回转轴运动（工件的回转），这种方法用于在车削中心上切削端面和磨削凸轮轴。其书写格式是：

G12.1;　　启动极坐标插补方式(使极坐标插补有效)
……
G13.1;　　极坐标插补方式取消

可用 G112 和 G113 分别代替 G12.1 和 G13.1。

FANUC 系统极坐标的概念与数学中的极坐标概念有所不同，如果采用传统的极轴、极角(ρ,θ)形式，需要借助于宏指令和复杂的数学公式来编程，复杂费时，因而数控系统允许用户将其当作 $X\text{-}C'$ 直角坐标系来描述加工轨迹。在与 Z 轴垂直的平面内，由相互垂直的实轴(第一轴)X 和虚轴(第二轴)C'组成极坐标系,坐标原点与程序原点重合,且虚轴 C'的单位不是(°)或 rad,而是与实轴 X 轴的单位一样,均为 mm,如图 2-25 所示。

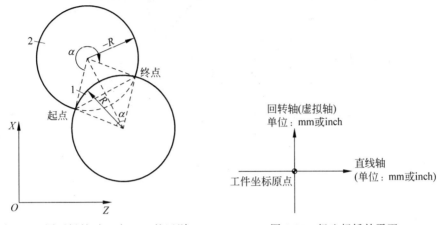

图 2-24　圆弧插补时 R 与$-R$ 的区别　　　　　　图 2-25　极坐标插补平面

使用极坐标编程时的注意事项:

(1) 执行 G12.1 和 G13.1 指令时必须在程序中单独使用,且 G12.1、G13.1 必须成对。

(2) 程序中的实轴 X 的坐标用直径值指定,虚轴 C 的坐标用半径值指定。

(3) 刀具半径补偿 G41/G42 在极坐标插补模式下算法与其他坐标模式下算法不同,因而进入极坐标插补时必须是 G40 半径补偿取消方式。如果在极坐标中使用了半径补偿,退出极坐标之前必须先执行 G40。

(4) 在极坐标插补方式下能用的 G 指令有:G01、G02、G03、G04(暂停)、G40、G41、G42、G65/G66/G67(用户宏程序指令)、G98/G99(每分钟/每转进给)。

(5) 在极坐标插补平面中为圆弧插补(G02/G03)指令圆弧半径时,I,J,K 参数的选用取决于插补平面中的第一轴(直线轴)。当直线轴是 X 轴时,看作 X_p-Y_p 平面,使用 I,J。

图 2-26 所示为极坐标插补编程示例。

程序如下:

```
O0001;
  ⋮
N0010 T0101;
  ⋮
N0100 G00 X120.0 C0 Z_;          定位起始位置
N0200 G12.1;                     极坐标插补开始
N0201 G42 G01 X40.0 F_;          加工几何形状开始
N0202 C10.0;
N0203 G03 X20.0 C20.0 R10.0;
N0204 G01 X - 40.0;
N0205 C - 10.0;
N0206 G03 X - 20.0 C - 20.0 I10.0 J0;
N0207 G01 X40.0;
N0208 C0;
N0209 G40 X120.0;                加工几何形状结束
```

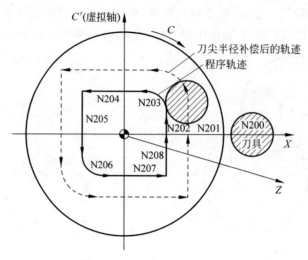

图 2-26 极坐标插补程序示例

```
N0210 G13.1          极坐标插补取消
N0300 Z_;
N0400 X_ C_;
  ⋮
N0900 M30;
```

5）圆柱插补指令 G07.1

车削中心的 ZC 坐标面，即柱面坐标系，主要用于加工圆柱凸轮槽。圆柱插补功能主要在圆柱表面展开的状态下进行程序编写，Z 轴的单位为 mm，C 轴的单位为（°）。其书写格式是：

```
G07.1 IP r;      启动圆柱插补方式
  ⋮
G07.1 IP 0;      圆柱插补方式取消
```

其中，IP 为旋转轴的名称，用字母 C 或 H 表示（H 为 C 的增量坐标字代码）；r 为工作半径。可以用 G107 代替 G07.1。

例如：

```
N06 G07.1C125.0;      执行圆柱插补指令的旋转轴是 C 轴，工作半径 125mm
  ⋮
G07.1 C0;            圆柱插补指令取消
```

使用圆柱插补时的注意事项如下：

（1）用数控系统的 1022 号参数指定回转轴是 X 或 Y 轴的平行轴。当设定 1022 参数第五位（与 X 轴平行的轴）时，圆弧插补指令为：

```
G18 Z_  C_;
G02(G03) Z_  C_  R_;
```

当设定 1022 参数第六位（与 Y 轴平行的轴）时，圆弧插补指令为：

```
G19 Z_  C_;
```

G02(G03) Z_ C_ R_;

程序中，G18、G19 为工作平面选择指令，分别用于选择 X_pZ_p 平面和 Y_pZ_p 平面。车削的工作平面定义如图 2-27 所示。

（2）圆弧插补时，圆弧半径不能用字地址符 I、J 或 K 指定。

（3）为了在圆柱插补方式执行刀具补偿，在进入圆柱插补方式之前应取消任何正在进行的刀具补偿方式，然后，在圆柱插补方式内开始和结束刀具补偿。

图 2-28 所示为圆柱插补程序示例。

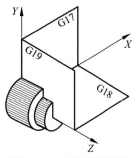

图 2-27　工作平面选择

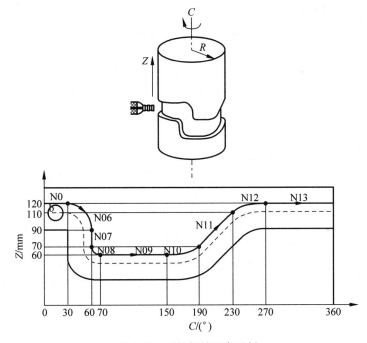

图 2-28　圆柱插补程序示例

程序如下：

```
O0001;
N01 G00 Z100.0 C0;
N02 G01 G18 W0 H0;              设定切削平面(W、H 为 Z、C 的增量坐标字代码)
N03 G07.1 C57.3;               圆柱插补功能开始,插补半径为 57.3mm
N04 G01 G42 Z120.0 D01 F250.;
N05 C30.0;
N06 G02 Z90.0 C60.0 R30.0;
N07 G01 Z70.0;
N08 G03 Z60.0 C70.0 R10.0;
N09 G01 C150.0;
N10 G03 Z70.0 C190.0 R75.0;
N11G01 Z110.0 C230.0;
N12 G02 Z120.0 C270.0 R75.0;
N13 G01 C360.0;
N14 G40 Z100.0;
```

```
N15 G07.1 C0;                    圆柱插补功能取消
N16 M30;
```

3. 进给功能

进给功能控制刀具的进给速度。进给功能有两种：当指定了定位命令（G00）时，刀具以 CNC（1420 号参数）设定的快速移动速度运动；当使用 G01、G02、G03 等插补指令切削进给时，刀具以程序中编制的进给速度运动，由地址符 F 和其后面的指令进给速度的数字组成。用机床操作面板上的开关可对快速移动速度或切削进给速度实施倍率控制。为防止机床振动，刀具在运动的开始和结束时自动实施加速/减速。

用 1422 号参数可设定切削进给速度的上限，如果实际切削进给速度（用了倍率后）超过指定的上限，则进给速度为上限值。

1）每分钟进给 G98

系统在执行了有 G98 的程序段后，在遇到 F 指令时，便认为 F 所指定的进给速度单位为 mm/min（或 inch/min）。G98 是模态指令，被执行后，系统将保持 G98 状态，直至系统又执行了含有 G99 的程序段，此时 G98 便被否定，而 G99 将发生作用。

2）每转进给 G99

系统在执行了有 G99 的程序段后，在遇到 F 指令时，便认为 F 所指定的进给速度单位为 mm/r（或 inch/r）。G99 是模态指令，被执行后，系统将保持 G99 状态，直至系统又执行了含有 G98 的程序段，此时 G99 便被否定，而 G98 将发生作用。

3）暂停指令 G04

该指令可使刀具短时间（几秒钟）无进给，以进行光整加工，主要应用于车削环槽、不通孔及自动加工螺纹等场合，也可用于拐角轨迹控制。例如，在车削环槽时，若进给结束立即退刀，其环槽外形为螺旋面，用 G04 指令可使工件空转几秒钟，将环槽外形光整。G04 指令的书写格式为：

```
G04 P_;
```

或

```
G04 X(U)_;
```

其中，P 后面的数字为整数，当采用 IS-B 时，单位为 ms；X(U)后面的数字为带小数点的数，单位为 s。例如，欲暂停 1.5s 时，程序段为：

```
G04 X1.5;
```

或

```
G04 U1.5;
```

或

```
G04 P1500;
```

4. 参考点

数控机床的参考点（也称基准点或零点）是联系机床坐标系和工件坐标系的关系点，其作用是使机床的零点与机床的电气零点同步,即电气坐标系与机械坐标系统一。参考点坐标值是相对于机床零点设置的,通常机床在此点停止加工或交换刀具。采用增量式位移测量系统的数控机床每次起动后,首先都要进行回归参考点操作。数控机床各轴归参考点后,只要不发生坐标轴实际坐标计数器计数出错(多记或少记)故障,不管该轴进行多少次往复运动与操作,机床控制系统就能够保证以参考点为基准,实际坐标与实际位置完全一致。

FANUC 0i 系统可在机床坐标系中设定 4 个参考点。一般来说,"回零"操作也就是回参考点,指的是第 1 参考点,主要作用是建立机床坐标系。如果机床上有自动换刀、自动托盘交换器等,就需要第 2、3、4 参考点,也就是确认它们在机床上的确定位置后,才能执行换刀或是交换托盘等动作。

1) 返回参考点确认 G27

指令书写格式为:

`G27  X(U)_  Z(W)_;`

其中,X(U)、Z(W)为参考点在工件坐标系中的坐标。G27 指令用于检查 X 轴与 Z 轴是否能正确返回参考点。执行 G27 的前提是机床在通电后必须返回一次参考点。执行该指令后,各轴按指令中给定的坐标值快速定位,相应轴的参考点指示灯点亮。如果刀具到达的位置不是参考点,则显示 092 号报警。在刀具补偿方式中使用该指令,刀具到达的位置将是加上补偿量的位置,此时刀具将不能到达参考点因而指示灯也不亮,因此执行该指令前,应先取消刀具补偿。

2) 自动返回参考点 G28

指令书写格式为:

`G28  X(U)_  Z(W)_;`

执行该指令时,刀具快速移到指令值所指定的中间点位置,然后自动返回参考点,同时相应坐标方向的指示灯亮。

只有在命令里指派了中间点坐标的轴执行其原点返回命令,省略了坐标的轴不移动。在执行原点返回命令时,每一个轴是独立执行的,通常刀具路径不是直线,因此设置中间点是为防止刀具返回参考点时与工件或夹具发生干涉。

3) 返回第 2、3、4 参考点 G30

指令书写格式为:

`G30 Pn X(U)_  Z(W)_;`

该指令的使用和执行都和 G28 非常相似,唯一不同的就是 G30 使指令轴返回第 2、3、4 参考点。如:

`G30 P3 X30. Z50.;`

表示经中间点"X30.0 Z50.0"返回第 3 参考点。如果省略了 P,则第 2 参考点被选中。采用增量式位移测量系统的数控机床第 2、3、4 参考点是以第 1 参考点为基准建立的,在参数里可设置,第 1 参考点改变后,其他参考点参数也要调整。因此,只有在执行过自动返回参考点(G28)或手动返回参考点之后才可使用第 2、3、4 参考点返回功能。

5. 坐标系

1）选择机床坐标系 G53

指令书写格式为：

G53 X_　Z_;

该指令使刀具快速定位到机床坐标系中的指定位置上，式中 X、Z 后的值为机床坐标系中的坐标值。G53 是非模态指令，即 G53 只在其指令的程序段中有效。G53 指令必须用绝对值指定，如果指定了增量值，G53 命令被忽略。如果要将刀具移到机床的特定位置，如换刀位置，应该用 G53 编制在机床坐标系的移动程序。如果指定了 G53 命令，就取消了刀尖半径补偿和刀具偏置。

2）工件坐标系

（1）设定工件坐标系

可以用 3 种方法设定工件坐标系：①在程序中 G50 指令之后指定一个值来设定工件坐标系；②在手动参考点返回完成后自动设定工件坐标系；③用 MDI 面板可预先设定工件坐标系 1、工件坐标系 2、…、工件坐标系 6 等 6 个工件坐标系。

G50 指令一般作为第一条指令放在整个程序的最前面，其指令格式为：

G50　X(α)　Z(γ);

α、γ 值为刀尖的起始点（起刀点）距工件原点在 X 向和 Z 向的尺寸（如图 2-29(a) 所示）。

如图 2-29(b) 所示，若选工件右端面 O 点为坐标原点时，坐标系设定为：

G50　X150.0　Z20.0;

若选工件左端面 O' 点为坐标原点时，则坐标系设定为：

G50　X150.0　Z100.0;

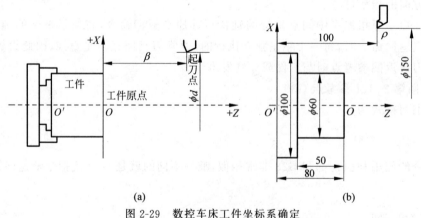

(a)　　　　　　　　　　　　　　(b)

图 2-29　数控车床工件坐标系确定

当通过 G50 指令设定了工件坐标系后，即可用 G50 指令设定的工件坐标系绝对值编程。

设定工件坐标系也可在手动返回参考点后自动完成，前提条件是工件原点偏移设定为 α 和 γ。这和在返回参考点后"G50 X(α)Z(γ)"指令有同样的效果。

（2）选择工件坐标系

当使用 G54～G59 指令时，可以选择 6 个工件坐标系中的一个。G54～G59 分别对应于工件坐标系 1～6。如：

```
G55 G00 X100.0 Z40.0;
```

表示快速定位到工件坐标系 2 中的（$X=100.0$, $Z=40.0$）位置。

当机床通电并手动返回参考点后，自动选择 G54 坐标系（工件坐标系 1）。

6. 主轴速度功能（S 功能）

S 功能表示主轴转速或线速度，由地址符 S 和其后面的数字组成。数字的单位为 r/min，FANUC 0i 系统最大数字位数为 5 位，一个程序段只能包含一个 S 代码。

1）恒线速度控制指令 G96

G96 是模态指令。系统执行 G96 后，便认定用 S 指定的数值表示切削速度，例如，"G96 S100"表示其切削速度是 100m/min。在恒线速度控制中，数控系统将刀尖所处的 X 坐标值作为工件的直径值来计算主轴转速，所以在使用 G96 指令前必须正确地设定工件坐标系。

2）恒速切削控制取消指令 G97

G97 是取消恒线速度控制的指令。系统执行 G97 指令后，S 后面的数值表示主轴每分钟的转数。例如，"G97 S600"表示取消线速度恒定功能，主轴转速 600r/min。

3）主轴最高速度限定 G50

G50 除有坐标系设定功能外，还有主轴最高转速设定的功能，S 后面的数字是主轴最高转速，单位为 r/min。例如，"G50 S2000"表示主轴转速最高为 2000r/min。

用恒线速度控制加工端面、锥度和圆弧时，由于 X 坐标不断变化，故当刀具逐渐接近旋转中心时，主轴转速会越来越高，工件有可能从卡盘中飞出。为了防止出现事故，必须限定主轴最高转速。

7. 刀具功能（T 功能）

1）刀具选择

T 功能一般由字母 T 和其后的 4 位数字表示，其作用为根据加工需要，指令数控系统进行选刀或换刀。前两位为刀具序号：0～99，后两位为刀具补偿（偏移）号：0～32。一个程序段只能指定一个 T 代码。

2）刀具寿命管理

FANUC 刀具寿命管理功能，就是把刀具分成若干个组，对每一组内的刀具分别指定刀具寿命值（可使用的时间或次数）。在机械加工过程中，CNC 自动累计各组中被使用的刀具的寿命值，并且当某一刀具达到指定的刀具寿命值时，自动地在同一组中以预定的顺序选择并使用下一把刀具。

每组刀具使用的顺序及其寿命数据可用下面的程序输入至 CNC 的存储器中：

```
O __ ;                  程序号
P __  L __ ;            P __组号(1～128),L __刀具寿命(1～9999);
T __ ;                  刀具号
T __ ;                  刀具号
...
P __  L __ ;            下一组数据
```

```
T __;                          刀具号
T __;                          刀具号
…
G11;                           设定刀具寿命数据结束
M02(M30);                      程序结束
```

　　刀具寿命可用使用时间(单位为 min)或使用次数指定,用参数 6800 号的第 2 位 (LTM)设定。刀具的寿命最多可以指定 4300min 或 9999 次。

　　在加工程序中,T 代码按下述格式指令刀具组:

```
…
T△△99;                        结束当前使用的刀具组,开始使用△△组的刀具."99"用于与
…                              普通选刀方法相区别
T△△88;                        取消该组刀偏,"88"用于与普通选刀方法相区别
…
M02(M30);                      程序结束
```

　　当按使用时间(min)指定刀具寿命时,在 T△△99(△△＝刀具组号)和 T△△88 之间,切削时间每隔 4s 累计一次。单程序段停止、进给暂停、快速移动、暂停等所占用的时间不计算在内。当按使用次数指定刀具寿命时,每一加工过程计数一次,从加工程序起动开始到 NC 由 M02 或 M30 指令复位结束为一个加工过程。一次加工过程计数器加 1,即使在一个加工过程中同组刀具被指定了多次,计数器也只增加 1。

　　8. 刀具补偿功能

　　刀具偏移用来补偿实际刀具和编程中的假想刀具(通常所谓标基刀具)的偏差。FANUC 0i 系统将刀具偏移分为刀具几何偏移和刀具磨损偏移。刀具几何偏移可分为补偿刀具安装位置的刀具几何偏移(刀具长度补偿)和补偿刀具形状的刀具几何偏移(刀尖半径补偿),刀具磨损偏移用于补偿刀尖磨损。

　　1) 刀具长度补偿

　　我们在编程时,一般以其中的一把刀作基准,并以该刀的刀尖位置为依据来建立工件坐标系。如图 2-30 所示,在加工过程中,当其他的刀位转到加工位置时,刀尖的位置 B 会发生变化,不可能和 A 点完全重合,故原设定的工件坐标系对这些刀具就不适应。因此,应对实际刀具刀尖的位置相对于标准刀具刀尖的位置在 X、Z 方向上进行补偿,使补偿后的刀尖位置由 B 点移至 A 点。

　　例如,加工工件时,可以按刀架中心位置编程,即以刀架中心 A 作为程序的起点,如图 2-31(a)所示。但刀具安装后,刀尖相对于 A 点必有偏移,其偏移值为 X、Z,将此二值输入相应的存储器中,当程序执行了刀具补偿功能后,原来的 A 点就被刀尖的实际位置所代替,如图 2-31(b)所示。

　　2) 刀具半径补偿

　　在理论状态下,一般将尖头车刀的刀位点假想成一个点,该点即为理论刀尖,如图 2-32 所示的 P 点,在试切对刀时对刀点分别是图中的 A 点和 B 点。在实际加工中,刀具切削点在刀头圆弧上变动,从而在加工过程中产生过切或少切现象,如果不使用刀具半径补偿功能,加工中会出现以下几种情况:①加工台阶或端面时,对加工表面的尺寸和形状影响不大,但端面中心和台阶的清角处会产生残留;②加工锥面时,对锥度不会产生影响,但对圆

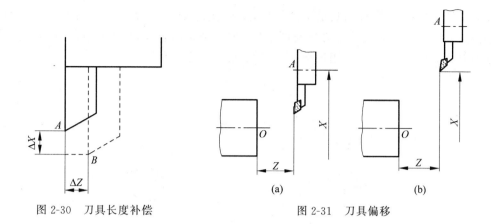

图 2-30 刀具长度补偿   图 2-31 刀具偏移

锥大小端的尺寸有影响,外圆锥面尺寸会变大,内圆锥面尺寸会变小;
③加工圆弧面时,会对圆弧的圆度和半径有影响,凸圆弧半径会变小,
凹圆弧半径会变大。

数控车床进行加工时,如果刀尖的形状和切削时所处的位置(即
刀沿位置)不同,那么刀具的补偿量和补偿方向也不同。根据各种刀
尖形状和刀尖位置的不同,FANUC 将车刀刀沿位置点号分为 9 种,
如图 2-33 所示。图 2-33(a)所示为后置刀架车刀刀沿位置点号,
图 2-33(b)所示为前置刀架车刀刀沿位置点号,图 2-33(c)所示为后
置刀架常用车刀刀沿位置点号。

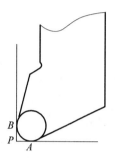

图 2-32 车刀刀尖

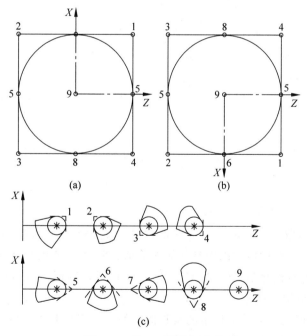

图 2-33 车刀刀沿位置点号

G41 为刀具半径左补偿,即刀具沿工件左侧方向运动时的半径补偿,如图 2-34(a)所示。

G42 为刀具半径右补偿,即刀具沿工件右侧运动时的半径补偿,如图 2-34(b)所示。注意坐标系的正方向,如果 X 轴的正方向与图 2-34 中 X 轴正向相反,则 G41、G42 的定义互换。G40 为刀具半径补偿取消,使用该指令后,G41、G42 指令无效。

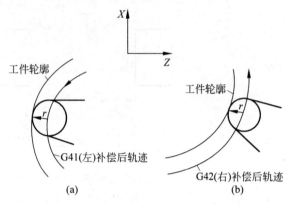

图 2-34　刀具半径补偿

编程时应注意:G41、G42 不能重复使用,即在程序中前面有了 G41 或 G42 指令之后,不能再直接使用 G41 或 G42 指令。若想使用,则必须先用 G40 指令解除原补偿状态后,再使用 G41 或 G42 指令,否则补偿就不正常了。

3)刀具补偿值的输入及使用

刀具的补偿功能是由程序中提供的 T 代码实现的。T 代码由字母 T 和其后的 4 位数字组成,其中后两位数字为刀具补偿号。刀具补偿号为 00 时,表示不进行补偿或取消刀具补偿。

可以设置 32 组刀具补偿值,每组刀具补偿值又分为刀具几何偏移值和刀具磨损偏移值。刀具几何偏移值和刀具磨损偏移值中又分别包含 X、Z、R、T 共 4 个参数,分别对应 X 偏移值、Z 偏移值、半径补偿值和刀沿位置点号。

可以用 MDI 面板将刀具补偿值输入 CNC 存储器中,也可用 G10 指令由程序输入偏移值,指令格式如下:

G10 P_ X_ Z_ R_ Q_;

或

G10 P_ U_ W_ C_ Q_;

其中,P 为偏移号,当取 1～32 时对应 1～32 组补偿值中的刀具磨损偏移值,当取 10001～10032 时对应 1～32 组补偿值中的刀具几何偏移值;X、Z、R 分别为 X 绝对偏移值、Z 绝对偏移值、刀尖半径绝对偏移值;U、W、C 分别为 X 增量偏移值、Z 增量偏移值、刀尖半径增量偏移值;Q 为刀沿位置点号。

刀具出现磨损或更换刀片后产生的偏移值一般放入刀具磨损偏移值中。刀具的实际偏移值等于刀具磨损偏移值与刀具几何偏移值之和。

9. 固定循环

固定循环是预先给定一系列操作,用来控制机床位移或主轴运转,从而完成各项加工。

对非一刀加工完成的轮廓表面,即加工余量较大的表面,采用循环编程,以缩短程序段的长度,减少程序所占内存。固定循环一般分为单一形状固定循环、多重循环和钻孔固定循环。

1) 单一形状固定循环

单一形状固定循环包含 G90、G92 和 G94 指令,是模态指令,在加工循环结束后用 G00 指令清除。

(1) 外径/内径切削循环 G90

G90 指令主要用于圆柱面、圆锥面和内孔的循环切削。例如切入—切削—退刀—返回 4 个动作,用常规编程方法,需要 4 个程序段,若用 G90 指令可以简化为一个程序段。其指令书写格式为:

G90 X(U)_ Z(W)_ R_ F_;

其中,X、Z 为圆柱面切削终点坐标值;U、W 为圆柱面切削终点相对循环起点的增量值;R 为锥体大小端的半径差,圆柱体为零,可以省略;F 为进给速度。

① 外圆切削循环

当 R 为零时,如图 2-35 所示,刀具从循环起点开始按矩形循环,最后又回到循环起点。图中(R)表示快速运动,(F)表示按 F 指定的工作进给速度运动。其加工顺序按 1、2、3、4 进行。

例如,加工图 2-36 所示的零件,加工程序为:

```
…
N05 G90 X45.0 Z－25.0 F60.0;
N06 X40.0;
N07 X35.0;
…
```

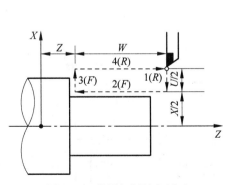

图 2-35 外圆切削固定循环

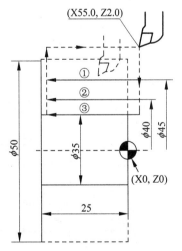

图 2-36 外圆切削固定循环示例

② 锥面切削循环

R 不为零时,R 为锥体大小端的半径差,加工路线如图 2-37 所示。编程时,应注意 R 的符号。确定的方法是:锥面起点坐标 X 大于终点坐标 X 时为正,反之为负。

例如,加工图 2-38 所示的零件,加工程序为:

...
N05 G90 X60.0 Z-35.0 R-5.0 F60.0;
N06 X50.0;
...

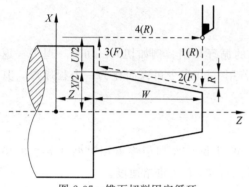

图 2-37　锥面切削固定循环

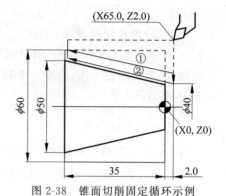

图 2-38　锥面切削固定循环示例

（2）端面切削循环 G94

G94 指令主要用于零件的平端面或锥形端面的循环切削。其指令书写格式为：

G94　X(U)_　Z(W)_　R_　F_;

其中，X、Z 为端面切削终点坐标值；U、W 为圆柱面切削终点相对循环起点的增量值；R 为锥体大小端的半径差，圆柱体为零，可以省略；F 为进给速度。

① 平端面切削循环

当 R 为零时，如图 2-39（a）所示，刀具从循环起点开始按矩形循环，最后又回到循环起点。图中（R）表示快速运动，（F）表示按 F 指定的工作进给速度运动。其加工顺序按 1、2、3、4 进行。在增量编程中，地址 U 和 W 后面的数值的符号取决于轨迹 1 和 2 的方向，也就是说如果轨迹的方向是在 Z 轴的负方向，W 的值是负的。

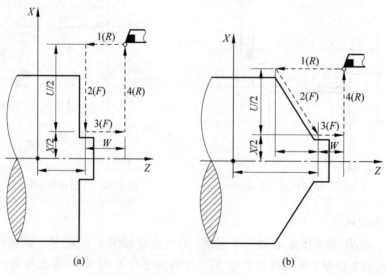

(a)　　　　　　　　　　　　　　(b)

图 2-39　端面车削循环 G94

② 锥面切削循环

R 不为零时，R 为锥体大小端的半径差，加工路线如图 2-39(b)所示。编程时，应注意 R 的符号。确定的方法如图 2-40 所示。

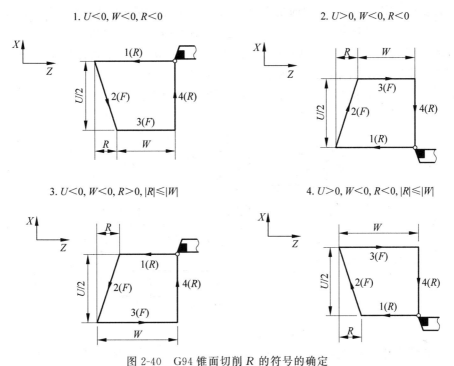

图 2-40　G94 锥面切削 R 的符号的确定

2）多重循环

应用 G90、G94 等固定循环还不能有效地简化加工程序，如果应用多重循环 G71、G72、G73、G74 和 G76，只需指定精加工路线和粗加工的切削深度，系统就会自动计算出粗加工路线和加工次数，因此可以进一步简化加工程序。它应用于切除非一次性加工即能加工到规定尺寸的场合，主要在精车和多次加工切削螺纹的情况下使用。如用棒料毛坯车削阶梯相差较大的轴，或切削铸件、锻件的毛坯余量时都有一些多次重复进行的动作，而且每次加工的轨迹相差不大。利用多重循环功能，只要编出最终加工路线，给出每次切除的余量深度或循环次数，机床即可自动重复切削直到工件加工好为止。

多重循环指令还有端面深孔钻削循环 G74 和外径/内径钻孔循环 G75，限于篇幅这里不再介绍。

(1) 粗车外圆循环 G71

G71 适用于圆柱毛坯料粗车外径和圆筒毛坯料粗车内径。其指令书写格式为：

```
G71  U(Δd)  R(e);
G71  P(ns)  Q(nf)  U(Δu)  W(Δw)  F_  S_  T_;
```

其中，ns 为循环程序中第一个程序段的顺序号；nf 为循环程序中最后一个程序段的顺序号；Δu 为径向（X 轴方向）的精车余量（直径值），当粗车工件内径时为负值；Δw 为轴向（Z 轴方向）的精车余量；e 为退刀量；Δd 为每次吃刀深度（沿垂直轴线方向，即 AA' 方向）。

需要指出的是,包含在 ns 到 nf 程序段中的任何 F、S 或 T 功能在循环中被忽略,而在 G71 程序段中的 F、S 或 T 功能有效。

用 G71 粗车外圆的加工路线如图 2-41 所示。图中,C 是粗车循环的起点,A 是毛坯外径与轮廓端面的交点。Δw 是轴向精车余量,$\Delta u/2$ 是径向精车余量,Δd 是切削深度,e 是退刀量。(R) 表示快速进给,(F) 表示工作进给。假设某程序段中指定了由 $A—A'—B$ 的精加工路线,只要用 G71 指令,就可以实现切削深度为 Δd、精加工余量为 $\Delta u/2$ 和 Δw 的粗加工循环。首先以切削深度 Δd 在和 Z 轴平行的部分进行直线加工,再用锥面加工指令完成锥面加工。顺序号 ns 和 nf 之间的程序段不能调用子程序。

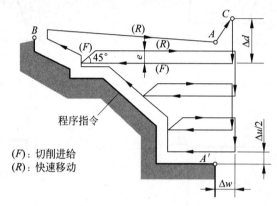

图 2-41 粗车外圆复合循环

粗车外圆循环有两种类型:类型 I 和类型 II。它们的区别是,类型 I 外圆轮廓沿 X 轴都是单调递增或单调递减的,而类型 II 则不必,并且最多可以有 10 个凹面(凹槽)。编程时,类型 I 重复部分的第一个程序段中只规定一个轴;类型 II 重复部分的第一个程序段中规定两个轴,当第一个程序段不包含 Z 运动时,必须指定 W0。例如:

类型 I	类型 II
G71 U10.0 R5.0;	G71 U10.0 R5.0;
G71 P100 Q200 …;	G71 P100 Q200 …;
N100 X(U)_;	N100 X(U)_ Z(W)_;
…	…
N200 …;	N200 …;

(2) 粗车端面循环 G72

G72 适用于圆柱棒料毛坯端面方向粗车,图 2-42 所示为用 G72 粗车外圆的加工路线。G72 指令书写格式为:

G72 W (Δd) R(e);
G72 P(ns) Q(nf) U(Δu) W(Δw) F_ S_ T_;

程序段中的地址含义与 G71 相同,但它只完成端面方向粗车。

(3) 固定形状粗加工循环 G73

G73 适用于毛坯轮廓形状与零件轮廓形状基本接近的毛坯的粗车,例如一些锻件和铸件的粗车。图 2-43 所示为端面外径方向轮廓从右向左加工的走刀路线。

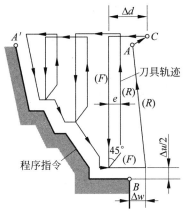

图 2-42   粗车端面循环

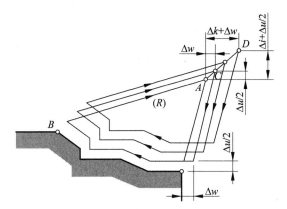

图 2-43   固定形状粗加工循环

G73 指令书写格式为：

G73   U（Δi）   W（Δk）   R(d)；
G73P(ns)   Q(nf)   U（Δu）   W（Δw）   F_   S_   T_；

其中，Δi 为 X 轴方向退出距离和方向（半径值）；Δk 为 Z 轴方向退出距离和方向；d 为重复加工次数；其余与 G71 相同。

（4）精车循环 G70

在采用 G71、G72、G73 指令进行粗车后，用 G70 指令可以作精加工循环切削，其编程规定是在 G71、G72 或 G73 指令程序及其紧接着的指令零件轮廓若干程序之后，使用 G70 指令。其指令书写格式为：

G70 P(ns)   Q(nf)

其中，ns 为精加工程序组的第一个程序段的顺序号；nf 为精加工程序组的最后一个程序段的顺序号。

在精车循环 G70 状态下，ns 至 nf 程序中指定的 F、S、T 有效；当 ns 至 nf 程序中不指定 F、S、T 时，粗车循环中指定的 F、S、T 有效。

（5）应用举例

例 2-1   G71 编程实例。图 2-44 所示为要进行外圆粗车的短轴，粗车每刀切削深度定为 4mm，精车削预留量 X 方向为 2mm（半径上），Z 方向为 2mm，粗车进给率为 0.3mm/r，主轴转速为 550r/min，精车进给率为 0.15mm/r，主轴转速为 700r/min。G71 指令数控程序编写如下：

```
N010   G50 X200.0 Z220.0;
N011   G00 X142.0 Z171.0;
N012   G71 U4.0 R1.0;
N013   G71P014 Q020 U4.0 W2.0 F0.3 S550;
N014   G00 X40.0 F0.15 S700;
N015   G01 Z140.0;
N016   X60.0 Z110.0;
N017   Z90.0;
```

```
N018    X100.0 Z80.0;
N019    Z60.0;
N020    X140.0 Z40.0;
N021    G70 P014 Q020;
N022    G00 X200.0 Z220.0;
N023    M05;
N024    M30;
```

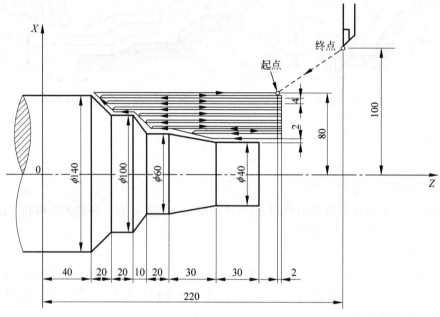

图 2-44　G71 粗车循环示例

执行上述加工路线时,刀具从起始点(X220,Z220)出发,执行到 N011 走刀到点(X142,Z171)。从 N012 开始,进入 G71 固定循环,该程序段中的内容,并没有直接给出刀具下一步的运动路线,而是"通知"控制系统如何计算循环过程中的运动路线。G71 表示开始执行本循环;N012 程序段中的 U4.0 表示粗加工切削深度,N013 程序段中的 U4.0 和 W2.0 表示粗加工的最后一刀应留出的精加工余量;每一刀都完成一个矩形循环,直到按工件小头尺寸已不能再进行完整的循环为止。接着执行 N021 程序段(精加工固定循环)。P014 和 Q020 表示精加工的轮廓尺寸按 N014 至 N020 程序段的运动指令确定。刀具顺工件轮廓完成终加工后返回到点(X200,Z220)。

例 2-2　G72 编程实例。图 2-45 所示为要进行端面粗车的短轴,粗车每刀切削深度定为 7mm,粗车进给率为 0.3mm/r,主轴转速为 550r/min,精车削预留量 X 方向为 2mm(半径值),Z 方向为 2mm,精车进给率为 0.15mm/r,主轴转速为 700r/min。数控程序编写如下:

```
N010    G50 X220.0 Z190.0;
N011    G00 X176.0 Z132.0;
N012    G72 W7.0 R1.0;
N013    G72 P014 Q019 U4.0 W2.0 F0.3 S550;
N014    G00 Z58.0 S700;
```

```
N015    G01 X120.0 W12.0 F0.15;
N016    W10.0;
N017    X80.0 W10.0;
N018    W20.0;
N019    X36.0 W22.0;
N020    G70 P014 Q019;
N021    G00 X220.0 Z190.0;
N022    M05;
N023    M30;
```

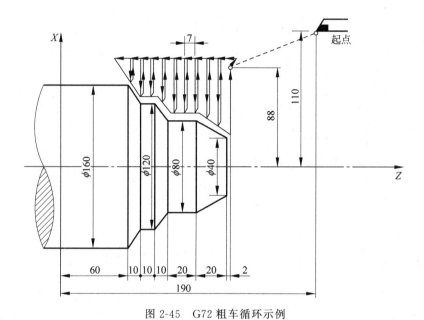

图 2-45　G72 粗车循环示例

例 2-3　G73 编程实例。图 2-46 所示为要进行成形粗车的短轴，X 退刀量为 14mm，Z 退刀量为 14mm，精车削预留量 X 方向为 2mm（半径上），Z 方向为 2mm，分割次数为 3，粗车进给率为 0.3mm/r，主轴转速为 180r/min，精车进给率为 0.15mm/r，主轴转速为 600r/min。数控程序编写如下：

```
N010    G50 X260.0 Z220.0;
N011    G00 X220.0 Z160.0;
N012    G73 U14.0 W14.0 R3;
N013    G73 P014 Q019 U4.0 W2.0 F0.3 S180;
N014    G00 X80.0 W−40.0;
N015    G01 W−20.0 F0.15 S600;
N016    X120.0 W−10.0;
N017    W−20.0;
N018    G02 X160.0 W−20.0 R20.0;
N019    G01 X180.0 W−10.0;
N020    G70 P014 Q019;
N021    G00 X260.0 Z220.0;
N022    M05;
N023    M30;
```

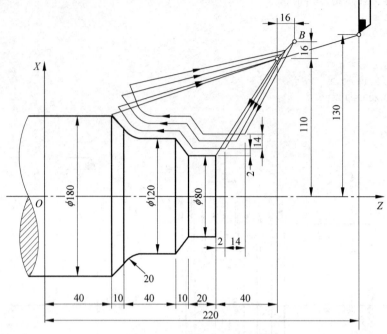

图 2-46　G73 粗车循环示例

3）钻孔固定循环

钻孔固定循环适用于回转类零件端面上的孔中心不与零件轴线重合的孔或外表面上的孔的加工。钻削径向孔或中心不在工件回转轴线上的轴向孔时，数控车床必须带有轴向的和径向的动力刀具，而且必须具备 C 轴定位/夹紧/松开功能，即必须在车削中心上加工。

通常的编程方法钻孔操作需要几个程序段，而用固定循环只需一条指令，从而使编程大大简化。如图 2-47 所示，通常钻孔循环包括下面 6 种顺序操作：

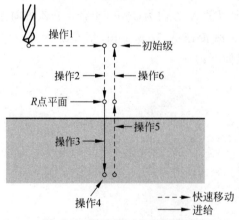

图 2-47　钻孔循环的顺序操作

操作 1：$X(Z)$ 和 C 轴定位；
操作 2：快速移动至 R 点平面；
操作 3：孔加工；

操作 4：孔底操作；

操作 5：退刀至 R 点平面；

操作 6：快速移动至起始点。

固定循环功能见表 2-5。G83 和 G87、G84 和 G88 以及 G85 和 G89 功能相同，只是定位平面和钻孔轴的指定不同。表 2-6 给出了钻孔固定循环的定位平面和钻孔轴。固定循环指令均为模态指令，一旦指定，就一直保持有效，直到用 G80 指令取消为止。此外，G00、G01、G02、G03 也可起到取消固定循环指令的作用。在 G 代码系统 A 中，刀具从孔底直接返回到初始平面。

表 2-5　钻孔固定循环

G 代码	钻孔轴	孔加工操作（一向）	孔低位置动作	回退操作（＋向）	应　　用
G80	—	—	—	—	取消
G83	Z 轴	切削进给/断续	暂停	快速移动	正钻循环
G84	Z 轴	切削进给	暂停→主轴反转	切削进给	正攻丝循环
G85	Z 轴	切削进给	—	切削进给	正镗循环
G87	X 轴	切削进给/断续	暂停	快速移动	侧钻循环
G88	X 轴	切削进给	暂停→主轴反转	切削进给	侧攻丝循环
G89	X 轴	切削进给	暂停	切削进给	侧镗循环

表 2-6　定位平面和钻孔轴

G 代码	定位平面	钻孔轴
G83,G84,G85	X 轴，C 轴	Z 轴
G87,G88,G89	Z 轴，C 轴	X 轴

钻孔固定循环的指令格式为：

```
G83  X(U)_  C(H)_  Z(W)_  R_  Q_  P_  K_  F_  M_;      正面钻循环
G87  Z(W)_  C(H)_  X(U)_  R_  Q_  P_  K_  F_  M_;      侧面钻循环
G85  X(U)_  C(H)_  Z(W)_  R_  P_  K_  F_  M_;          正面镗循环
G89  Z(W)_  C(H)_  X(U)_  R_  P_  K_  F_  M_;          侧面镗循环
G84  X(U)_  C(H)_  Z(W)_  R_  P_  K_  F_  M_;          正面攻丝循环
G88  Z(W)_  C(H)_  X(U)_  R_  P_  K_  F_  M_;          侧面攻丝循环
```

其中，R 为初始点到 R 点的距离，带正负号；Q 为钻孔深度；P 为刀具在孔底停留的延迟时间；F 为钻孔进给速度，单位为 mm/min；K 为钻孔重复次数（根据需要指定）；M 为 C 轴夹紧 M 代码（根据需要）。

当正面（端面）循环时，X(U)、C(H) 为孔的位置坐标，Z(W) 为孔的底部坐标；当侧面循环时，Z(W)、C(H) 为孔的位置坐标，X(U) 为孔的底部坐标。G83/G87 又分为一般钻孔固定循环和高速啄式钻孔固定循环，两者的区别在于是否有退刀及一个孔加工完毕的退刀位置。一般钻孔固定循环一个孔加工完毕退刀到初始点，而高速啄式钻孔循环一个孔加工完毕退刀到 R 点，如图 2-48 所示。图 2-48 中，$M\alpha$ 为 C 轴

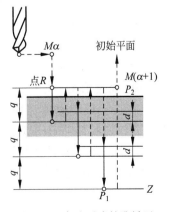

图 2-48　高速啄式钻孔循环

夹紧的 M 代码，$M(\alpha+1)$ 为 C 轴松开的 M 代码。

例 2-4　图 2-49 所示的零件在周向有 4 个孔，孔间夹角均为 90°，可先采用 $\phi18$ 的钻头用 G83 指令来钻削，然后采用 G85 指令来镗孔，每次加工时保持其余参数不变，只改变 C 轴旋转角度，则已指定的指令可重复执行。数控程序如下：

```
...
N010  M51;                   设定 C 轴分度方式
N011  M03 S2000;
N012  T0404;                 换 φ18 钻头
N013  G00 Z30.0;             快速进给至初始平面,初始平面距零件端面 30mm
N014  G83 X100.0 C0.0 Z-65.0 R-10.0 Q5.0 F5.0 M31;  定位并钻第 1 个孔,R 平面距离初始平面
                                                     为 10mm,每次钻削深度为 5mm,钻孔进给
                                                     速度 5mm/min,车床主轴夹紧代码为 M31
N015  C90.0 M31;             钻第 2 个孔
N016  C180.0 M31;            钻第 3 个孔
N017  C270.0 M31;            钻第 4 个孔
N018  G80 M05;               钻孔完毕,取消钻孔循环
N019  G30 U0 W0;             返回换刀点
N020  T0505;                 换镗刀
N021  G85 X100.0 C0.0 Z-65.0 R-10.0 P500 M31;  定位并镗第 1 个孔,R 平面距离初始平面为
                                                10mm,镗孔进给速度 5mm/min,孔底延时 500ms
N022  C90.0 M31;             镗第 2 个孔
N023  C180.0 M31;            镗第 3 个孔
N024  C270.0 M31;            镗第 4 个孔
N025  G80 M05;               镗孔完毕,取消镗孔循环
N026  M50;                   取消 C 轴分度方式
N027  G30 U0 W0;             返回换刀点
N028  M30;                   程序结束
```

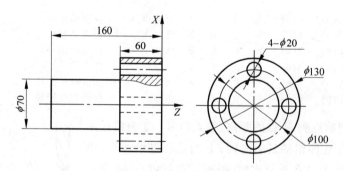

图 2-49　钻孔循环示例

10. 螺纹加工

螺纹切削可用等螺距螺纹切削指令 G32、变螺距螺纹切削指令 G34、螺纹切削循环指令 G92、螺纹切削复合循环指令 G76 来完成。

1) 等螺距螺纹切削指令 G32

G32 指令用于加工单一导程螺纹，可加工直螺纹、锥螺纹和涡形螺纹，其指令书写格式为：

```
G32  X(U)_  Z(W)_  F_;
```

其中,X、Z 为螺纹切削结束点的坐标;F 为螺纹导程,单位为 mm。如图 2-50 所示,对锥螺纹,当斜角 $\alpha \leqslant 45°$ 时螺纹导程以 Z 轴方向指定,$45° < \alpha < 90°$ 时以 X 轴方向指定(半径编程)。通常,伺服系统滞后会在螺纹切削的起点和终点产生不正确的导程,因此,编程时应注意在两端设定足够的升速进刀段 δ_1 和降速进刀段 δ_2,其数值由主轴转速和螺纹导程来决定。由于编程较为复杂,该指令一般很少使用。

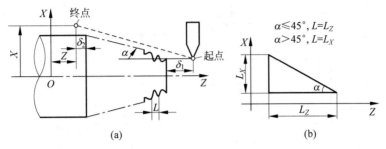

图 2-50　等螺距螺纹加工

例 2-5　如图 2-51 所示,工件的螺纹螺距为 4mm,每刀切深为 1mm,取 $\delta_1 = 3$mm,$\delta_2 = 1.5$mm。程序如下:

```
...
N010   G00 U-62.0;
N011   G32 W-74.5 F4.0;
N012   G00 U62.0;
N013   W74.5;
N014   U-64.0;
N015   G32 W-74.5;
N016   G00 U64.0;
N017   W74.5;
...
```

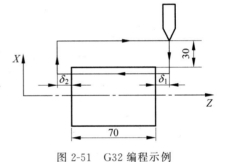

图 2-51　G32 编程示例

2) 变螺距螺纹切削指令 G34

变螺距螺纹是指螺纹螺距值不是固定的,而是沿着螺旋线方向逐渐地变大或减小。G34 指令用于加工变螺距螺纹,其指令书写格式为:

```
G34 X(U)_ Z(W)_ F_ K_;
```

其中,F 后为长轴方向在起点的螺距;K 后为主轴每转螺距的增量和减量;其他参数同 G32。

3) 螺纹切削循环指令 G92

G92 指令用于简单螺纹循环加工,其循环路线与 G90 指令基本相同,只是 F 后面的进给量改为螺距值即可。其指令书写格式为:

```
G92 X(U)_ Z(W)_ R_ F_;
```

G92 指令可以加工圆柱螺纹和锥螺纹,如图 2-52 所示,刀具从循环起点开始按梯形循环,最后又回到循环起点。图中虚线表示快速移动;实线表示按 F 指令的工件导程进给速度移动,X、Z 为终点坐标值,U、W 为螺纹终点相对循环起点的坐标增量,R 为锥螺纹始点与终点的半径差。加工圆柱螺纹时,R 值为零,可省略。

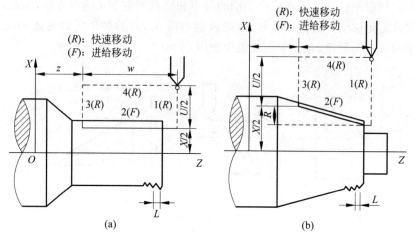

图 2-52　螺纹切削循环

4）螺纹切削复合循环指令 G76

G76 指令用于多次自动循环车削螺纹,程序中只需指定一次,并在指令中定义好有关参数,则车削过程自动进行。车削过程中,除第一次车削深度外,其余各次车削深度自动计算。螺纹复合加工循环路线及进刀方法如图 2-53 所示。

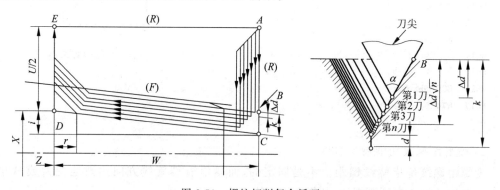

图 2-53　螺纹切削复合循环

G76 指令书写格式为:

```
G76  P(m) (r) (a)  Q(Δd min)  R(d);
G76  X(U)_  Z(W)_  R(i)  P(K)  Q(Δd)  F(L) ;
```

其中,m 为精加工重复次数;r 为倒角量,单位为 0.1L;a 为刀尖角度,普通螺纹为 60°;$Δd$ min 为最小切深(用半径值指定);d 为精加工余量;i 为螺纹半径差,$i=0$ 时为直螺纹;K 为螺纹高(半径值);$Δd$ 为第一刀切削深度(半径值);L 为螺距。

例 2-6　图 2-54 所示为零件轴上的一段直螺纹,螺纹高度为 3.68mm,螺距为 6mm,螺纹尾端倒角为 1.1L,刀尖角为 60°,第一次车削深度 1.8mm,最小车削深度 0.1mm,精车余量 0.2mm,精车削次数一次。其数控程序如下:

...
N08 G50 X70.0 Z130.0;
N09 G00 X65.0 Z130.0 S800 T0101;
N10 G76 P011160Q0.1 R0.2;
G76 X60.64 Z25.0 P3.68 Q1.8 F6.0;
...

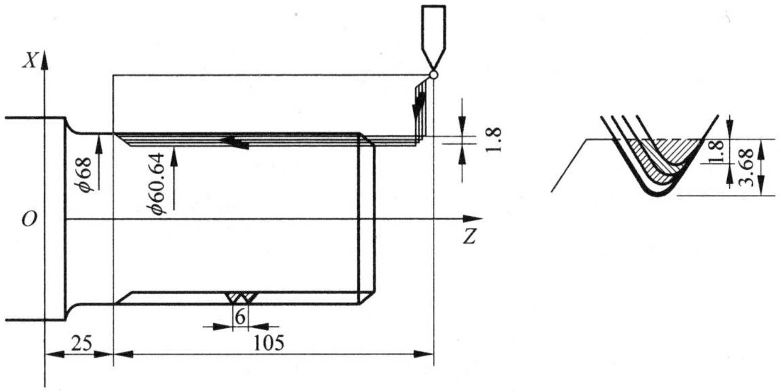

图 2-54　G76 编程示例

11．常用辅助功能 M 指令

辅助功能指令用于设定各种辅助动作及其状态，由字母 M 及其后面的两位数字组成。M 指令大多由机床制造厂家确定。下面介绍 FANUC 0i 系统几个特殊 M 代码的使用方法。

（1）M00 程序暂停。在完成编有 M00 代码的程序段中的指令后，主轴停止、进给停止、切削液关断、程序停止。当重新按下控制面板上的"循环启动按钮"后，继续执行下一程序段。当测量工件和需要排除切屑时 M00 指令经常使用。

（2）M01 任选停止。执行过程与 M00 相同，不同的是只有按下机床控制面板上的"任选停止"开关时，该指令才有效，否则机床继续执行后面的程序。该指令常用于抽查工件的关键尺寸。

（3）M02 程序结束。执行该指令后，表示程序内所有指令均已完成，因而切断机床所有动作，机床复位。但程序结束后，不返回到程序开头的位置。

（4）M03、M04、M05 分别为主轴顺时针旋转、逆时针旋转和停止旋转，判断旋转方向时从尾座向主轴方向看。当主轴需要改变旋转方向时，要用 M05 代码先停止主轴旋转，然后再使用 M03、M04 代码。

（5）M30 程序结束并返回。执行该指令后，除完成 M02 的内容外，还自动返回到程序开头的位置，为加工下一个工件做好准备。

12．子程序

在编制加工程序中，有时会遇到一组程序段在一个程序中多次出现，或者在几个程序中都要使用它。这个典型的加工程序可以做成固定程序，并单独加以命名，这组程序段就称为子程序。使用子程序可以减少不必要的编程重复，从而达到简化编程的目的。主程序可以调用子程序，一个子程序也可以调用下一级子程序。子程序必须在主程序结束指令后建立，其作用相当于一个固定循环。子程序调用如图 2-55 所示。

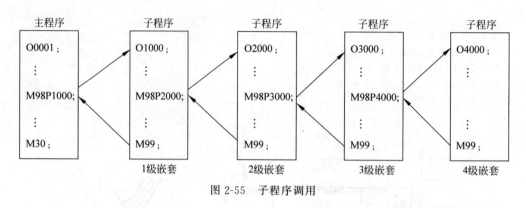

图 2-55　子程序调用

在主程序中，调用子程序的指令是一个程序段，其格式随具体的数控系统而定，FANUC 0i 系统子程序调用格式为：

M98　P_;

其中，P 后的数字有 7 位，前 3 位为调用次数，省略时为调用一次；后 4 位为所调用的子程序号。例如"M98 P51002"，表示指令连续调用子程序（1002 号）5 次。M98 可以与运动指令在同一个程序段中指令。

子程序返回主程序用指令 M99，它表示子程序运行结束，请返回到主程序。

子程序调用下一级子程序称为嵌套。上一级子程序与下一级子程序的关系，与主程序与第一层子程序的关系相同。子程序可以嵌套多少层由具体的数控系统决定，在 FANUC 0i 系统中，可以 4 次嵌套。

13．宏程序

用变量的方式进行数控编程的方法叫作数控宏程序编程。宏程序编程自由度大，能按照编程者的意愿控制机床的运动，便于进行程序流程控制，程序可控性、可调性好，适合于形状规则变化或重复形状的编程。虽然 CAM 软件编程也适用于重复形状的编程，但它不能进行程序流程控制，程序可控性、可调性差，和宏程序相比各有优缺点，有时甚至可以将二者结合在一起使用。

数控车床宏指令编程也被用于一些非圆曲线（如椭圆、抛物线、双曲线、螺旋线、三角函数曲线等）的加工。这些曲线大都没有自己的插补指令，普通手工编程方法很难实现。

1）变量

普通加工程序直接用数值指定 G 代码和移动距离，例如"G01 X100.0"。使用用户宏程序时，数值可以直接指定，也可用变量指定。当用变量时，变量值可用程序或用 MDI 面板上的操作改变。变量用变量符号 # 和后面的变量号指定，如 #1。

变量按照作用域可分为以下 4 类。

（1）局部变量：仅在本程序中起作用的变量。当一个程序执行结束后，局部变量就不复存在了。正因为如此，局部变量必须在程序中赋初值。#1～#33 是局部变量。

（2）全局变量：在所有程序中起作用的变量。全局变量可以不在程序中赋初值，而在程序执行前或执行中手工输入所需值。#100～#199、#500～#999 是全局变量。当断电时，变量 #100～#199 初始化为空，变量 #500～#999 的数据保存，即使断电也不丢失。

（3）系统变量：用来控制系统状态的一些变量。#1000 以上的是系统变量，用于读和写 CNC 运行时的各种数据,例如刀具的当前位置和补偿值。

(4) 空变量:未被赋值的变量。♯0 是空变量。如果要把一个已经赋值的变量变为空变量,赋予♯0 值即可。

当在程序中定义变量值时,小数点可以省略。例如"♯1＝123"中变量♯1 的实际值是123.000。当用表达式指定变量时,要把表达式放在括号中,例如"G01 X[♯1＋♯2] F♯3"。当变量值未定义时,这样的变量成为空变量。变量♯0 总是空变量,它不能写只能读。当引用一个未定义的变量时,地址本身也被忽略。例如,当♯1 为空时,"G90 X100.0 Y♯1"等同于"G90 X100.0";当♯1 为 0 时,"G90 X100.0 Y♯1"等同于"G90 X100.0Y0"。程序号和顺序号不能使用变量。

2) 算术和逻辑运算

变量按照数据类型可分为整型变量、实型变量、逻辑型(布尔型)变量。数控系统提供了以下数值计算类运算符和函数。

(1) 运算符

① 四则运算符:＋、－、*、/分别表示加、减、乘、除。

② 逻辑运算符:AND、OR、XOR 分别表示逻辑与、逻辑或、逻辑异或。

③ 比较运算符:EQ、NE、LT、LE、GT、GE 分别表示等于、不等于、小于、小于或等于、大于、大于或等于。

(2) 函数

① 绝对值函数和平方根函数:ABS[]、SQRT[]。

② 三角函数:SIN[]、COS[]、TAN[]分别表示正弦、余弦和正切函数。

③ 反三角函数:ASIN[]、ACOS[]、ATAN[]分别表示反正弦、反余弦和反正切函数。

④ 取整函数:ROUND[]、FIX[]、FUP[]分别表示四舍五入取整函数、截断取整函数和进位取整函数。

⑤ 对数函数和指数函数:LN[]、EXP[]。

⑥ 二进制和 BCD 码的转换函数:BIN[]、BCD[]分别用于把 8421BCD 码转换成二进制数和把二进制数转换成 8421BCD 码。

3) 宏程序语句

(1) 无条件转移语句(GOTO_)

GOTO 语句用于无条件转移,GOTO 后面跟的数字就是程序的标号(N_)。要转到标号为 N1 的行,则应写成 GOTO1(不是 GOTO N1)。

(2) 判断语句(IF[...] THEN)

IF[...]THEN...的意思是如果[...]则...。方括号内通常是一个由比较和逻辑运算组成的条件表达式。当这个表达式为真时执行 THEN 后面的语句,否则不执行 THEN 后面的语句。

(3) 条件转移语句(IF[...]GOTO_)

IF[...]GOTO_的意思是如果[...]则转到_。当方括号内的条件表达式为真时转到指定的标号处,否则程序继续向下执行。

(4) 循环语句(WHILE)

在 WHILE 后指定一个条件表达式,当指定条件满足时执行从 DO 到 END 之间的程

序,否则转到 END 后的程序段。循环语句的格式为:

```
WHILE[...]DO m
(循环体)
END m
```

4) 宏程序调用

宏程序调用远比子程序调用要复杂,而且功能也更为强大。要对数控系统进行二次开发,很大程度上就是编制所需的宏程序,并用一个指定的 G 代码来调用。

以调用的方式使用宏程序时,主程序里是看不到宏程序里的变量的。它更像是一个普通的程序。以常见的排屑式钻孔为例,"G83 X20.0 Y30.0 Z-25.0 R1.0 Q5.0 F50"中,G83 表示调用宏程序,后面的 X、Y、Z、R、Q、F 等都是宏程序的参数。主程序和宏程序间传递参数的对应关系(格式Ⅰ)见表 2-7。

表 2-7　主程序参数与宏程序变量对应关系

地址	变量号	地址	变量号	地址	变量号
A	#1	I	#4	T	#20
B	#2	J	#5	U	#21
C	#3	K	#6	V	#22
D	#7	M	#13	W	#23
E	#8	Q	#17	X	#24
F	#9	R	#18	Y	#25
H	#11	S	#19	Z	#26

宏程序的调用有多种方式。

(1) 非模态调用 G65

指令书写格式为:

```
G65  P_  L_ [参数];
```

P 值为宏程序的程序号,L 为调用次数,省略 L 值时认为 L 等于 1。宏程序返回主程序的代码仍是 M99(见图 2-56)。

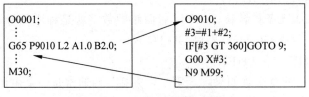

图 2-56　非模态调用宏程序

(2) 模态调用 G66

指令书写格式为:

```
G66  P_  L_ [参数];
G67;
```

G66 指令指定模态调用。从 G66 所在的程序行开始,每次遇到移动指令,就调用一次宏程序,直到遇到 G67 取消模态调用。如图 2-57 所示,在轴上指定位置切槽,U 为槽深(增量值),F 为槽加工的进给速度。主程序分别在"G00 X60.0 Z80.0;""Z50.0;""Z30.0;"这 3 个程序段后调用宏程序。

```
O0003;                              O9110;
G50 X100.0 Z200.0;                  G01 U－♯21 F♯9;      …加工
S1000 M03;                          G00 U♯21;           …撤回刀具
G66 P9110 U5.0 F0.5;                M99;
G00 X60.0 Z80.0;
Z50.0;
Z30.0;
G67;
G00 X100.0 Z200.0 M05;
M30;
```

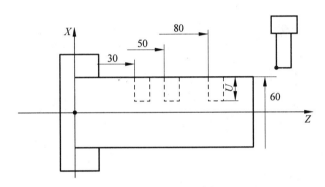

图 2-57　G66 示例

（3）用 G 代码调用宏程序

FANUC 0i 系统在参数(No.6050～No.6059)中设置调用用户宏程序(O9010～O9019)的 G 代码号(1～9999),调用用户宏程序的方法与 G65 相同。例如,设置参数,使宏程序 O9010 由 G81 调用(见图 2-58),不用修改加工程序就可以调用由用户宏程序编制的加工循环。

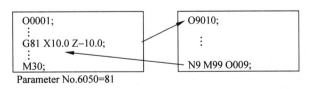

图 2-58　用 G 代码调用宏程序

在 G 代码调用的程序中,不能用一个 G 代码调用多个宏程序,这种程序中的 G 代码被处理为普通 G 代码。

（4）用 M 代码调用宏程序

FANUC 0i 系统在参数(No.6080～No.6089)中设置调用用户宏程序(O9020～O9029)的 M 代码号(1～9999),调用用户宏程序的方法与 G65 相同。例如,设置参数,使宏程序 O9020 由 M50 调用(见图 2-59),不用修改加工程序就可以调用由用户宏程序编制的加工循环。

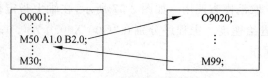

图 2-59　用 M 代码调用宏程序

此外,还可采用 T 代码调用宏程序。FANUC 0i 系统宏程序支持 4 层嵌套。

例 2-7　钻孔循环。如图 2-60 所示,将刀具沿 X 轴和 Z 轴移动到钻孔循环起始点,将 W 定义为孔的深度,K 为切削深度,F 为钻孔时的切削进给速度。

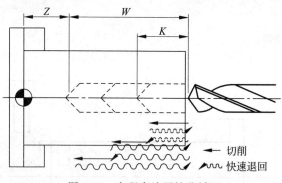

图 2-60　宏程序编写钻孔循环

调用宏程序的主程序为:

```
O0002;
G50 X100.0 Z200.0;
G00 X0 Z102.0 S1000 M03;
G65 P9100 Z50.0 K20.0 F0.3;
G00 X100.0 Z200.0 M05;
M30;
```

宏程序为:

```
O9100;
#1 = 0;
#2 = 0;
IF [#23 NE #0] GOTO 1;
IF [#26 EQ #0] GOTO 8;
#23 = #5002 - #26;          #5002 为系统变量,表示 Z 轴当前坐标
N1 #1 = #1 + #6;
IF [#1 LE #23] GOTO 2;
#1 = #23;
N2 G00 W - #2;
G01 W - [#1 - #2]F#9;
G00 W#1;
IF [#1 GE #23]GOTO 9;
#2 = #1;
GOTO 1;
N9 M99;
N8 #3000 = 1              #3000 为系统变量,当取 0～200 时,CNC 停止运行且报警
```

例 2-8　椭圆加工。如图 2-61(a)所示,椭圆的参数方程为:

$$x = a\sin t, \quad z = c\cos t$$

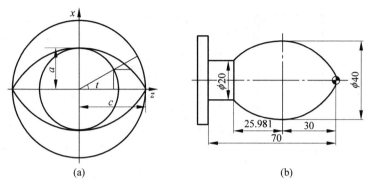

图 2-61　宏程序椭圆编程

用参数方程、WHILE 语句编写的图 2-58(b)椭圆宏程序为:

```
...
#1 = 0;
#2 = 30.0;
#3 = 20.0;
#4 = 180 − ASIN[10.0/#3];
WHILE [#1 LE #4] DO 1;
#100 = #3 * SIN[#1];
#101 = #2 * COS[#1];
G01 X[2 * #100] Z[#101 − #2] F0.1;
#1 = #1 + 1
END 1
...
```

例 2-9　工件如图 2-62 所示,坯料直径为 72mm,长 130mm,材料为铝棒。根据零件的外形要求,选择如下刀具:T01——粗车外形刀,T02——精车外形刀,T03——螺纹刀,T04——端面车刀,T05——割断刀。以 01 号刀为对刀基准,测得其他刀具的位置偏差并输入相应的存储器中。

加工程序如下:

```
N05   G50   X150.0   Z60.0;                建立工件坐标系
N10   M03   S300     T0404;                主轴正转,转速 300r/min,调用 4 号刀
N15   G00   X74.0   Z0   M08;              快进至工件表面,打开切削液
N20   G01   X − 1.0   F0.25;               车端面,进给量 0.25mm/r
N25   G00   X80.0   Z5.0;                  快速退刀
N30        X150.0   Z60.0;                 快速回换刀点
N35        M05;                            主轴停
N40   T0100   M03;                         换 1 号刀,主轴正转
N45   G96   S150;                          主轴恒线速度 150m/min
N50   G00   X74.0   Z5.0;                  快进至粗车循环起点
N55   G71   U4.0   R1.0;
N60   G71 P65 Q135 U0.5 W0.25 F0.3 S600;   粗车循环,主轴转速 600r/min
N65   G96   S200;                          主轴恒线速度 200m/min
N70   G00   X15.0   Z0.5;                  快进至加工起点
```

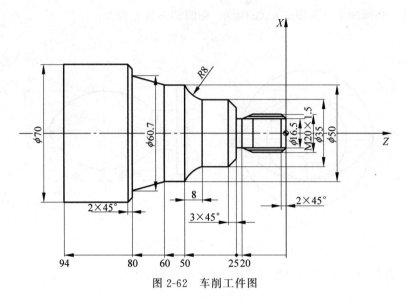

图 2-62　车削工件图

N75	G01	X20.0	Z-2.0	F0.15;	车第一个倒角
N80			Z-15.2;		车螺纹外径
N85		X18.0	Z-20.0;		车退刀槽斜面
N90			Z-25.0;		车退刀槽
N95		X29.0;			车台阶面
N100		X35.0	Z-28.0;		车第二个倒角
N105			Z-42.0;		车 ϕ35mm 外圆
N110	G02	X50.0	Z-50.0	R8.0;	车过渡圆弧
N115	G01		Z-60.0;		车 ϕ50mm 外圆
N120		X60.7	Z-80.0;		车锥面
N125		X66.0;			车台阶面
N130		X70.0	Z-82.0;		车第三个倒角
N135			Z-94.0;		车 ϕ70mm 外圆
N140		X74.0;			退刀
N145	G00	X150.0	Z60.0;		回换刀点
N150		M05;			主轴停
N155	T0202	M03;			换 2 号刀,主轴正转
N160	G70	P65	Q135;		精车循环
N165	G00	X150.0	Z60.0;		回换刀点
N170		M05;			主轴停
N175	G97	T0303	M03	S600;	换 3 号刀,主轴正转,转速 600r/min
N180	G00	X20.0	Z5.0;		快速进给
N185	G92	X19.2	Z-4.5	F1.5;	车螺纹循环,第 1 刀
N190		X18.6;			车螺纹循环,第 2 刀
N195		X18.2;			车螺纹循环,第 3 刀
N200		X18.052;			车螺纹循环,第 4 刀
N205	G00	X150.0	Z60.0;		回换刀点
N210		M05;			主轴停
N215	T0505	M03	S600;		换 5 号刀,主轴正转,转速 600r/min
N220	G00	X74.0	Z-94.0;		快速进给
N225	G01	X0.0	F0.1;		切下
N230	G00	X150.0	Z60.0	M09;	回换刀点,切削液关
N235	M30;				程序结束

2.4　数控铣床和加工中心编程

数控镗铣床与镗铣加工中心在数控机床中所占的比重最大,在航空航天、汽车制造、一般机械加工和模具制造业中应用广泛。数控镗铣床与镗铣加工中心的主要区别在于:数控镗铣床没有刀库和自动换刀功能,而镗铣加工中心本质上就是带有刀库且具有自动换刀功能的数控镗铣床。

2.4.1　数控铣床和加工中心编程基础

1. 坐标系系统

1)机床的坐标轴

如图 2-63 所示,数控铣床以机床主轴轴线方向为 Z 轴,刀具远离工件的方向为 Z 轴正方向。X 轴位于与工件安装面相平行的水平面内。若是立式铣床,则人面对主轴右侧方向为 X 轴正方向;若是卧式铣床,则人面对主轴的左侧方向为 X 轴正方向。Y 轴方向可根据 Z、X 轴按右手笛卡儿直角坐标系来确定。旋转坐标轴 A、B 和 C 的正方向相应地在 X、Y、Z 坐标轴的正方向上,按右手螺旋法则来确定。

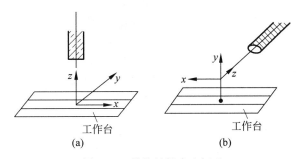

图 2-63　数控镗铣床坐标系

(a)立式数控镗铣床;(b)卧式数控镗铣床

2)参考点

参考点是机床上一个固定点,与加工程序无关。数控机床的型号不同,其参考点的位置也不同。通常,立式铣床指定 X 轴正向、Y 轴正向和 Z 轴正向的极限点为参考点。参考点又称为机床零点。机床启动后,首先要将机床位置"回零",即执行手动返回参考点,使各轴都移至机床零点,在数控系统内部建立一个以机床零点为坐标原点的机床坐标系(屏幕上显示此时主轴的端面中心,即对刀参考点在机床坐标系中的坐标值均为零)。这样在执行加工程序时,才能有正确的工件坐标系。所以编程时,必须首先设定工件坐标系,即确定刀具相对于工件坐标系坐标原点的距离,程序中的坐标值均以工件坐标系为依据。

2. 数控系统功能

1)准备功能

FANUC 0iM 系列系统是目前我国数控铣床和加工中心采用较多的机床数控系统,具有一定的代表性,其常用准备功能见表 2-8。

表 2-8 FANUC0iM 系列系统 G 代码含义

G 代码	组	功能	
G00	01	定位	
G01		直线插补	
G02		圆弧插补/螺旋线插补 CW	
G03		圆弧插补/螺旋线插补 CCW	
G04	00	停刀,准确停止	
G05.1		AI 先行控制	
G07.1(G107)		圆柱插补	
G08		先行控制	
G09		准确停止	
G10		可编程数据输入	
G11		可编程数据输入方式取消	
G15	17	极坐标指令取消	
G16		极坐标指令	
G17	02	选择 $X_P Y_P$ 平面	X_P:X 轴或其平行轴
G18		选择 $Z_P X_P$ 平面	Y_P:Y 轴或其平行轴
G19		选择 $Y_P Z_P$ 平面	Z_P:Z 轴或其平行轴
G20	06	英寸输入	
G21		毫米输入	
G22	04	存储行程检测功能有效	
G23		存储行程检测功能无效	
G25	24	主轴速度波动监测功能无效	
G26		主轴速度波动监测功能有效	
G27	00	返回参考点检测	
G28		返回参考点	
G29		从参考点返回	
G30		返回第 2,3,4 参考点	
G31		跳转功能	
G33	01	螺纹切削	
G37	00	自动刀具长度测量	
G39		拐角偏置圆弧插补	
G40	07	刀具半径补偿取消/三维补偿取消	
G41		左侧刀具半径补偿/三维补偿	
G42		右侧刀具半径补偿	
G40.1(G150)	19	法线方向控制取消方式	
G41.1(G151)		法线方向控制左侧接通	
G42.1(G152)		法线方向控制右侧接通	
G43	08	正向刀具长度补偿	
G44		负向刀具长度补偿	
G45	00	刀具偏置值增加	
G46		刀具偏置值减小	
G47		2 倍刀具偏置值	
G48		1/2 倍刀具偏置值	

G 代码	组	功能
G49	08	刀具长度补偿取消
G50	11	比例缩放取消
G51		比例缩放有效
G50.1	22	可编程镜像取消
G51.1		可编程镜像有效
G52	00	局部坐标系设定
G53		选择机床坐标系
G54	14	选择工件坐标系 1
G54.1		选择附加工件坐标系
G55		选择工件坐标系 2
G56		选择工件坐标系 3
G57		选择工件坐标系 4
G58		选择工件坐标系 5
G59		选择工件坐标系 6
G60	00/01	单方向定位
G61	15	准确停止方式
G62		自动拐角倍率
G63		攻丝方式
G64		切削方式
G65	00	宏程序调用
G66	12	宏程序模态调用
G67		宏程序模态调用取消
G68	16	坐标旋转/三维坐标转换
G69		坐标旋转取消/三维坐标转换取消
G73	09	排屑钻孔循环
G74		左旋攻丝循环
G76	09	精镗循环
G80	09	固定循环取消/外部操作功能取消
G81		钻孔循环、锪镗循环或外部操作功能
G82		钻孔循环或反镗循环
G83		排屑钻孔循环
G84		攻丝循环
G85		镗孔循环
G86		镗孔循环
G87		背镗循环
G88		镗孔循环
G89		镗孔循环
G90	03	绝对值编程
G91		增量值编程
G92	00	设定工件坐标系或最大主轴速度钳制
G92.1		工件坐标系预置

G 代码	组	功能
G94	05	每分进给
G95		每转进给
G96	13	恒表面速度控制
G97		恒表面速度控制取消
G98	10	固定循环返回到初始点
G99		固定循环返回到 R 点
G160	20	横向进磨控制取消（磨床）
G161		横向进磨控制（磨床）

2）常用辅助功能

FANUC 0iM 系统的常用辅助功能如下。

M00：程序停止。程序执行到此暂停，所有模态指令不变，需按下循环启动（CYCLE START）按钮才能往下继续进行。

M01：选择停止。执行此命令时，程序是否停止取决于机床操作面板上的选择性停止开关（OPTIONAL STOP）的状态：ON 程序停止，OFF 跳过。按循环启动按钮可以再启动。

M02：程序结束。程序结束后不返回到程序开头的位置。

M03：主轴正转，主轴顺时针旋转。

M04：主轴反转，主轴逆时针旋转。

M05：主轴停止。

M06：自动换刀，主轴刀具与刀库上位于换刀位置的刀具交换。

M08：切削液开。

M09：切削液关。

M19：主轴定角度停止。

M30：程序结束，程序结束后自动返回到程序开头的位置。

M94：投影功能关。

M95：X 轴投影功能开。

M96：Y 轴投影功能开。

M98：子程序调用。

M99：子程序结束并返回到主程序。

注意：在一个程序段中只能指定一个 M 代码，如果在一个程序段中同时指定了两个或两个以上的 M 代码时，则只有最后一个 M 代码有效，其余的 M 代码均无效。

2.4.2　FANUC 系统数控铣床和加工中心常用指令的编程方法

1. 插补功能

1）快速定位指令 G00

刀具相对于工件以各轴快速移动速度由始点（当前点）快速移动到终点定位。其指令书写格式为：

```
G00  X_  Y_  Z_;
```

绝对值 G90 指令时,刀具分别以各轴快速移动速度移至工件坐标系中坐标值为 X、Y、Z 的点上;增量值 G91 指令时,刀具则移至距始点(当前点)为 X、Y、Z 值的点上。

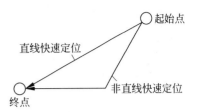

图 2-64　直线插补和非直线插补

各轴快速移动的进给速度,由厂家设定,不能用 F 来指定快速进给速度。各轴可独立地进行快速定位。刀具轨迹可为直线插补,也可为非直线插补,如图 2-64 所示,取决于数控系统的设置。但当执行 G28、G53 指令时,为非直线插补。非直线插补时须注意不要让刀具撞上工件。

2) 单方向定位指令 G60

为消除机床反向间隙而要精确定位时,可以使用从一个方向的准确定位。

过冲量和定位方向由参数 No.5440 设定。如图 2-65(a)所示,即使指令的方向与参数设定的方向一致,刀具在到达终点之前也要停止一次。G60 是非模态 G 代码,若把参数"No 5431 ♯0 MDL"设置为 1 时,它可以用作 01 组的模态 G 代码。

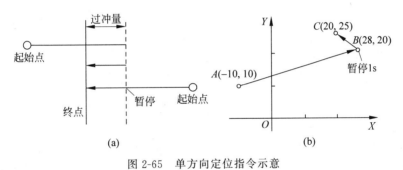

图 2-65　单方向定位指令示意

假设参数 No.5440 设定的 X 轴超程量为 -8mm(负向),Y 轴超程量为 5mm(正向),则以下程序的运行轨迹如图 2-65(b)所示:

```
G90 G00 X-10.0 Y10.0;
G60 X20.0 Y25.0;
```

3) 直线插补指令 G01

直线插补 G01 指令为刀具相对于工件以 F 指令的进给速度从当前点(始点)向终点进行直线插补,其指令书写格式为:

```
G01  X_  Y_  Z_  F_;
```

当执行绝对值 G90 指令时,刀具以 F 指令的进给速度进行直线插补,移至工件坐标系中坐标值为 X、Y、Z 的点上;当执行增量值 G91 指令时,刀具则移至距当前点距离为 X、Y、Z 值的点上。F 指令的速度是刀具按直线移动的速度。在没有新的 F 指令以前,一直有效,因此在每个程序段中不必一一指定。如一次也没有用 F 指令速度,进给速度为零;注意:进给速度沿各坐标轴方向的进给速度分量可能不相同。

例如,已知待加工工件轮廓如图 2-66 所示,起刀点为 $O(-15,-15)$,加工程序为:

```
G90 G01 X10.0 Y10.0 F50.0;
```

```
X50.0;
Y50.0;
X10.0;
Y10.0;
X-15.0 Y-15.0;
...
```

4）平面选择指令 G17、G18、G19

右手直角笛卡儿坐标系的三个互相垂直的轴 X、Y、Z，分别构成三个平面，即 XY 平面、XZ 平面和 YZ 平面。对于三坐标的铣床和加工中心，常用这些指令确定机床在哪个平面内进行圆弧插补运动。用 G17 表示在 XY 平面内加工，G18 表示在 XZ 平面内加工，G19 表示在 YZ 平面内加工，如图 2-67 所示。由于数控铣床大都在 X、Y 平面内加工，故 G17 可以省略。

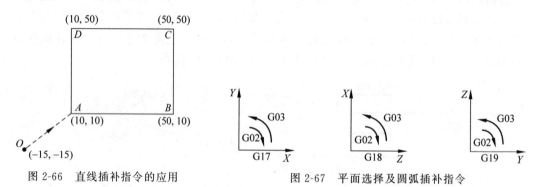

图 2-66　直线插补指令的应用　　　　　图 2-67　平面选择及圆弧插补指令

5）圆弧插补指令 G02、G03

执行 G02、G03 指令时，刀具在各坐标平面内以一定的进给速度进行圆弧插补运动，从当前位置（圆弧的起点），沿圆弧移动到指令给出的目标位置，切削出圆弧轮廓。G02 为顺时针圆弧插补指令，G03 为逆时针圆弧插补指令，如图 2-67 所示。其指令书写格式为：

$$G17 \begin{Bmatrix} G02 \\ G03 \end{Bmatrix} X\_\_ Y\_\_ \begin{Bmatrix} I\_\_ \quad J\_\_ \\ R\_\_ \end{Bmatrix} F\_\_ ;$$

$$G18 \begin{Bmatrix} G02 \\ G03 \end{Bmatrix} X\_\_ Z\_\_ \begin{Bmatrix} I\_\_ \quad K\_\_ \\ R\_\_ \end{Bmatrix} F\_\_ ;$$

$$G19 \begin{Bmatrix} G02 \\ G03 \end{Bmatrix} Y\_\_ Z\_\_ \begin{Bmatrix} J\_\_ \quad K\_\_ \\ R\_\_ \end{Bmatrix} F\_\_ ;$$

其中，绝对值编程时 X、Y、Z 是圆弧终点坐标，相对值编程时 X、Y、Z 是圆弧终点相对于圆弧起点的坐标；I、J、K 为圆心在 X、Y、Z 轴上相对于圆弧起点的坐标，为增量值，带有正负号；R 为圆弧半径；F 为沿圆弧切向的进给速度。

当用半径 R 指定圆心位置时，由于在同一半径 R 的情况下，从圆弧的起点到终点有两个圆弧的可能性，为区别二者，规定圆心角 $\alpha < 180°$ 时，用 $+R$ 表示；$\alpha > 180°$ 时，用 $-R$ 表示，如图 2-24 所示。

如图 2-68 所示，设刀具从 A 点开始沿 A、B、C 切削，起刀点在 A 点。

绝对值编程：

```
N01 G92 X200.0 Y40.0 Z0;
```

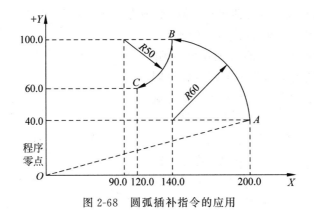

图 2-68　圆弧插补指令的应用

```
N02 G90 G03 X140.0 Y100.0 R60.0 F300.0;
N03 G02 X120.0 Y60.0 R50.0;
```

或

```
N01 G92 X200.0 Y40.0 Z0;
N02 G03 X140.0 Y100.0 I－60.0 F300.0;
N03 G02 X120.0 Y60.0 I－50.0;
```

相对值编程：

```
N01 G91 G03 X－60.0 Y60.0 R60.0 F300.0;
N02 G02 X－20.0 Y－40.0 R50.0;
```

或

```
N01 G91 G03 X－60.0 Y60.0 I－60.0 F300.0;
N02 G02 X－20.0 Y－40.0 I－50.0;
```

6）螺旋线插补指令 G02、G03

螺旋线插补指令与圆弧插补指令相同，都为 G02、G03，分别表示顺时针、逆时针螺旋线插补。顺逆的方向要看圆弧插补平面，方法与圆弧插补相同。在进行圆弧插补时，垂直于插补平面的坐标同步运动，构成螺旋线插补运动。其指令书写格式如下。

XY 圆弧插补平面：

G17 $\begin{Bmatrix} G02 \\ G03 \end{Bmatrix}$ X__ Y__ $\begin{Bmatrix} I\_\_\quad J\_\_ \\ R\_\_ \end{Bmatrix}$ Z__ F__;

其中，Z 值为螺旋线终点的轴向坐标值（Z 轴为螺旋线轴线方向）。

ZX 圆弧插补平面：

G18 $\begin{Bmatrix} G02 \\ G03 \end{Bmatrix}$ X__ Z__ $\begin{Bmatrix} I\_\_\quad K\_\_ \\ R\_\_ \end{Bmatrix}$ Y__ F__;

其中，Y 值为螺旋线终点的轴向坐标值（Y 轴为螺旋线轴线方向）。

YZ 圆弧插补平面：

G19 $\begin{Bmatrix} G02 \\ G03 \end{Bmatrix}$ Y__ Z__ $\begin{Bmatrix} J\_\_\quad K\_\_ \\ R\_\_ \end{Bmatrix}$ X__ F__;

其中,X 值为螺旋线终点的轴向坐标值(X 轴为螺旋线轴线方向)。

F 指令后的数值为圆弧插补的进给速度,直线轴的进给速度应为:$F\times$直线轴长度/圆弧长度。应注意直线轴进给速度不可超过各种限制值,在决定进给速度时要十分注意。在螺旋线插补指令的程序段中只对圆弧进行刀具半径补偿,不能指令刀具偏置和刀具长度补偿。

如图 2-69 所示,AB 为一螺旋线,起点 A 的坐标为 $X=10,Y=0,Z=0$,终点 B 的坐标为 $X=0,Y=10,Z=5$。圆弧插补平面为 XY 面,插补圆弧 AB' 是 AB 在 XY 平面上的投影,B' 点

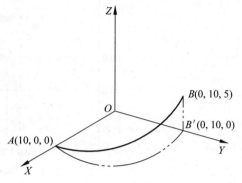

图 2-69　螺旋线插补指令的应用

的坐标值是 $X=0,Y=10$,从 A 点到 B' 点是逆时针方向。加工前要把刀具移到螺旋线起点 A 处,则加工程序如下:

```
G90 G17 G03 X0.0 Y10.0 I-10.0 Z5.0 F100.0;
```

2. 进给功能

进给功能控制刀具的进给速度。进给功能有两种:当指定了定位命令(G00)时刀具以 CNC(1420 号参数)设定的快速移动速度运动;当使用 G01、G02、G03 等插补指令切削进给时,刀具以程序中编制的进给速度运动,由地址符 F 和其后面的指定进给速度的数字组成。用机床操作面板上的开关可对快速移动速度或切削进给速度实施倍率控制。为防止机床振动,刀具在运动的开始和结束时自动实施加速/减速。

用 1422 号参数可设定切削进给速度的上限,如果实际切削进给速度(用了倍率后)超过指定的上限,则进给速度为上限值。

1) 每分钟进给 G94

系统在执行了有 G94 的程序段后,在遇到 F 指令时,便认为 F 所指定的进给速度单位为 mm/min(或 inch/min)。G94 是模态指令,被执行后,系统将保持 G94 状态,直至系统又执行了含有 G95 的程序段。在电源接通时设置为每分钟进给方式。

2) 每转进给 G95

系统在执行了有 G95 的程序段后,在遇到 F 指令时,便认为 F 所指定的进给速度单位为 mm/r(或 inch/r)。G95 是模态指令,被执行后,系统将保持 G95 状态,直至系统又执行了含有 G94 的程序段,此时,G95 便被否定,而 G94 将发生作用。

3) 一位数 F 代码进给

当在 F 之后指定数值为 1~9 的一位数时,使用参数(No. 1451~No. 1459)中设置的进给速度。F0 为快速移动速度。

4) 暂停指令 G04

G04 指定暂停,按指定的时间延迟执行下个程序段。G04 指令的书写格式为:

```
G04 P_;
```

或

```
G04 X(U)_;
```

其中，P 后面的数字为整数，单位为 ms；X(U) 后面的数字为带小数点的数，单位为 s。例如，欲暂停 1.5s 时，程序段为：

```
G04 X1.5;
```

或

```
G04 U1.5;
```

或

```
G04 P1500;
```

3. 参考点

机床参考点是可以任意设定的，设定的位置主要根据机床加工或换刀的需要。设定的方法有两种：其一根据刀杆上某一点或刀具刀尖等坐标位置存入参数寄存器中，来设定机床参考点，可最多设定 4 个参考点，分别称第 1 参考点、第 2 参考点、第 3 参考点、第 4 参考点；其二通过调整机床上各相应的挡铁位置，也可以设定机床参考点。一般参考点选作机床原点，在使用手动返回参考点功能时，刀具即可在机床 X、Y、Z 坐标参考点定位，这时返回参考点指示灯亮，表明刀具在机床的参考点位置。

1）返回参考点校验指令 G27

用于检查机床是否能准确返回参考点，其指令书写格式为：

```
G27  X_ Y_ Z_;
```

G27 指令指定刀具以参数所设定的速度快速进给，并在指令规定的位置即点（X、Y、Z）上定位。若所到达的位置是机床原点，则返回参考点的各轴指示灯亮。如果指示灯不亮，则说明程序中所给的指令有错误或机床定位误差过大，显示报警。

注意：执行 G27 指令的前提是机床在通电后必须返回过一次参考点（手动返回或 G28 指令返回）。使用 G27 指令时，必须先取消刀具长度和半径补偿，否则会发生不正确的动作。由于返回参考点不是每个加工周期都需要执行，所以可作为选择程序段。G27 程序段执行后，如不希望继续执行下一程序段（使机械系统停止）时，则必须在该程序段后增加 M00 或 M01 或在单个程序段中运行 M00 或 M01。

2）自动返回参考点指令 G28

可使受控轴自动返回参考点，其指令书写格式为：

```
G28  X_ Y_ Z_;
```

其中，X、Y、Z 为中间点位置坐标。指令执行后，所有的受控轴都将快速定位到中间点，然后再从中间点到参考点。

通常，G28 指令用于自动换刀。为安全起见，在使用时应取消刀具的补偿功能。

3）从参考点自动返回指令 G29

指令书写格式为：

```
G29  X_ Y_ Z_;
```

这条指令一般紧跟在 G28 指令后使用,首先使被指令的各轴快速移动到前面 G28 所指令的中间点,然后再移到被指令的(坐标值为 X、Y、Z 的返回点)位置上定位。如 G29 指令的前面未指令中间点,则执行 G29 指令时,被指令的各轴经程序零点,再移到 G29 指令的返回点上定位。

图 2-70 所示为 G28 和 G29 指令的应用举例:

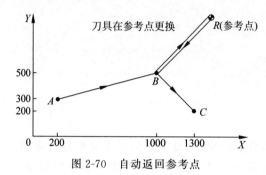

图 2-70　自动返回参考点

绝对值编程:

```
N10 G28 G90X1000.0 Y500.0;        由 A 到 B,并返回参考点
N15 T1111;                        在参考点换刀
N20 G29 X1300.0 Y200.0;           从参考点经由 B 到 C
```

相对值编程:

```
N10 G28 G91 X800.0 Y200.0;
N15 T1111;
N20 G29 X300.0 Y-300.0;
```

4) 第 2、3、4 参考点返回指令 G30

指令书写格式为:

$$G30 \begin{Bmatrix} P2 \\ P3 \\ P4 \end{Bmatrix} X\_\_ \quad Y\_\_ \quad Z\_\_;$$

其中,P2、P3、P4 为第 2、3、4 参考点选择,如果没有定义,则第 2 参考点被选定。指令执行过程与 G28 指令相同。G30 指令必须在执行返回参考点后才有效。如 G30 指令后面直接跟 G29 指令,则刀具将经由 G30 指定的(坐标值为 X、Y、Z)中间点移到 G29 指令的返回点定位,类似于 G28 后跟 G29 指令。通常 G30 指令用于自动换刀位置与参考点不同的场合,而且在使用 G30 前,同 G28 一样应先取消刀具补偿。

4. 坐标系

1) 选择机床坐标系指令 G53

指令书写格式为:

```
G53  X_ Y_ Z_;
```

机床坐标系是机床固有的坐标系,由机床来确定。在机床调整后,一般此坐标系是不允许变动的。当完成“手动返回参考点”操作之后,就建立了一个以机床原点为坐标原点的机床坐标系,此时显示器上显示的当前刀具在机床坐标系中的坐标值均为零。

当执行 G53 指令时,刀具移动到机床坐标系中坐标值为 X、Y、Z 的点上。G53 是非模态指令,仅在它所在的程序段中和绝对值指令 G90 时有效,在增量值指令 G91 时无效,即 G53 被忽略。

当刀具要移动到机床上某一预选点(如换刀点)时,则使用该指令。例如:

G00 G90 G53 X5.0 Y10.0;

表示将刀具快速移动到机床坐标系中坐标为(5,10)的点上。

注意:当执行 G53 指令时,取消了刀具半径补偿、刀具长度补偿、刀具位置偏置;在指令 G53 之前,应设定机床坐标系,即在电源接通后,至少回过一次参考点(手动或自动)。

2) 坐标系设定指令 G92

在使用绝对坐标指令编程时,必须确定工件在机床坐标系中的位置,即工件坐标系零点的位置。通过 G92 可以确定当前工件坐标系的原点,该坐标系在机床重开机时消失,格式为:

G92　X_　Y_　Z_;

执行 G92 指令时,机床并不动作,即 X、Y、Z 轴均不动作,只是显示器上的坐标值发生了变化。

如图 2-71 所示,为建立以 O 为原点的工件坐标系,只需将刀具移至图中所示的位置,然后执行"G92 X40.0 Y30.0 Z25.0",即建立此工件坐标系,这时 CRT 显示的坐标值不再是刀具中心在机床坐标系的坐标值,而是"X40.0 Y30.0 Z25.0",但刀具相对于机床的位置没有改变。在运行后面的程序时,凡是绝对尺寸指令中的坐标值均为点在 XOY 这个工件坐标系中的坐标值。

3) 程序原点的偏置指令 G54~G59

如图 2-72 所示,用 MDI 面板数控机床可设定 6 个(G54~G59)工件坐标系,原点设置值可先存入 G54~G59 对应的存储单元中,在电源接通并返回参考点之后,建立工件坐标系1~6。在执行程序时,遇到 G54~G59 指令后,便将对应的原点设置值取出参加计算。这样建立的加工坐标系,在系统断电后并不破坏,再次开机后仍有效,并与刀具的当前位置无关。当电源接通时,自动选择 G54 坐标系。

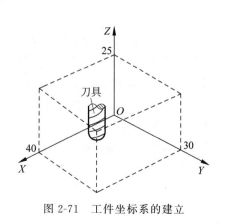

图 2-71　工件坐标系的建立　　　　　　图 2-72　工件坐标系

一旦指定了 G54～G59 之一,则该工件坐标系原点即为当前程序原点,后续程序段中的工件绝对坐标均为相对此程序原点的值,例如以下程序(见图 2-73):

```
N01  G90  G54  G00  X30.0  Y40.0;
N02  G59;
N03  G00  X30.0  Y30.0;
...
```

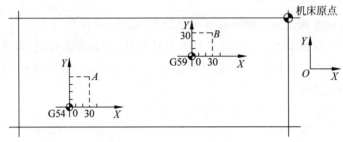

图 2-73 工件坐标系的使用

执行 N01 程序段时,系统会选定 G54 坐标系作为当前工件坐标系,然后再执行 G00 移动到该坐标系中的 A 点;执行 N02 程序段时,系统又会选择 G59 坐标系作为当前工件坐标系;执行 N03 程序段时,机床就会移动到刚指定的 G59 坐标系中的 B 点。

请注意比较 G92 与 G54～G59 指令之间的差别和不同的使用方法。G92 指令需后续坐标值指定当前工件坐标值,因此必须单独一个程序段指定,该程序段尽管有位置指令值,但并不产生运动。另外,在使用 G92 指令前,必须保证机床处于加工起始点,即对刀点。使用 G55～G59 建立工件坐标系时,该指令可单独使用(如上例中的 N02 程序段),也可与其他指令同段指定(如上例中的 N01 程序段),如果该程序段中有位置指令就会产生运动。

如果在使用 G54～G59 指令时同时使用了 G92 指令,则 G54～G59 指定的工件坐标系将平移而产生一个新的工件坐标系,如图 2-74 所示。

```
N10 G55 X5.0 Y10.0;
N20 G54 X5.0 Y10.0;
N30 G92 X-5.0 Y-5.0;
N40 X0.0 Y15.0;
N50 G55 X5.0 Y10.0;
```

N10 时,刀具在移动到 G55 工件坐标系的 $(5.0, 10.0)$ 位置,N20 后刀具移动到 G54 工件坐标系的 $(5.0, 10.0)$ 处,N30 时,将 G54～G59 工件坐标系都移动一个相同的量使得刀具位置在新的 G54 坐标系下坐标为 $(X\text{-}5.0, Y\text{-}5.0)$,N40 时刀具移动到新的 G54 工件坐标系的 $(0.0, 15.0)$ 处,N50 时刀具移动到新的 G55 工件坐标系的 $(5.0, 10.0)$ 位置。

外部工件零点偏置值除了用 G92 平移外,还可用下述两种方法改变:

(1) 直接在 CRT/MDI 输入相对于 G54～G59 指令的程序原点偏置值。

(2) 使用数据设置指令 G10,其指令书写格式如下:

```
G10  L2  P_  X_  Y_  Z_;
```

其中,P＝1～6 时,对应于 G54～G59,X、Y、Z 的值为各轴的零点偏置值,即工件坐标系

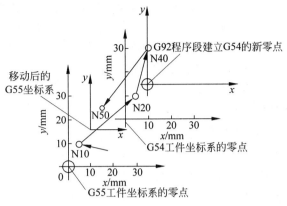

图 2-74　多工件坐标系的使用

对机床零点的偏置值。例如：

    G10　L2　P6　X10.0　Y－5.0　Z－2.0;

表示 G55 指令的零点偏置值为"X10.0　Y-5.0　Z-2.0"。

FANUC 0iM 系统除了可设置上述的 G54～G59 工件坐标系外，还可使用 G54.1 指令设置另外 48 个工件坐标系，限于篇幅不再赘述。

4）局部坐标系设置指令 G52

用 G52 指令可将工件坐标系的零点偏置一个增量值，它的指令书写格式为：

    G52　X_　Y_　Z_;

执行上述指令可将 G54～G59 工件坐标系零点从原来的位置偏移一个 X、Y、Z 的距离。G52 后面的坐标值是工件坐标系原点的移动值，而 G92 后面的坐标值是刀具在新坐标系中的坐标值，这是两者的区别。它们的共同之处是都不产生坐标移动，但工件坐标系位置值改变了，如图 2-75 所示。

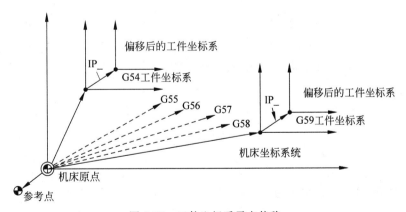

图 2-75　工件坐标系零点偏移

可以用以下指令取消 G52 指令的偏置：

    G52　X0　Y0　Z0;

对于程序员而言,一般只要知道工件上的程序原点就够了,因为编程与机床原点、机床参考点及装夹原点无关,也与所选用的数控机床型号无关。但对于机床操作者来说,必须十分清楚所选用的数控机床的上述各点及其之间的偏移关系,数控机床的原点偏移实质上是机床参考点对编程员定义在工件上的程序原点的偏移。

5. 与坐标值和尺寸有关的命令

1) 绝对尺寸指令 G90 与增量尺寸指令 G91

G90 表示程序句中的尺寸为绝对坐标值,即从编程零点开始的坐标值。G91 表示程序句中的尺寸为增量坐标值,即刀具运动的终点(目标点)相对于起始点的坐标值增量。

如图 2-76 所示,要求刀具由起始点直线插补到终点。

用 G90 编程,其程序句为:

```
G90 G01 X40.0 Y70.0;
```

用 G91 编程,其程序句为:

```
G91 G01 X-60.0 Y40.0;
```

2) 极坐标编程

极坐标编程是用极坐标(极角和极径)方式编写程序。用极坐标矢量的端点指令加工位置。其指令书写格式为:

```
G16 X_ Y_;(或 X_ Z_;或 Y_ Z_;)
G15;
```

其中 G16 为极坐标系指令,G15 为极坐标系取消指令,均为模态代码。极坐标平面用 G17、G18、G19 指令指定。

(1) 指定 XY 平面 G17 时,+X 轴为极轴,程序中坐标字 X 指令极径,Y 指令极角。

(2) 指定 ZX 平面 G18 时,+Z 轴为极轴,程序中坐标字 Z 指令极径,X 指令极角。

(3) 指定 YZ 平面 G19 时,+Y 轴为极轴,程序中坐标字 Y 指令极径,Z 指令极角。

在增量方式 G91 下,极径的起点是当前刀具位置,极角是相对于上一次编程角度的增量值,在绝对方式 G90 下,极径的起点是坐标系的原点,极角的起始边为上述的极轴。

例如图 2-77 所示的钻孔循环,采用绝对值编程时,其程序为:

```
N01 G17 G90 G16;
N02 G81 X100.0 Y30.0 Z-20.0 R-5.0 F200.0;
N03 Y150.0;
N04 Y270.0;
N05 G15 G80;
```

采用相对值编程时,其程序为:

```
N01 G17 G90 G16;
N02 G81 X100.0 Y30.0 Z-20.0 R-5.0 F200.0;
N03 G91 Y120.0;
N04 Y120.0;
N05 G15 G80;
```

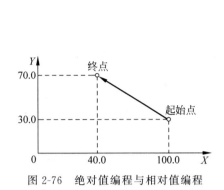

图 2-76 绝对值编程与相对值编程

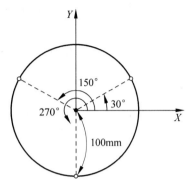

图 2-77 极坐标编程的应用

3）公制输入指令 G21 和英制输入指令 G20

G21、G20 分别指令程序中输入数据为公制或英制。G21、G20 是两个互相取代的代码，一般机床出厂时，将公制输入 G21 设定为参数缺省状态。用公制输入程序时，可不再指定 G21；但用英制输入程序时，在程序开始设定工件坐标系之前，必须指定 G20。G21、G20 代码必须编在程序的开头，在设定坐标系之前，以单独程序段指定。在程序执行期间，绝对不能切换 G20 和 G21。

4）小数点编程

FANUC 系统编程时，数值可以用小数点输入。距离、时间或速度的输入可使用小数点。下列地址可用小数点：X、Y、Z、U、V、W、A、B、C、I、J、K、R 和 F。有两种类型的小数点表示法：计算器型和标准型。

采用标准型表示法时，带小数点数值的单位为 mm（公制）和（°）。例如，从点 $A(0,0)$ 移动到点 $B(50,0)$，当使用小数点编程时，有以下两种表示方式：

```
X50.0    X50.
```

对于程序中不带小数点的值，需要乘以最小输入增量（最小设定单位）。

当采用计算器型表示法时，带小数点和不带小数点的值的单位均为 mm。小数点表示法的选择由 3401 号参数的第 0 位（DPI）确定。

6．刀具功能（T 功能）

1）刀具选择功能

刀具选择是指把刀库上指令了刀号的刀具转到换刀的位置，为下次换刀做好准备。这一动作的实现，是通过选刀 T 功能指令实现的。T 功能指令用 T×× 表示，指令的位数由机床厂家确定，最多 8 位。假设刀库装刀总容量为 20 把，指令位数为两位，编程时，可用 T01～T20 来指令 20 把刀具。在刀库刀具排满时，如果也在主轴上装一把刀，则刀具总数可以增加到 21 把，即 T00～T20。

2）刀具寿命管理

FANUC 刀具寿命管理功能，就是把刀具分成若干个组，对每一组内的刀具分别指定刀具寿命值（可使用的时间或次数）。在机械加工过程中，CNC 自动累计各组中被使用的刀具的寿命值，并且当某一刀具达到指定的刀具寿命值时，自动地在同一组中以预定的顺序选择并使用下一把刀具。

每组刀具使用的顺序及其寿命数据可用下面的程序输入至 CNC 的存储器中：

```
G10 L3;
P_ L_ Q_;                 P_组号,L_刀具寿命,Q_寿命计算方式;
T_ H_ D_;                 T_刀具号,H_刀长补偿代码,D_刀具半径补偿代码
T_ H_ D_;                 T_刀具号,H_刀长补偿代码,D_刀具半径补偿代码
…
P_ L_;                    下一组数据
T_ H_ D_;
T_ H_ D_;
…
G11;                      设定刀具寿命数据结束
M02(M30);                 程序结束
```

数控系统能储存的最大组数和每组的刀具数由参数 6800♯ 的第 0 位和第 1 位设定,最大组数为 128,组中最大刀具数为 16,但最大组数和最大刀具数的乘积为 256。刀具寿命可用使用时间(单位为 min)或使用次数指定,由参数 6800♯ 的第 2 位设定,也可用 Q 设定,Q1 为次数,Q2 为时间。刀具的寿命最多可以指定 4300min 或 9999 次。

在加工程序中,使用刀具寿命管理功能时,T 代码后为刀组号与参数 6800♯ 中设定的刀具寿命管理忽略号的相加值。例如,当刀具寿命管理忽略号是 100 时,要设定刀组号是 1,则应指定 T101;当 T 后数值小于 100 时,T 代码被处理为普通 T 代码。

当按使用时间(min)指定刀具寿命时,切削时间每隔 4s 累计一次。单程序段停止、进给暂停、快速移动、暂停等所占用的时间不计算在内。当按使用次数指定刀具寿命时,每一加工过程计数一次,从加工程序起动开始到由 M02 或 M30 指令复位结束为一个加工过程。一次加工过程计数器加 1,即使在一个加工过程中同组刀具被指定了多次,计数器也只增加 1。

3) 刀具交换

刀具交换是指刀库上正位于换刀位置的刀具与主轴上的刀具进行自动换刀。这一动作的实现,是通过换刀指令 M06 实现的。

不同的数控机床,其换刀程序是不同的。通常选刀和换刀分开进行,换刀动作必须在主轴停转条件下进行。换刀完毕启动主轴后,方可执行下面程序段的加工动作。选刀动作可与机床的加工动作重合起来,即利用切削时间进行选刀,因此,换刀 M06 指令必须安排在用新刀具进行加工的程序段之前,而下一个选刀指令 Txx 常紧接安排在这次换刀指令之后。

多数加工中心都规定了换刀点位置,即定距换刀,主轴只有走到这个位置,机械手才能执行换刀动作。一般立式加工中心规定换刀点的位置在 Z0 处(即机床 Z 轴零点),同时规定换刀时应有回参考点的准备功能 G28 指令,当数控系统接到选刀 T 指令后,自动选刀,被选中的刀具处于刀库最下方;接到换刀 M06 指令后,机械手执行换刀动作。

7. 刀具补偿功能

1) 刀具半径补偿指令

在数控铣床上进行轮廓的铣削加工时,由于刀具半径的存在,刀具中心(刀心)轨迹和工件轮廓不重合。如果数控系统不具备刀具半径自动补偿功能,则只能按刀心轨迹进行编程(见图 2-78 中的点划线轨迹),其计算相当复杂,尤其当刀具磨损、重磨或换新刀而使刀具直径变化时,必须重新计算刀心轨迹,修改程序,这样既烦琐,又不能保证加工精度。当数控系

统具备刀具半径补偿功能时,数控编程只需按工件轮廓进行(见图 2-78 中的粗实线轨迹),数控系统会自动计算刀心轨迹,使刀具偏离工件轮廓一个半径值,即进行刀具半径补偿。

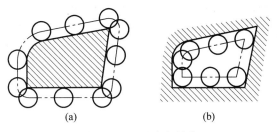

图 2-78　刀具半径补偿

(a) 外轮廓加工;(b) 内轮廓加工

　　数控系统的刀具半径补偿就是将计算刀具中心轨迹的过程交由 CNC 系统执行,编程员假设刀具的半径为零,直接根据零件的轮廓形状进行编程,而实际的刀具半径则存放在刀具半径偏置寄存器中。现代 CNC 系统一般都设置有若干个刀具半径偏置寄存器,并对其编号,专供刀具补偿用。在加工过程中,CNC 系统调用所需刀具半径补偿参数所对应的寄存器编号,根据零件程序自动计算刀具中心轨迹,完成对零件的加工。当刀具半径发生变化时,不需要修改零件程序,只需修改存放在刀具半径偏置寄存器中的刀具半径值或选用存放在另一个刀具偏置寄存器中的刀具半径即可。

　　指令书写格式为:

G00(或 G01)G41(或 G42)IP_ D_;

　　其中,G41 为刀具半径左补偿,即沿刀具进刀方向看,刀具中心在零件轮廓的左侧(见图 2-79(a));G42 为刀具半径右补偿,即沿刀具进刀方向看,刀具中心在零件轮廓的右侧(见图 2-79(b));IP _指令坐标轴移动;D _指定刀具半径补偿值的代码(1~3 位)。

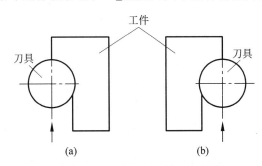

图 2-79　刀具半径左补偿和右补偿

　　当数控机床电源接通时,CNC 系统处于刀偏取消方式。起刀时应指令定位(G00)或直线插补(G01),进入偏置方式。如果指令圆弧插补(G02、G03),则出现报警。

　　在偏置方式中,当满足下面条件的任何一个的程序段被执行时,CNC 进入偏置取消方式:

　　(1) 当执行 G40 指令时,刀具半径补偿取消。

　　(2) 指令了刀具半径补偿偏置号为 0 的程序段,即 D0。

　　工件外轮廓如图 2-80 所示,采用刀具半径补偿指令进行编程,其刀心轨迹如图中虚线所示,程序如下：

```
G92 X0 Y0 Z0;                            指令绝对坐标值
G90 G17 G00 G41 D07 X250.0 Y550.0;       建立刀具半径左补偿,刀具半径偏置寄存器号 D07
G01 Y900.0 F150;                         P1 - P2 加工
X450.0;                                  P2 - P3 加工
G03 X500.0 Y1150.0 R650.0;               P3 - P4 加工
G02 X900.0 R-250.0;                      P4 - P5 加工
G03 X950.0 Y900.0 R650.0;                P5 - P6 加工
G01 X1150.0;                             P6 - P7 加工
Y550.0;                                  P7 - P8 加工
X700.0 Y650.0;                           P8 - P9 加工
X250.0 Y550.0;                           P9 - P10 加工
G00 G40 X0 Y0;                           取消刀具半径补偿,刀具回到起始点
```

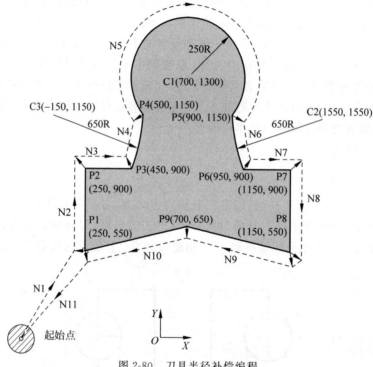

图 2-80　刀具半径补偿编程

刀具半径补偿的作用：

（1）因磨损、重磨或换新刀而引起刀具直径改变后,不必修改程序,只需在刀具参数设置中输入变化后的刀具直径。

（2）同一程序中,对同一尺寸的刀具,利用刀具半径补偿,可进行粗、精加工。

2）刀具长度补偿指令

为了简化零件的数控加工编程,使数控程序与刀具形状和刀具尺寸尽量无关,现代 CNC 系统除了具有刀具半径补偿功能外,还具有刀具长度补偿功能。

当一个加工程序内要使用几把刀时,由于每把刀具的长度总会有所不同,因而在同一个坐标系内,在 Z 值不变的情况下可能使每把刀具的端面在 Z 方向的实际位置有所不同,这给编程带来了困难。为此先将一把刀作为标准刀具,并以此为基础,将其他刀具的长度相对

于标准刀具长度的增加或减少值作为补偿值记录在机床数控系统的寄存器中。在刀具作 Z 方向运动时,数控系统将根据已记录的补偿值作相应的修正。

刀具长度补偿在发生作用前,必须先进行刀具参数的设置。设置的方法有机内试切法、机内对刀法和机外对刀法。对数控铣床而言,较好的方法是采用机外对刀法。图 2-81 所示为采用机外对刀法测量的刀具长度,图中的 E 点为刀具长度测量基准点,刀具的长度参数即为图中的 L。不管采用哪种方法,所获得的数据都必须通过手动数据输入(MDI)方式将刀具参数输入到数控系统的刀具参数表中。

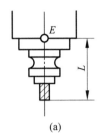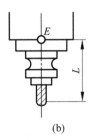

(a)　　　　　　　　(b)

图 2-81　刀具长度

指令书写格式如下。

刀具长度正补偿:

G43 α_　H_;

刀具长度负补偿:

G44 α_　H_;

刀具长度补偿取消:

G49;

或

H0;

其中,α 为 X、Y、Z 中的任一轴,当使用 G17 指令时 α 为 Z,当使用 G18 指令时 α 为 Y,当使用 G19 指令时 α 为 X;H 为补偿功能代号,其后的数字是刀具补偿寄存器的地址字。

G43 的作用是刀具在作 Z 向移动时,使刀具的移动距离等于 Z 值＋H 地址中的值,而 G44 的作用则是使移动距离等于 Z 值－H 地址中的值,如图 2-82 所示。

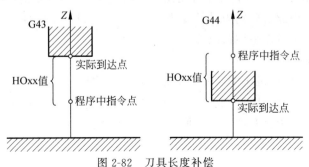

图 2-82　刀具长度补偿

　　镗削如图 2-83 所示的 1、2、3 孔,偏置量－4mm 存入地址为 H01 的寄存器中,程序如下:

```
N1 G91 G00 X120.0 Y80.0;
N2 G43 Z－32.0 H01;
N3 G01 Z－21.0 F1000.0;
N4 G04 P2000.0;
N5 G00 Z21.0;
N6 X30.0 Y－50.0;
N7 G01 Z－41.0;
N8 G00 Z41.0;
N9 X50.0 Y30.0;
N10 G01 Z－25.0;
N11 G04 P2000;
N12 G00 Z57.0 H00;
N13 X－200.0 Y－60.0;
N14 M30;
```

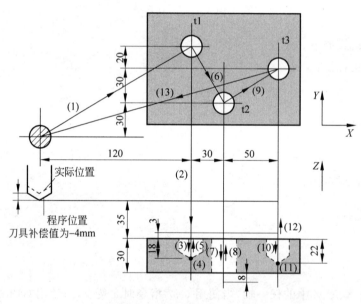

图 2-83　刀具长度补偿的应用

　　在加工过程中,为了控制切削深度或进行试切加工,也经常使用刀具长度补偿。采用的方法是:加工之前在实际刀具长度上加上退刀长度,存入刀具长度偏置寄存器中,加工时使用同一把刀具,而调用加长后的刀具长度值,从而可以控制切削深度,而不用修正零件加工程序(控制切削深度也可以采用修改程序原点的方法)。

8. 固定循环指令

　　数控铣床和加工中心机床配备的固定循环功能,主要用于孔加工,包括钻孔、镗孔、攻螺纹等。使用一个程序段就可以完成一个孔加工的全部动作。继续加工孔时,如果孔加工的动作无须变更,则程序中所有模态的数据可以不写,因此可以大大简化程序。固定循环功能见表 2-9。

表 2-9 固定循环功能

G 代码	孔加工动作 (−Z 方向)	在孔底的动作	刀具返回方式 (+Z 方向)	用途
G73	间歇进给	—	快速进给	高速深孔往复排屑钻
G74	切削进给	暂停→主轴正转	进给	攻左旋螺纹
G76	切削进给	主轴定向停止	快速进给	精镗孔循环
G80	—	—	—	取消固定循环
G81	切削进给	—	快速进给	钻孔、点镗孔循环
G82	切削进给	暂停	快速进给	钻孔、反镗孔循环
G83	间歇进给	—	快速进给	分段式钻孔循环
G84	切削进给	暂停→主轴反转	进给	攻右旋螺纹
G85	切削进给	—	进给	镗孔循环
G86	切削进给	主轴停止	快速进给	镗孔循环
G87	切削进给	主轴正转	快速进给	背镗孔循环
G88	切削进给	暂停→主轴停止	手动	镗孔循环
G89	切削进给	暂停	进给	镗孔循环

孔加工固定循环通常由以下 6 个动作组成(见图 2-84):

动作 1:X 轴和 Y 轴定位,使刀具快速定位到孔加工的位置。

动作 2:快进到 R 点,刀具自初始点快速进给到 R 点。

动作 3:孔加工,以切削进给的方式执行孔加工的动作。

动作 4:在孔底的动作,包括暂停、主轴准停、刀具移位等动作。

动作 5:返回到 R 点,继续孔的加工而又可以安全移动刀具时选择 R 点。

动作 6:快速返回到初始点,孔加工完成后一般应选择初始点。

初始点平面是为安全下刀而规定的一个平面,其到零件表面的距离可以任意设定在一个安全的高度上。R 点平面是刀具下刀时自快进转为工进的高度平面,距工件表面的距离主要考虑工件表面尺寸的变化,一般可取 2~5mm。

固定循环指令中地址 R 与地址 Z 的数据指定与 G90 或 G91 的方式选择有关,图 2-85 表示 G90 或 G91 时的坐标计算方法。选择 G90 方式时(见图 2-85(a)),R 与 Z 一律取其终点坐标值;选择 G91 方式时(见图 2-85(b)),则 R 是指自起始点到 R 点的距离,Z 是指自 R 点到孔底平面上 Z 点的距离。

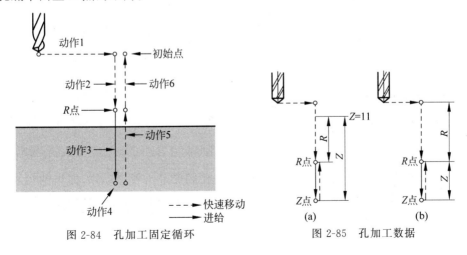

图 2-84 孔加工固定循环

图 2-85 孔加工数据

G98 和 G99 均为模态指令,控制孔加工循环结束后刀具返回位置如下:G98 返回起始点平面(见图 2-86(a)),为缺省方式;G99 返回 R 点平面(见图 2-86(b))。

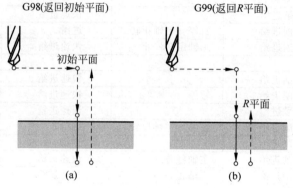

图 2-86　返回点平面的选择

固定循环指令均为模态指令,一旦指定,就一直保持有效,直到用 G80 指令取消为止。此外,G00、G01、G02、G03 也可起到取消固定循环指令的作用。

1)钻孔循环指令 G81

主轴正转,刀具以进给速度向下运动钻孔,到达孔底位置后,快速退回(无孔底动作)。

指令书写格式为:

G81 X_ Y_ Z_ R_ F_ K_;

其中,X、Y 为孔的位置;Z 为孔底位置;R 为参考面位置;F 为进给速度;K 为重复次数,执行一次可不写。

例如,钻 5 个孔的程序如下:

M3 S2000;	主轴正转 2000r/min
G90 G99 G81 X300.0 Y−250.0 Z−150.0 R−100.0 F120.0;	在(300,−250)位置钻孔,孔底 Z 坐标为−150,R 点 Z 坐标为−100,刀具返回 R 平面
Y−550.0;	在(300,−550)位置钻孔,刀具返回 R 平面
Y−750.0;	在(300,−750)位置钻孔,刀具返回 R 平面
X1000.0;	在(1000,−750)位置钻孔,刀具返回 R 平面
Y−550.0;	在(1000,−550)位置钻孔,刀具返回 R 平面
G98 Y−750.0;	在(1000,−750)位置钻孔,刀具返回起始平面
G80 G28 G91 X0 Y0 Z0;	取消钻孔循环,返回参考点(0,0,0)
M5;	主轴停止

2)钻孔循环指令 G82

指令书写格式为:

G82 X_ Y_ Z_ R_ P_ F_ K_;

G82 与 G81 格式类似,唯一的区别是 G82 在孔底加进给暂停动作,即当钻头加工到孔底位置时,刀具不做进给运动,而保持旋转状态,使孔的表面更光滑。P 为在孔底位置的暂停时间,单位为 ms(毫秒)。

3）高速深孔往复排屑钻 G73

指令书写格式为：

G73 X_ Y_ Z_ R_ Q_ F_ K_;

其中 Q 后的数值为背吃刀量，其他地址字含义同 G81。G73 高速深孔钻削，见图 2-87。G73 用于深孔钻削，每次背吃刀量为 q（用增量表示，一定是正值，负号无效，根据具体情况由编程者给值）。退刀距离为 d，d 是 CNC 系统内部设定的。到达孔底 E 点的最后一次进刀是进刀若干个 q 之后的剩余量，它小于或等于 q。G73 指令是在钻孔时间断进给，有利于断屑、排屑，适用于深孔加工。

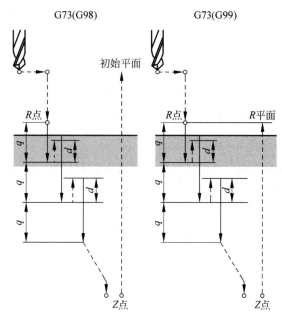

图 2-87　高速深孔往复排屑钻 G73

4）深孔钻削循环指令 G83

深孔钻削循环如图 2-88 所示。其指令书写格式为：

G83 X_ Y_ Z_ R_ Q_ F_ K_;

其中，q 和 d 与 G73 相同。G83 与 G73 的区别是：G83 指令在每次进刀 q 距离后，返回 R 点，在第二次及以后的切入执行时，在进行切削前 d（mm）的位置，快速进给转换成切削进给。这样对深孔钻削时排屑有利。

5）攻左旋螺纹指令 G74

攻螺纹进给时主轴反转，退出时主轴正转，与 G82 指令相似。其指令书写格式为：

G74 X_ Y_ Z_ R_ P_ F_ K_;

与钻孔加工不同的是，攻螺纹结束后的返回过程不是快速运动，而是以进给速度反转退出。攻螺纹过程要求主轴转速与进给速度成严格的比例关系，因此，编程时要求根据主轴转速计算进给速度。

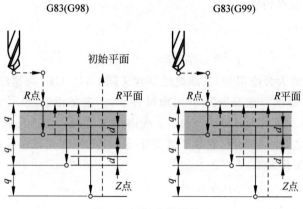

图 2-88　深孔钻削循环

6）攻右旋螺纹指令 G84

与 G74 指令的区别是：进给时主轴正转，退出时主轴反转。其指令书写格式为：

G84 X_ Y_ Z_ R_ P_ F_ K_;

7）镗孔循环指令 G85

如图 2-89 所示，主轴正转，刀具以进给速度向下运动镗孔，到达孔底位置后，立即以进给速度退出（没有孔底动作）。其指令书写格式为：

G85 X_ Y_ Z_ R_ F_ K_;

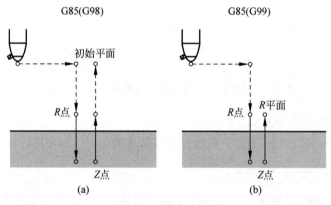

图 2-89　镗孔加工循环

8）镗孔循环指令 G86

与 G85 指令的区别是：G86 指令在到达孔底位置后，主轴停止，并快速退出。其指令书写格式与 G85 指令类似，为：

G86 X_ Y_ Z_ R_ F_ K_;

9）镗孔循环指令 G88

与 G85 指令的区别是：G88 指令在到达孔底位置后，刀具不作进给运动，而保持旋转状态，然后主轴停止，手动返回至 R 点，主轴正转，快速返回到起始平面。其指令书写格式为：

```
G88 X_ Y_ Z_ R_ P_ F_ K_;
```

10）镗孔循环指令 G89

与 G85 指令的区别是：G89 指令在到达孔底位置后，刀具不作进给运动，而保持旋转状态，然后以进给速度退出。其指令书写格式为：

```
G89 X_ Y_ Z_ R_ P_ F_ K_;
```

11）精镗孔循环指令 G76

如图 2-90 所示，与 G85 指令的区别是：G76 在孔底有 3 个动作，进给暂停、主轴准停（定向停止）、刀具沿刀尖的反方向偏移 Q 值，然后快速退出，这样保证刀具不划伤孔的表面。其指令书写格式为：

```
G76 X_ Y_ Z_ R_ Q_ P_ F_ K_;
```

其中，Q 为偏移值；P 为暂停时间（ms）。

12）背镗孔循环指令 G87

如图 2-91 所示，刀具运动到起始点 $B(X, Y)$ 后，主轴定向停止，刀具沿刀尖的反方向偏移 Q 值，然后快速运动到孔底位置，接着沿刀尖正方向偏移回 E 点，主轴正转，刀具向上进给运动，到 R 点，然后主轴定向停止，刀具沿刀尖所指反方向偏移 Q 值，快退，接着沿刀尖所指正方向偏移到 B 点，主轴正转，本加工循环结束，继续执行下一段程序。背镗孔加工循环 G87 指令的书写格式为：

```
G87 X_ Y_ Z_ R_ Q_ P_ F_ K_;
```

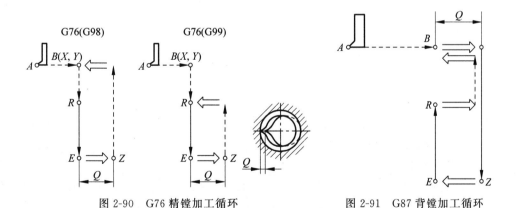

图 2-90　G76 精镗加工循环　　　　　　　　图 2-91　G87 背镗加工循环

9. 宏程序

宏程序已在数控车床编程中进行了详细介绍，我们通过下例来简单介绍 G65 指令在数控铣床中的使用。地址符与变量号应一一对应（见图 2-92）。

程序如下：

```
G90 G92 X0 Y0 Z100.0;                    绝对值编程,定义工件坐标系
G65 P9100 X100.0 Y50.0 R30.0 Z-50.0 F500 I100.0 A0 B45.0 H5;   调用 9100 宏子程序,传送的参数
                                          有 X、Y、Z、R、F、I、A、B、H
M30;                                     程序结束
```

地址符	变量号	地址符	变量号	地址符	变量号
A	#1	I	#4	T	#20
B	#2	J	#5	U	#21
C	#3	K	#6	V	#22
D	#7	M	#13	W	#23
E	#8	Q	#17	X	#24
F	#9	R	#18	Y	#25
H	#11	S	#19	Z	#26

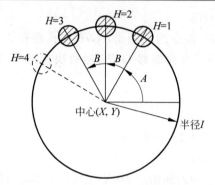

图 2-92　宏程序编程示例

```
O9100;                              宏子程序
G81 Z#26 R#18 F#9;                  定义钻孔循环,Z值、R值、F值分别为 26、18、9 号变量
N1 WHILE [#11 > 0] DO 1;            如果 11 号变量大于 0,执行以下语句
#5 = #24 + #4 * COS[#1];            计算 5 号变量值
#6 = #25 + #4 * SIN[#1];            计算 6 号变量值
G00 X#5 Y#6;                        移到下一个孔位,钻孔循环
#1 = #1 + #2;                       计算 1 号变量(角度)
#11 = #11 - 1;                      孔数减 1
END 1                               WHILE 循环过程结束
G80;                                钻孔循环结束
M99;                                返回调用处
```

例 2-10　图 2-93 所示为待加工零件,要钻削 4 个孔,铣削内腔廓形。加工过程如图 2-94 所示,廓形铣削分粗加工、精加工两次走刀,为了加工和编程方便,廓形铣削所用的刀具半径与廓形的圆弧半径相等。

编程坐标原点(X0,Y0)设在工件的中心,且已设置在 G54 对应的机床存储单元中。刀具 01 为直径 8mm 的麻花钻,刀具 02 为直径 10mm 的 4 齿立铣刀。粗加工与精加工使用同一把刀具,粗铣加工要给精铣加工留下 0.5mm 的余量。开始进给时,刀具下端面距工件顶面 0.5mm。

加工程序如下:

```
N010 G40 G49 G80;                   刀具半径补偿取消,刀具长度补偿取消,固定循
                                    环取消
N020 G90 G28 Z100.0 T01 M06;        绝对坐标编程,返回参考点,换上刀具 01
N030 S1000 M03;                     主轴转速 1000/min,主轴正转
N040 G43 H01;                       刀具长度补偿,调用 H01 补偿值
N050 G00 Z3.0;                      刀具快速移动至刀具底端面距工件顶面 3mm 处
```

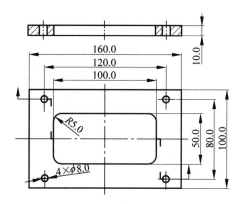

图 2-93　待加工零件

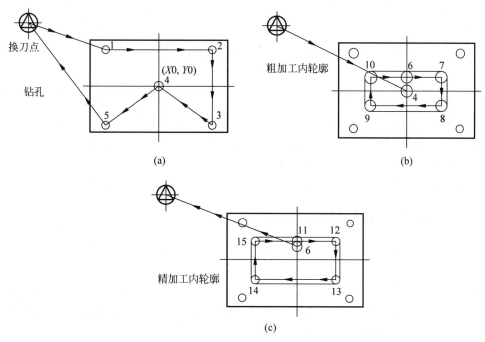

(a)　　　　　　　　　　　　　(b)

(c)

图 2-94　钻削与铣削加工过程

N060 G81 G99 X - 60.0 Y40.0 Z - 16.5 R3.0 F120 M08;	在(X - 60.0,Y40.0)处钻孔,打开切削液
N070 X60.0;	在(X60.0,Y40.0)处钻孔
N080 Y - 40.0;	在(X60.0,Y - 40.0)处钻孔
N090 X0 Y0;	在(X0,Y0)处钻孔
N100 X - 60.0 Y - 40.0;	在(X - 60.0,Y - 40.0)处钻孔
N110 G80 G49 M09;	固定循环取消,刀具长度补偿取消,关闭切削液
N120 M05;	主轴停转
N130 G28 Z100.0 T02 M06;	换上刀具 02
N140 S1000 M03;	主轴启动,转速 1000r/min
N150 G43 H02;	刀具长度补偿,调用 H02 补偿值
N160 G00 X0.0 Y0.0 Z3.0;	刀具快速移动到(X0.0,Y0.0,Z3.0)处
N170 G01 G91 Z - 15.0 F200 M08;	相对坐标编程,刀具在位置 4 处垂直进给,进给速度 200mm/min,开启切削液
N180 Y19.5 F120;	位置 4~位置 6 直线加工,进给速度 120mm/min

N190 X44.5;	位置6～位置7直线加工
N200 Y－39.0;	位置7～位置8直线加工
N210 X－89.0;	位置8～位置9直线加工
N220 Y39.0;	位置9～位置10直线加工
N230 X44.5;	位置10～位置6直线加工
N240 Y0.5;	刀具吃刀运动,位置6～位置11加工,准备精加工
N250 X45.0;	位置11～位置12直线加工
N260 Y－40.0;	位置12～位置13直线加工
N270 X－90.0;	位置13～位置14直线加工
N280 Y40.0;	位置14～位置15直线加工
N290 X45.0;	位置15～位置11直线加工
N300 Y－0.5;	退刀,位置11～位置6
N310 G00 Z100 M09;	刀具快速升高到Z100,关闭切削液
N320 G49;	刀具长度补偿取消
N330 M02;	程序结束

2.5　自　动　编　程

　　所谓自动编程,就是用计算机代替手工编程。当编制外形不大复杂或计算工作量不大的零件程序时,手工编程简便、易行。但是,对于许多复杂的模具、凸轮、非圆齿轮或多维空间曲面等,则编程周期长(数天)、精度差、易出错。据统计,一般手工编程所需时间与机床加工时间之比约为30∶1。因此,快速、准确地编制程序就成为数控机床发展和应用中的一个重要环节。而计算机自动编程正是针对这个问题而产生和发展起来的。

2.5.1　自动编程的发展历程

　　最早研究数控自动编程技术的是美国。1953年,美国麻省理工学院伺服机构研究所,在美国空军的资助下,着手研究数控自动编程问题,1955年,研究成果予以公布,奠定了APT(automatically programmed tools)语言自动编程基础。1958年,美国航空空间协会组织十多家航空工厂,在麻省理工学院协助下进一步发展APT系统,产生了APTⅡ,可用于平面曲线的自动编程问题。1962年,又发展了APTⅢ,可用于3～5坐标立体曲面的自动编程。其后,美国航空空间协会继续对APT进行改进,并成立了APT长远规划组织,1970年发表了APTⅣ,可处理自由曲面自动编程。该自动编程系统配有多种后置处理程序,是一种应用广泛的数控编程软件,能够满足多坐标数控机床加工曲线曲面的需要。与此同时,世界上许多先进工业国家也都开展了自动编程技术的研究工作。各主要工业国家都开发有自己的数控编程语言,这些数控语言多借助于APT的思想体系,与APT语言在语法格式上基本类似而又各具特点。

　　由于受当时计算机技术的限制,人们无法在计算机上通过生成零件图形来进行自动编程,因此在使用APT系统前,先要用词汇式的语言来描述零件的几何形状、机床运动顺序和工艺参数,即编制一个零件加工源程序。该程序不同于前面介绍的手工编制的加工程序,它不能直接控制机床,必须经过计算机编译程序的处理,才能生成加工程序。零件加工源程序所使用的数控语言即为APT语言。虽然APT语言具有程序简练、走刀控制灵活等优点,但它也存在数控语言编程方法难以克服的缺点和不足:零件的设计与加工之间是通过工艺人员对图纸解释和工艺规划来传递信息的,对操作者要求很高,且阻碍了设计与制造的一体化;用 APT 语言描述零件模型一方面受语言描述能力的限制,同时也使 APT 系统几何定义部分过于庞大,并缺少直观的图形显示和验证手段。因而,编程人员仍需从事繁重的预编程工作。

1972 年,美国洛克西德加利福尼亚飞机公司首先研究成功采用图像仪辅助设计、绘图和编制数控加工程序的一体化系统——CADAM 系统,从此揭开了 CAD/CAM 一体化的序幕。1975 年,法国达索飞机公司引进 CADAM 系统,为已有的二维加工系统 CALIBRB 增加二维设计和绘图功能,1978 年进一步扩充,开发了集三维设计、分析、NC 加工一体化的系统,称为 CATIA。随着计算机处理速度的发展和图形设备的日益普及,数控编程系统进入了 CAD/CAM 一体化时代。

CAD/CAM 系统基本解决了 APT 语言存在的抽象而不直观的问题。进入 20 世纪 80 年代后,各种图形自动编程系统软件大量涌现,其编程复杂度也从 20 世纪 70 年代的 2.5 维发展到 3 维、4 维和 5 维以上多坐标加工中心的数控编程,以及复杂雕塑曲面工件的数控编程。进入 90 年代后,国内外的商品化图形自动编程软件更是大量涌现。如美国 Unigraphics Solutions Inc. 的 UG NX、Cnc Software 公司的 MASTERCAM、PTC 公司的 PRO/ENGINEERING,英国 Delcam 的 POWERMILL 和 ArtCAM,以及德国 Open Mind 公司的 HyperCAM 和 HyperMILL 等。这些系统都有效地解决了几何造型、零件几何形状的显示,交互设计、修改及刀具轨迹生成,走刀过程的仿真显示、验证等问题,我们称之为 CAD/CAM 自动编程,这些软件已成为数控加工自动编程系统的主流。由于篇幅所限,本书只介绍 CAD/CAM 自动编程系统。

2.5.2　CAD/CAM 自动编程系统基本原理

计算机辅助设计(computer aided design)和计算机辅助制造(computer aided manufacturing),简称 CAD/CAM,是指以计算机作为主要技术手段来生成和运用各种数字信息与图形信息,以进行产品的设计和制造。CAD 主要指利用计算机完成整个产品设计的过程,产品设计过程指从接受产品功能定义开始到设计完成产品的材料信息、结构形状和技术要求等,并最终以图形信息(零件图、装配图)的形式表达出来的过程。CAM 是指制造人员利用计算机、数控机床或加工中心制造零件,即数控加工。

CAD/CAM 一体化即 CAM 系统可从 CAD 系统建立的零件数模(包括实体、曲面、曲线或线框)中直接识别和提取加工特征信息,经过选择合适的加工操作方式、加工工艺参数,自动生成刀具轨迹和刀位文件,再经后置处理转换为机床识别的 NC 程序代码并可进行 NC 加工仿真,最后完成产品的数控加工过程。CAD/CAM 自动编程系统结构框图如图 2-95 所示。

应用 CAD/CAM 一体化技术加工零件,避免了在零件加工过程中二次输入零件形状尺寸和加工信息,保证了产品数据的唯一性和准确性。一体化的结果减少了许多中间环节,从而缩短了产品的研制周期,提高了产品的加工质量。CAD/CAM 一体化技术也是加速产品更新换代和降低产品研制成本的有效手段,是实现计算机集成制造系统(CIMS)的前提条件。

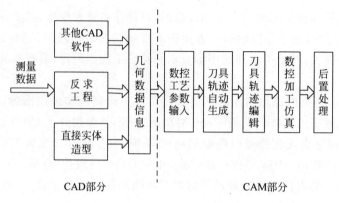

图 2-95 CAD/CAM 自动编程系统结构框图

2.5.3 CAD/CAM 自动编程系统功能

一个典型的 CAD/CAM 自动编程系统一般应具有以下主要功能。

1. 造型功能

CAD 技术从二维绘图起步,经历了三维线框、曲面和实体造型发展阶段,一直到现在的参数化特征造型。一个比较实用的 CAD/CAM 自动编程系统的造型功能应包括二维草图设计、实体造型(solid modeling)、曲面造型(surface modeling)、特征造型(feature modeling)及曲线、曲面、实体的编辑等功能,许多 CAD 的书籍中已作详细说明,这里不再赘述。

2. 刀具轨迹生成和编辑

CAM 系统获取产品几何模型后,操作人员即可定义加工表面和约束面,选择一种走刀方式,并指定刀具和加工参数(安全高度、主轴转速、进给速度、线性逼近误差、刀具轨迹间的残留高度、切削深度、加工余量、进刀/退刀方式等),系统将自动生成所需的刀具轨迹。当然,对于某一加工方式来说,可能只要求其中的部分加工参数。一般来说,数控编程系统对所要求的加工参数都有一个缺省值。

刀具轨迹生成后,可以将刀具轨迹显示出来,如果有不太合适的地方,可以在人工交互方式下对刀具轨迹进行适当的编辑与修改。

3. 数控加工仿真

数控加工仿真利用计算机来模拟实际的加工过程,是验证数控加工程序的可靠性和预测切削过程的有力工具,可减少工件的试切,提高生产效率。

从试切环境的模型特点来看,目前 NC 切削过程仿真分几何仿真和力学仿真两个方面。几何仿真不考虑切削参数、切削力及其他物理因素的影响,只仿真刀具-工件几何体的运动,以验证 NC 程序的正确性。它可以减少或消除因程序错误而导致的机床损伤、夹具破坏、刀具折断、零件报废等问题,同时可以减少从产品设计到制造的时间,降低生产成本。切削过程的力学仿真属于物理仿真范畴,它通过仿真切削过程的动态力学特性来预测刀具破损、刀具振动和控制切削参数,从而达到优化切削过程的目的。

4. 后置处理

不同型号的数控机床往往采用不同的指令格式,其间的差异可能很大。为了使数控编程系统具有通用性,在程序结构上需要将后置处理部分同其他部分分开。在生成描述加工过程的刀具路径文件以后,就需要利用被称为"后置处理器"的系统读取所生成的刀具路径文件,从中提取相关的加工信息,并根据指定数控机床的特点及 NC 程序格式要求进行相应的分析、判断和处理,生成数控机床所能直接识别的 NC 程序。

　　数控加工的后置处理是 CAD/CAM 集成系统重要的组成部分,它直接影响 CAD/CAM 软件的使用效果及零件的加工质量。目前国内许多 CAD/CAM 软件用户对软件的应用只停留在 CAD 模块上,对 CAM 模块的应用效率不高,其中一个非常关键的原因就是没有配备专用的后置处理器,或只配备了通用后置处理器而没有根据数控机床特点进行必要的二次开发,由此生成的代码还需要人工做大量的修改,严重影响了 CAM 模块的应用效果。

思考与练习

2-1　数控编程步骤有哪些?

2-2　数控程序由哪几部分构成? 程序段格式通常有哪几种?

2-3　数控机床的坐标轴与运动方向是怎样规定的?

2-4　机床坐标系和工件坐标系的区别是什么?

2-5　何谓模态代码和非模态代码? 试举例说明。

2-6　G 指令和 M 指令的基本功能是什么?

2-7　数控编程工艺处理的内容是什么?

2-8　数控车床的机床原点、工件原点、参考点、起刀点及换刀点之间有何区别?

2-9　何谓增量值编程与绝对值编程?

2-10　在数控车床加工零件时,为什么要使用刀具补偿功能?

2-11　编制如图所示零件的精加工程序(采用铸件毛坯,加工余量为 0.5mm)。

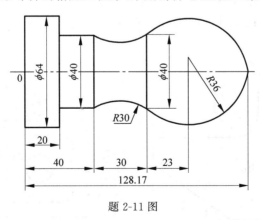

题 2-11 图

　　2-12　编制如图所示零件的加工程序。根据加工要求需选用三把刀具,即 1 号刀车外圆、2 号刀切槽、3 号刀车螺纹,换刀点选为点 $A(200,350)$,切削用量列于表中。

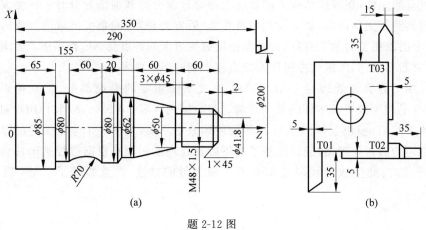

题 2-12 图

（a）零件；（b）刀具

题 2-12 表

	主轴转速 s/(r/min)	进给速度 f/(mm/r)
车外圆/mm	630	0.15
车螺纹/mm	200	1.50
切槽/mm	315	0.16

2-13　数控铣床与加工中心的区别是什么？

2-14　如何区分立式加工中心和卧式加工中心？

2-15　在加工中心上如何设置工件原点？如何进行多工件坐标系的设置？

2-16　编制如图所示零件的加工程序。用直径 $\phi20$mm 的立铣刀进行铣削，主轴转速为 500r/min，两个 $\phi16$mm 孔用作定位，不必考虑其加工。

2-17　毛坯为 70mm×70mm×18mm 板材，六面已粗加工过，要求数控铣出如图所示的槽，工件材料为 45 钢。

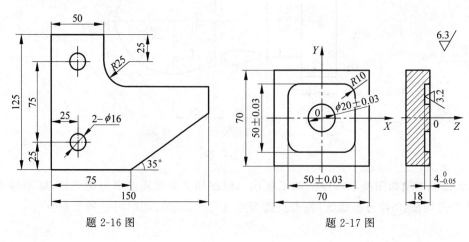

题 2-16 图 　　　　　　　　　　　题 2-17 图

第 3 章 数控插补原理、刀具半径补偿及速度控制

3.1 概　　述

控制刀具或工件的运动是机床数字控制的核心问题。平面曲线运动轨迹需要两个运动坐标的协调运动,而空间曲线运动轨迹则要求三个或三个以上运动坐标的协调运动。数控系统不仅控制刀具相对于工件运动的轨迹,同时还要控制运动的速度。数控机床加工的零件轮廓一般由直线、圆弧组成,也有一些非圆曲线轮廓,例如高次曲线、列表曲线、列表曲面等,但都可以用直线或圆弧去逼近。只有在某些要求较高的系统中,才具有抛物线、螺旋线插补功能。在零件加工程序中,除了设定进给速度和刀具参数外,一般还要提供直线的起点和终点,圆弧的起点、终点,顺逆和圆心相对于起点的偏移量。数控系统将程序段进行输入处理、插补运算,并按计算结果控制伺服机构,使刀具和零件作精确的完全符合各程序段的相对运动,最后加工出符合要求的零件。

所谓插补是指数据密化的过程。在对数控系统输入有限坐标点(例如起点、终点)的情况下,计算机根据线段的特征(直线、圆弧、椭圆等),运用一定的算法,自动地在有限坐标点之间生成一系列的坐标数据,从而自动地对各坐标轴进行脉冲分配,完成整个线段的轨迹运行,使机床加工出所要求的轮廓曲线。插补实际上是根据有限的信息完成数据密化的工作,无论是硬件数控还是 CNC 数控,插补模块是不可缺少的,能完成插补功能的模块或装置称为插补器。对于轮廓控制系统来说,插补是最重要的计算任务,插补计算必须是实时的,即必须在有限的时间内完成计算任务。插补程序的运行时间和计算精度影响整个 CNC 系统的性能指标。可以说插补是整个 CNC 系统控制软件的核心。

插补可用硬件或软件来实现。早期的硬件数控系统(NC)中,采用数字逻辑电路来完成插补工作。在 NC 系统中,数控装置采用电压脉冲作为插补点坐标增量输出,其中每一脉冲都在相应的坐标轴上产生一个基本长度单位的运动,即每一脉冲对应着一个基本长度单位。这些脉冲可用来驱动开环控制系统中的步进电动机,也可驱动闭环系统中的伺服电动机。数控装置每输出一个脉冲,机床的执行部件即移动一个基本长度单位。在数控系统中,一个脉冲所产生的坐标轴位移量叫作脉冲当量,通常用 δ 表示。脉冲当量 δ 是脉冲分配的基本单位,按机床设计的加工精度选定。普通精度的机床取 $\delta=0.01\mathrm{mm}$,较精密的机床取 $\delta=0.001\mathrm{mm}$ 或 $0.005\mathrm{mm}$。脉冲当量的大小决定了加工精度,发送给每一坐标轴的脉冲数目决定相对运动距离,而脉冲的频率代表坐标轴速度。

在计算机数控系统中,插补工作一般由软件完成。也有用软件进行粗插补,用硬件进行细插补的 CNC 系统。在 CNC 系统中,信息以二进制形式编排、处理和存储。二进制的每一位(bit)代表一个基本长度单位。二进制的 bit 与 NC 系统的脉冲当量等价。

目前普遍应用的插补算法可分为两大类,一类是脉冲增量插补,另一类是数据采样插补。

CNC 中包括的几何模型最典型的是直线和圆弧,螺旋线则是直线和圆弧的组合。目前

的数控系统一般只能进行直线、圆弧插补。对于那些非圆曲线、列表曲线、列表曲面只能在 CAD/CAM 系统中进行计算,得出刀位数据(CLDATA),最后经后置处理转化成数控加工程序,传送到 CNC,其过程如图 3-1 所示。随着计算机技术和编程技术的发展,已有一些数控系统增加了非圆曲线、列表曲线、列表曲面的模型,以适应现代制造业的需要。

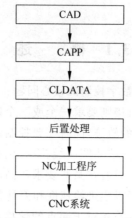

图 3-1　CAD/CAM 和 CNC 的连接

3.2　脉冲增量插补原理

　　脉冲增量插补法又称行程标量插补法或基准脉冲插补法,是模拟硬件插补原理,插补的结果是产生单个的行程增量,以一个个脉冲的方式输出到伺服系统,以驱动机床部件运动。该方法插补程序比较简单,但由于输出脉冲的最大速度取决于执行一次运算所需的时间,所以进给速度受到一定的限制。这种插补方法一般用在进给速度不很高的数控系统或开环数控系统中。

　　脉冲增量插补有多种方法,包括逐点比较法、数字积分法、矢量判别法、比较积分法、最小偏差法、目标点跟踪法、单步追踪法、直接函数法等,其中最常用的是逐点比较插补法和数字积分插补法。

3.2.1　逐点比较插补法

1. 基本原理

　　逐点比较插补法通过逐点地比较刀具与所需插补曲线的相对位置,确定刀具的坐标进给方向,以加工出零件的廓形。

　　逐点比较法是以折线来逼近直线或圆弧曲线的,它与规定的直线或圆弧之间的最大误差不超过一个脉冲当量,因此,只要将脉冲当量(每走一步的距离)取得足够小,就可达到加工精度的要求。

　　如图 3-2 所示,逐点比较法插补计算时,每走一步,都要进行以下 4 个步骤(又称 4 个节拍)的逻辑运算和算术运算,即:

　　(1)偏差判别。判别加工点对规定曲线的偏离位置,从而决定进给的 X 轴或 Y 轴坐标的走向。

（2）进给。控制某个坐标进给一个脉冲当量，向规定的曲线靠拢，以缩小偏差。

（3）偏差计算。计算新的加工点对规定曲线的偏差，作为下一步判别的依据。

（4）终点判断。判断是否到达加工终点。若到达终点，则停止插补，否则再回到步骤（1）。

以上 4 个步骤如此不断地重复上述循环过程，就能完成所需的曲线轨迹。

2. 直线插补原理

1）偏差计算公式

加工如图 3-3 所示的平面斜线 AB，取斜线起点 A 的坐标为 (X_0, Y_0)，终点 B 的坐标为 (X_e, Y_e)，M 为加工点，则此直线方程为

$$\frac{X - X_0}{Y - Y_0} = \frac{X_e - X_0}{Y_e - Y_0} \tag{3-1}$$

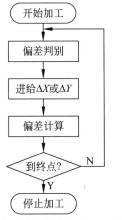

图 3-2　逐点比较法的 4 个步骤

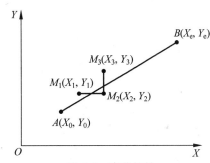

图 3-3　直线插补

取 $F = (Y - Y_0)(X_e - X_0) - (X - X_0)(Y_e - Y_0)$ 作为直线插补的偏差判别式。

若 $F = 0$，表明 M 点在 AB 直线上；

若 $F > 0$，表明 M 点在 AB 直线的上方；

若 $F < 0$，表明 M 点在 AB 直线的下方。

为控制方便，将 $F = 0$ 和 $F > 0$ 两种情况作为 $F \geq 0$ 一种方式判别。当 $F \geq 0$ 时，刀具一定处在 AB 线的上方，或在 AB 线上，如图 3-3 中的 M_1 点，这时刀具只有沿 $+X$ 方向进给才更接近 AB 线。因此，根据这个判别结果，计算机在 X 轴方向输出一个脉冲，使刀具在 $+X$ 方向前进一个脉冲当量的距离，到达 M_2 点。

刀具在 M_1 点的判别式为

$$F_1 = (Y_1 - Y_0)(X_e - X_0) - (X_1 - X_0)(Y_e - Y_0)$$

走一步后新的坐标值为

$$X_2 = X_1 + 1, \quad Y_2 = Y_1$$

新的偏差为

$$\begin{aligned} F_2 &= (Y_2 - Y_0)(X_e - X_0) - (X_2 - X_0)(Y_e - Y_0) \\ &= (Y_1 - Y_0)(X_e - X_0) - (X_1 + 1 - X_0)(Y_e - Y_0) \\ &= (Y_1 - Y_0)(X_e - X_0) - (X_1 - X_0)(Y_e - Y_0) - (Y_e - Y_0) \end{aligned}$$

$$= F_1 - (Y_e - Y_0) \tag{3-2}$$

若 $F_2 < 0$，M_2 点判定处在 AB 线的下方，则应向 $+Y$ 方向进给一步，走一步后新的坐标值为

$$X_3 = X_2, \quad Y_3 = Y_2 + 1$$

新的偏差为

$$F_3 = (Y_3 - Y_0)(X_e - X_0) - (X_3 - X_0)(Y_e - Y_0) = F_2 + (X_e - X_0) \tag{3-3}$$

式(3-2)、式(3-3)为简化后的偏差计算公式，在公式中只有加减运算，只要将前一点的偏差值与等于常数的斜线长度在坐标方向的投影 $(X_e - X_0)$、$(Y_e - Y_0)$ 相加或相减，即可得到新的坐标点的偏差值。加工起点 A 的偏差是已知的，即 $F_0 = 0$，这样，随着加工点前进，新加工点的偏差都可由前一点的偏差和斜线长度在坐标方向的投影相加或相减得到。

2）终点判别法

逐点比较法的终点判断有多种方法，下面介绍两种。

第一种方法是设置 X、Y 两个减法计数器，加工开始前，在 X、Y 计数器中分别存入斜线长度在坐标方向的投影 $(X_e - X_0)$、$(Y_e - Y_0)$，在 X 坐标(或 Y 坐标)进给一步时，就在 X 计数器(或 Y 计数器)中减去 1，直到这两个计数器中的数都减到零时，便到达终点。

第二种方法是用一个终点计数器，寄存 X、Y 两个坐标从起点到终点的总步数 Σ，X、Y 坐标每进给一步，Σ 减去 1，直到 Σ 为零时，就到达终点。

3）不同象限的直线插补计算

上面讨论的为第一象限的直线插补计算方法，其他三个象限的直线插补计算法可用相同的原理获得。图 3-4 所示是象限的划分规则，根据对线段加工方向的不同来判别它所处的象限。对于四个象限可共用以下判别式。

向 X_e 方向走一步：

$$F_{i+1} = F_i - |Y_e - Y_0| \tag{3-4}$$

向 Y_e 方向走一步：

$$F_{i+1} = F_i + |X_e - X_0| \tag{3-5}$$

上述两式中，$(X_e - X_0)$、$(Y_e - Y_0)$ 都用绝对值，不考虑符号，但 $(X_e - X_0)$、$(Y_e - Y_0)$ 是有符号的，它影响刀具相对工件移动方向。对刀具相对工件移动

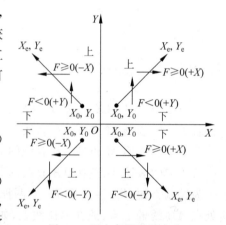

图 3-4　四个象限进给方向

方向的控制可根据线段所处的象限来决定，若线段处在第三象限，在 X 或 Y 方向输出脉冲时，使电动机反转即可，而判别式和脉冲分配方式与第一象限相同；若线段处在第二象限，可使 X 向电动机反转而 Y 向电动机正转；第四象限使 Y 向电动机反转，X 向电动机正转。象限的判别和电动机转向见表 3-1。

表 3-1　象限的判别和电动机转向

方向	第一象限	第二象限	第三象限	第四象限
$X_e - X_0$	>0	<0	<0	>0
$Y_e - Y_0$	>0	>0	<0	<0

方向	第一象限	第二象限	第三象限	第四象限
X 向电动机	正传	反转	反转	正传
Y 向电动机	正传	正传	反转	反转

3. 圆弧插补原理

1) 偏差计算公式

下面以第一象限的逆圆为例进行讨论。加工如图 3-5 所示的圆弧 AB,加工程序给出的已知条件通常是圆弧的起点坐标 $A(X_0,Y_0)$、终点坐标 $B(X_e, Y_e)$ 和圆心 O' 点相对 A 点的增量坐标值。图中,圆心 O' 点相对 A 点的增量坐标值为 $(-I_0,-J_0)$,改变符号后就成为 A 点相对 O' 点的增量值为 (I_0,J_0),由此可求出圆弧的半径 R 值: $R^2=I_0^2+J_0^2$。在以圆心 O' 点为原点的 $I、J$ 坐标系中,圆的方程可表示为 $I^2+J^2=R^2$。令瞬时加工点为 M_i,它与圆心的距离为 $O'M_i$, $O'M_i^2=I_i^2+J_i^2$,比较 $O'M_i$ 和 R 来反映加工偏差。

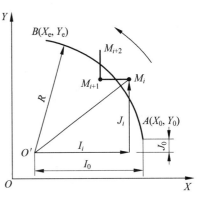

图 3-5　圆弧插补

圆弧偏差判别式如下:

$$F_i=O'M^2-R^2=I_i^2+J_i^2-R^2 \tag{3-6}$$

若 $F_i=0$,表明加工点 M 在圆弧上;若 $F_i>0$,表明加工点 M 在圆弧外;若 $F_i<0$,表明加工点 M 在圆弧内。

当 $F_i\geqslant0$ 时,M 点在圆的外侧或圆上,对于第一象限的逆圆,为了逼近圆弧,应沿 $-X$ 方向进给一步,到达 M_{i+1} 点,M_{i+1} 点相对圆心 O' 点的坐标为

$$I_{i+1}=I_i-1, \quad J_{i+1}=J_i$$

新加工点的偏差为

$$F_{i+1}=I_{i+1}^2+J_{i+1}^2-R^2=(I_i-1)^2+J_i^2-R^2$$
$$=I_i^2-2I_i+1+J_i^2-R^2=F_i-2I_i+1 \tag{3-7}$$

若 $F_{i+1}<0$,说明 M_{i+1} 点在圆内,为了逼近圆弧应沿 $+Y$ 方向进给一步,到达 M_{i+2} 点。M_{i+2} 点相对圆心 O' 点的坐标为

$$I_{i+2}=I_{i+1}, \quad J_{i+2}=J_{i+1}+1$$

新加工点的偏差为

$$F_{i+2}=I_{i+2}^2+J_{i+2}^2-R^2=I_{i+1}^2+(J_{i+1}+1)^2-R^2$$
$$=I_{i+1}^2+J_{i+1}^2-R^2+2J_{i+1}+1=F_{i+1}+2J_{i+1}+1 \tag{3-8}$$

由式(3-7)和式(3-8)可知,只要知道前一点的偏差,就可求出新一点的偏差。因为加工是从圆弧的起点开始的,起点的偏差 $F_0=0$,所以新加工点的偏差总可以根据前一点的数据计算出来。

2）终点判别法

圆弧插补的终点判断方法和直线插补相同。可将从起点到终点 X、Y 轴所走步数的总和 Σ 存入一个计数器，每走一步，从 Σ 中减去 1，当 $\Sigma = 0$ 时发出终点到达信号。也可以选择一个坐标所走步数作为终点判断，注意此时应选择终点坐标中坐标值小的那一个坐标。由于零件的加工程序给出的值总是以 mm 为单位，因此，必须在初始化时把以 mm 为单位的长度被脉冲当量除后取整，化为脉冲的数字量。

3）不同象限的圆弧插补计算

在第一象限顺时针加工圆弧（顺圆弧）和第二、三、四象限加工顺圆弧和逆圆弧时，判别式都不相同。带符号运算时，无论在哪个象限工作，是顺圆弧或是逆圆弧，归纳起来有如下 4 种情况。

（1）沿 $+X$ 方向走一步：

$$\begin{cases} I_{i+1} = I_i + 1 \\ F_{i+1} = F_i + 2I_i + 1 \end{cases}$$

（2）沿 $-X$ 方向走一步：

$$\begin{cases} I_{i+1} = I_i - 1 \\ F_{i+1} = F_i - 2I_i + 1 \end{cases}$$

（3）沿 $+Y$ 方向走一步：

$$\begin{cases} J_{i+1} = J_i + 1 \\ F_{i+1} = F_i + 2J_i + 1 \end{cases}$$

（4）沿 $-Y$ 方向走一步：

$$\begin{cases} J_{i+1} = J_i - 1 \\ F_{i+1} = F_i - 2J_i + 1 \end{cases}$$

图 3-6 所示是在 4 个象限内，顺、逆圆加工时，判别式符号和进给方向间的关系。象限是以被加工圆弧圆心为原点的坐标系划分的。若编写零件加工程序时所用的坐标系不以圆心为原点，则象限的划分就不能用这个坐标系。以被加工圆弧圆心为原点的坐标系是根据加工程序给出的已知条件自动建立的，圆弧加工完毕，坐标系自动取消。例如，在 XY 坐标平面内，给出圆弧起点相对其圆心的增量坐标值 I_0、J_0，在插补计算过程中不断算出的 I_i、J_i 值都是以圆心为原点坐标系中的坐标值。根据 I_i、J_i 的符号来判别圆弧所在的象限，见表 3-2。过象限时的标志是 I_i、J_i 中的一个为零。

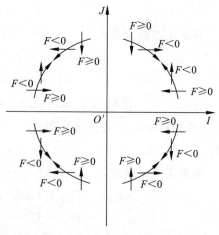

图 3-6　4 个象限的进给方向

表 3-2 象限判别和电动机转向

方向		第一象限	第二象限	第三象限	第四象限
I_i 的符号		+	−	−	+
J_i 的符号		+	+	−	−
X 向电动机	顺圆	+	+	−	−
	逆圆	−	−	+	+
Y 向电动机	顺圆	−	+	+	−
	逆圆	+	−	−	+

根据图 3-6 给出的判别式与加工方向关系，和表 3-2 给出的 I_i、J_i 的符号变化规律，利用正、负方向的判别式可对 4 个象限的顺、逆圆弧加工编写出插补程序。

3.2.2 数字积分插补法

数字积分法，又称数字微分分析法（DDA），是利用数字积分运算的方法，计算刀具沿各坐标轴的位移，使得刀具沿着所加工的曲线运动。数字积分法具有运算速度快、脉冲分配均匀、易实现多坐标联动等优点。因此，数字积分法在轮廓控制数控系统中应用广泛。

1. 数字积分原理

如图 3-7 所示，从时刻 $t_0 \sim t_n$ 函数 $Y = f(t)$ 曲线所包围的面积 S 可用积分公式求得，即

$$S = \int_{t_0}^{t_n} Y \mathrm{d}t$$

若将 Δt 取得足够小，积分运算可用累加求和来近似，即

$$S = \int_{t_0}^{t_n} Y \mathrm{d}t = \sum_{i=0}^{n-1} Y_i \Delta t_i \qquad (3-9)$$

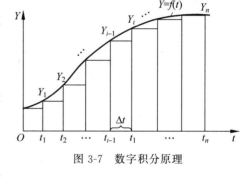

图 3-7 数字积分原理

在几何上就是用一系列微小矩形面积之和近似表示函数 $f(t)$ 以下的面积。若 Δt 取为一个单位时间（如等于一个脉冲周期时间），则有

$$S = \sum_{i=0}^{n-1} Y_i \qquad (3-10)$$

2. 数字积分法直线插补

设在 XY 平面上有一直线 OA，直线的起点在原点，终点 A 的坐标为 (X_e, Y_e)，现要对直线 OA 进行插补。

设动点沿直线 OA 方向的速度为 v，v_x、v_y 分别表示其在 X 轴和 Y 轴方向的速度，由于位移是速度对时间的积分，根据式(3-9)，在 X 轴、Y 轴方向上的微小位移增量 ΔX、ΔY 应为

$$\Delta X = v_x \Delta t, \quad \Delta Y = v_y \Delta t \qquad (3-11)$$

令直线 OA 的长度为 L，则有

$$L = \sqrt{X_e^2 + Y_e^2}, \quad \frac{v_x}{v} = \frac{X_e}{L}, \quad \frac{v_y}{v} = \frac{Y_e}{L}$$

所以,有

$$v_x = \frac{v}{L}X_e, \quad v_y = \frac{v}{L}Y_e \tag{3-12}$$

若上式中速度是均匀的,则$\frac{v}{L}$为常数,令$\frac{v}{L}=k$,因此坐标轴的位移增量可表示为

$$\Delta X = kX_e\Delta t, \quad \Delta Y = kY_e\Delta t$$

若取 $\Delta t = 1$,则各坐标轴的位移量为

$$X_e = k\sum_{i=1}^{n}X_e = kX_e n, \quad Y_e = k\sum_{i=1}^{n}Y_e = kY_e n \tag{3-13}$$

据此,可以给出 XY 平面数字积分法直线插补框图(见图 3-8)。

图 3-8 中,插补运算由两个数字积分器进行,每个坐标轴的积分器由累加器和被积函数寄存器组成。被积函数寄存器存放终点坐标值,每来一个 Δt 脉冲,被积函数寄存器里的函数值送往相应的累加器中相加一次。当累加和超过累加器的容量时,便溢出脉冲,作为驱动相应坐标轴的进给脉冲 ΔX(或 ΔY),而余数仍存在积分累加器中。

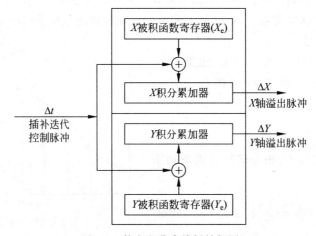

图 3-8　数字积分直线插补框图

设积分累加器为 n 位,则累加器的容量为 2^n,其最大存数为 2^n-1,当计至 2^n 时,必会发生溢出。若将 2^n 规定为单位 1(相当于一个输出脉冲),那么积分累加器中的存数总是小于 2^n,即为小于 1 的数,该数称为积分余数。例如,将 X_e 累加 m 次后的 X 积分值应为

$$X = \sum_{i=1}^{m}\frac{X_e}{2^n} = \frac{mX_e}{2^n}$$

积分值的整数部分表示溢出的脉冲数,而余数部分存放在累加器中,即

积分值 = 溢出脉冲数 + 余数

当两个坐标轴同步插补时,用溢出脉冲控制机床的进给,就可走出所需的直线轨迹。

由积分值计算式可知,当插补叠加次数 $m=2^n$ 时,有

$$X = X_e, \quad Y = Y_e$$

此时两个坐标轴同时到达终点。

由此可知,数字积分法直线插补的终点判别条件应是 $m=2^n$。换言之,直线插补只须完成 $m=2^n$ 次累加运算,即可到达直线终点。所以,只要设置一个位数亦为 n 位的终点计数器

m（即终点计数器与积分累加器的位数相同），用以记录累加次数，当计数器记满 2^n 数时，插补结束，停止运算。

数字积分法第一象限直线插补程序流程图如图 3-9 所示。

用与逐点比较法相同的处理方法，把符号与数据分开，取数据的绝对值作为被积函数，而以正负号作进给方向控制信号处理，便可对所有不同象限的直线进行插补。

3. 数字积分法圆弧插补

下面以第一象限逆圆为例（见图 3-10）来讨论圆弧插补原理。

以坐标原点为圆心、R 为半径的圆方程式为

$$X^2 + Y^2 = R^2$$

求导得

$$2X\frac{\mathrm{d}X}{\mathrm{d}t} + 2Y\frac{\mathrm{d}Y}{\mathrm{d}t} = 0$$

因此，有

$$\frac{\mathrm{d}Y}{\mathrm{d}t} \bigg/ \frac{\mathrm{d}X}{\mathrm{d}t} = -\frac{X}{Y} \qquad (3\text{-}14)$$

式中，$\dfrac{\mathrm{d}X}{\mathrm{d}t}=v_x$，$\dfrac{\mathrm{d}Y}{\mathrm{d}t}=v_y$ 为圆上动点 $P_i(X_i, Y_i)$ 在 X、Y 方向的瞬时速度分量。式（3-14）表明，在加工圆弧时，两轴方向的分速度与该点坐标绝对值成反比。

将式（3-14）写成参变量方程式，即

$$\frac{\mathrm{d}X}{\mathrm{d}t} = kY_i, \qquad \frac{\mathrm{d}Y}{\mathrm{d}t} = kX_i \qquad (3\text{-}15)$$

式中，k 为比例系数。

设在 t 时间间隔内，X、Y 坐标轴方向的位移量分别为 ΔX 和 ΔY，则位移增量的计算公式应为

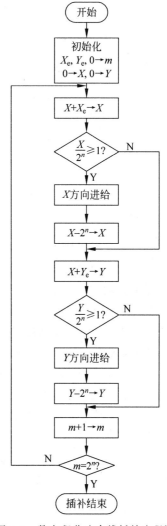

图 3-9　数字积分法直线插补流程图

$$\Delta X = -kY\Delta t, \quad \Delta Y = kX\Delta t$$

令上式中系数 $k = 1/2^n$，其中 2^n 为 n 位积分累加器的容量，即可写出第一象限逆圆弧的插补公式为

$$X = -\frac{1}{2^n}\sum_{i=1}^{m} Y_i \Delta t, \quad Y = \frac{1}{2^n}\sum_{i=1}^{m} X_i \Delta t \qquad (3\text{-}16)$$

据此，可以作出数字积分法圆弧插补框图（见图 3-11）。

运算开始时，X 轴和 Y 轴被积函数寄存器中分别存放 Y、X 的起点坐标值 Y_0、X_0。X 轴被积函数寄存器的数与其累加器的数累加得出的溢出脉冲发到 $-X$ 方向，而 Y 轴被积函数寄存器的数与其累加器的数累

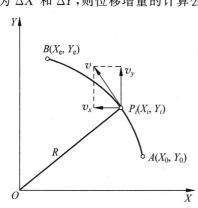

图 3-10　数字积分法圆弧插补原理

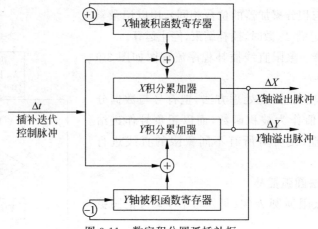

图 3-11　数字积分圆弧插补框

加得出的溢出脉冲则发送到+Y 方向。

　　每发出一个进给脉冲后,必须将被积函数寄存器内的坐标值加以修正。即当 X 方向发出进给脉冲时,使 Y 轴被积函数寄存器内容减 1;当 Y 方向发出进给脉冲时,使 X 轴被积函数寄存器内容加 1。

　　由以上讨论可知,圆弧插补时被积函数寄存器内随时存放着坐标的瞬时值,而直线插补时,被积函数寄存器内存放的是不变的终点坐标值 X_e、Y_e。

　　第一象限顺圆插补与其他象限的圆弧插补(包括顺圆和逆圆)的运算过程基本上与第一象限逆圆是一致的,其区别在于控制各坐标轴进给脉冲 ΔX、ΔY 的进给方向不同(用符号+、-表示),以及修改被积函数寄存器内容时是加 1 还是减 1。数字积分法圆弧插补进给方向和被积函数的修正关系见表 3-3。

表 3-3　数字积分法圆弧插补进给方向和被积函数的修正关系

	第一象限顺圆	第二象限顺圆	第三象限顺圆	第四象限顺圆	第一象限逆圆	第二象限逆圆	第三象限逆圆	第四象限逆圆
X 轴进给方向符号	+	+	−	−	−	−	+	+
Y 轴进给方向符号	−	+	+	−	+	−	−	+
X 轴被积函数在插补中的修正符号	−1	+1	−1	+1	+1	−1	+1	−1
Y 轴被积函数在插补中的修正符号	+1	−1	+1	−1	−1	+1	−1	+1

　　圆弧插补的终点判别,是由随时计算出的坐标轴进给步数 $\sum \Delta X$、$\sum \Delta Y$ 值与圆弧的终点和起点坐标之差的绝对值作比较,当某个坐标轴进给的步数与终点和起点坐标之差的绝对值相等时,说明该轴到达终点,不再有脉冲输出。当两坐标都到达终点后,则运算结束,插补完成。

3.3　数据采样插补原理

　　数据采样插补法又称数字增量插补法或时间标量插补法,用在闭环、半闭环交直流伺服电动机驱动的控制系统中,插补结果输出的不是脉冲,而是数据。计算机定时地对反馈回路采样,得到采样数据与插补程序所产生的指令数据相比较后,以误差信号输出,驱动伺服电动机。

数据采样插补可以划分为两个阶段:粗插补和精插补,其中粗插补是主要环节。粗插补是用微小的直线段逼近给定的轮廓,该微小的直线段与指令给定的速度有关,常用软件实现;精插补是在上述微小的直线段上进行"数据点的密化",这一阶段其实就是对直线的脉冲增量插补,计算简单,可以用硬件或软件实现。这种插补方法所产生的最大速度不受计算机最大运算速度的限制,但插补程序比较复杂。

数据采样插补的具体算法有多种,如时间分割插补法、扩展 DDA 法、双 DDA 法、角度逼近圆弧插补法、"改进土斯丁"法等,本书主要介绍时间分割插补法及扩展 DDA 法。

3.3.1　采样周期的选择

采用数据采样插补算法,首先需要解决的问题是选择合适的插补周期。对于位置采样控制系统,确定插补周期时,主要考虑如何满足采样定理(香农定理),以保证采集到的实际位移数据不失真。CNC 系统位置环的典型带宽为 20Hz 左右。根据采样定理,采样频率应该等于或大于信号最高频率的 2 倍。取信号最高频率的 5 倍作为采样频率,即 100Hz。因此典型的采样周期(或插补周期)取为 10ms 左右。美国 A-B 公司生产的一些 CNC 系统,其插补周期和采样周期均取 10.24ms;日本 FANUC 公司生产的一些 CNC 系统,其采样周期取 4ms,插补周期取 8ms(采样周期的 2 倍)。对于后一种情况,插补程序每 8ms 调用一次,为下一个周期算出各坐标轴的增量值;而位置反馈采样程序每 4ms 调用一次,将插补程序算好的坐标位置增量值除以 2 后再与坐标位置采样值进行比较。

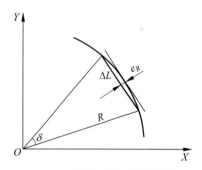

图 3-12　用内接弦线逼近圆弧

数据采样插补的最大进给速度不受计算机最大运算速度的限制,而主要受圆弧弦线误差和伺服系统性能的限制。在直线插补中,插补形成的每个微小线段与给定的直线重和,不会造成轨迹误差。但在圆弧插补中,通常用内接弦线或内、外均差弦线来逼近圆弧,这种逼近必然要造成轨迹误差。图 3-12 所示为用内接弦线迫近圆弧的情况,其最大半径误差 e_R 与步距角 δ 的关系为

$$e_R = R\left(1 - \cos\frac{\delta}{2}\right)$$
$$= R\left\{1 - \left[1 - \frac{(\delta/2)^2}{2!}\right] + \frac{(\delta/2)^4}{4!} - \cdots\right\}$$

由于

$$\frac{(\delta/2)^4}{4!} = \frac{\delta^4}{384} \leqslant 1, \quad \delta = \frac{\Delta L}{R}, \quad \Delta L = TF$$

因此,有

$$e_R = R\frac{\delta^2}{8} = \frac{(TF)^2}{8R} \tag{3-17}$$

式中，T 为插补周期；F 为刀具进给速度。

由式(3-17)可以看出，圆弧插补时，插补周期 T 分别与误差 e_R、圆弧半径 R 和进给速度 F 有关。在给定圆弧半径和弦线误差极限的情况下，插补周期短对获得高的加工速度有利。在插补周期确定的情况下，加工给定半径的圆弧时，为了保证加工精度，必须对加工速度进行限制。

3.3.2　时间分割插补法

时间分割插补法是典型的数据采样插补方法。它首先根据加工指令中的进给速度 F，计算出每一插补周期的轮廓步长 l。即以插补周期为时间单位，将整个加工过程分割成许多个单位时间内的进给过程。以插补周期为时间单位，则单位时间内移动的距离等于速度，即轮廓步长 l 与轮廓速度 f 相等。插补计算的主要任务是算出下一插补点的坐标，从而算出轮廓速度 f 在各个坐标轴的分速度，即下一插补周期内各个坐标的进给量 ΔX、ΔY。控制 X、Y 坐标分别以 ΔX、ΔY 为速度协调进给，即可走出逼近线段，到达下一插补点。在进给过程中，对实际位置进行采样，与插补计算的坐标值相比较，得出位置误差，位置误差在后一采样周期内修正。采样周期可以等于插补周期，也可以小于插补周期，如插补周期的 $1/2$。

设指令进给速度为 F，其单位为 mm/min，插补周期为 8ms，f 的单位为 μm/ms，l 的单位为 μm，则有

$$l = f = \frac{F \times 1000 \times 8}{60 \times 1000} = \frac{2}{15}F \tag{3-18}$$

无论进行直线插补还是圆弧插补，都要必须先用上式计算出单位时间（插补周期）的进给量，然后才能进行插补点的计算。

1. 直线插补原理

如图 3-13 所示，设要求刀具在 XOY 平面中作直线运动，由 O 点移到 P 点，则 X 轴和 Y 轴在本程序段的移动增量值为 X_e 和 Y_e。要使刀具从 O 点到 A 点沿给定直线运动，必须使 X 轴和 Y 轴的运动速度始终保持一定比例关系，这个比例关系由终点坐标 X_e、Y_e 的比值决定。

设刀具移动方向与 X 轴的夹角为 α，OA 为已计算出的一次插补进给量 f，因为 X、Y 轴的终点坐标值 X_e、Y_e 已在程序段中给定，故：

$$\tan\alpha = \frac{Y_e}{X_e} = \frac{\Delta Y}{\Delta X}$$

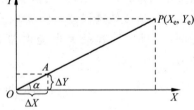

图 3-13　时间分割法直线插补

式中，ΔX、ΔY 分别为 X 轴、Y 轴的插补进给量。

$$\cos\alpha = \frac{1}{\sqrt{1 + \tan^2\alpha}} \tag{3-19}$$

$$\begin{cases} \Delta X = l\cos\alpha \\ \Delta Y = \dfrac{y_e}{x_e}\Delta x \end{cases} \tag{3-20}$$

2. 圆弧插补原理

由式(3-18)计算出轮廓步长,即单位时间(插补周期)内的进给量 l 后,即可进行圆弧插补运算。圆弧插补计算,就是以轮廓步长作为圆弧上相邻两个插补点之间的弦长,由前一个插补点的坐标和圆弧半径,计算由前一插补点到后一插补点两个坐标轴的进给量 ΔX、ΔY。

下面以第一象限顺圆圆弧为例讨论圆弧插补原理。图 3-14 中,A 点是圆弧上某瞬间的插补点,B 点是继 A 点后下一个瞬时插补点,$\overline{AB}$ 等于合成插补进给量 f。从图 3-14 的几何关系可得

$$\angle AOm = \angle BOm = \frac{1}{2}\Delta\alpha$$

$$\beta = \alpha_i + \frac{1}{2}\Delta\alpha$$

$$\cos\beta = \cos\left(\alpha_i + \frac{1}{2}\Delta\alpha\right) = \frac{Y_i - \frac{1}{2}\Delta Y_i}{R - \delta} \tag{3-21}$$

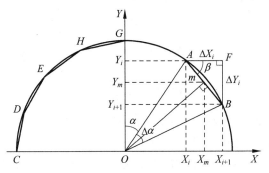

图 3-14　时间分割法圆弧插补

式(3-21)中,$\delta = R - Om$,它是弦 $\overline{AB}$ 对圆弧 $\overset{\frown}{AB}$ 的逼近误差,当 f 相对于 R 足够小时,δ 远小于一个脉冲当量,这时求 $\cos\beta$ 可以舍去 δ。由于式(3-21)中 ΔY_i 为未知数,所以求 $\cos\beta$ 是十分困难的,因此,采用一种近似算法,即用 ΔY_{i-1} 代替 ΔY_i,可得

$$\cos\beta = \frac{Y_i - \frac{1}{2}\Delta Y_{i-1}}{R} \tag{3-22}$$

$$\Delta X_i = f\cos\beta = \frac{f}{R}\left(Y_i - \frac{1}{2}\Delta Y_{i-1}\right) \tag{3-23}$$

$$\Delta Y_i = Y_i - \sqrt{R^2 - (X_i + \Delta X_i)^2} \tag{3-24}$$

由于采用近似计算,$\cos\beta$ 值必然产生偏差,这样求得的 ΔX_i(或 ΔY_i)值也会偏离理论值。但是,式(3-24)是圆的方程的一种表示形式,用它来求 ΔY_i 可以保证实际插补点和理论插补点必然在半径为 R 的同一圆弧上。而 ΔX_i、ΔY_i 的实际值与理论值虽有偏差,并不影响圆弧的精度,只影响合成进给速度的均匀性,其影响也是很小的。

3.3.3　扩展 DDA 插补原理

扩展 DDA 算法是在数字积分原理的基础上发展起来的。它是将 DDA 切线逼近圆弧的方法改变为割线逼近,减小了逼近误差。扩展 DDA 算法精度较高,运行速度快,可用于多坐标控制。

1. 直线插补原理

图 3-15 中的 P_0P_e 是一被加工直线,设刀具已在起点 P_0 处,加工程序中给出的已知值是终点 P_e 的坐标值 X_e、Y_e 和进给速度 F(mm/min)。

刀具在加工中的坐标位置为

$$X = X_0 + \int_0^t F_X \, \mathrm{d}t$$

$$Y = Y_0 + \int_0^t F_Y \, \mathrm{d}t$$

式中,F_X、F_Z 分别是 F 在 X、Z 坐标方向的分量。

在插补过程中,计算机应在规定的插补时间 Δt 内给出各坐标方向的增量值 ΔX_i、ΔY_i,因此,实际的刀具位置为

$$X = X_0 + \sum_{i=1}^n \Delta X_i \tag{3-25}$$

$$Y = Y_0 + \sum_{i=1}^n \Delta Y_i \tag{3-26}$$

式中,i 为从 P_0 开始计数的插补运算次数;n 为加工到 P_e 点的插补次数总和。

由于程序给定的进给速度 F 大小不同及直线的斜率不同,因此 ΔX_i、ΔY_i 值随之变化。由图 3-15 可知,$f_i = F\Delta t$,由于进给速度 F 的单位为 mm/min,为使 f_i 的单位为 mm/ms,则有

$$f_i = \frac{F\Delta t}{60\,000}, \quad \Delta X_i = f_i \cos\alpha, \quad \Delta Y_i = f_i \sin\alpha \tag{3-27}$$

又有

$$\sin\alpha = \frac{Y_e - Y_0}{\sqrt{(X_e - X_0)^2 + (Y_e - Y_0)^2}}, \quad \cos\alpha = \frac{X_e - X_0}{\sqrt{(X_e - X_0)^2 + (Y_e - Y_0)^2}}$$

因此得

$$\Delta X_i = \frac{\Delta t}{60\,000} \frac{F(X_e - X_0)}{\sqrt{(X_e - X_0)^2 + (Y_e - Y_0)^2}} \tag{3-28}$$

$$\Delta Y_i = \frac{\Delta t}{60\,000} \frac{F(Y_e - Y_0)}{\sqrt{(X_e - X_0)^2 + (Y_e - Y_0)^2}} \tag{3-29}$$

每次插补计算的坐标值为

$$X_i = X_{i-1} + \Delta X_i, \quad Y_i = Y_{i-1} + \Delta Y_i \tag{3-30}$$

2. 圆弧插补原理

由加工程序给出的圆弧插补的已知条件通常是圆弧的起点、终点坐标值,圆心对圆弧起点的相对坐标值(有些系统还要求给出半径值),以及进给速度值。首先根据零件加工程序

中给出的进给速度 F，用式（3-27）计算出每一插补周期 Δt 时间内的进给量 f（单位为 mm/ms）。图 3-16 所示是扩展 DDA 原理图，刀具从 A 点起顺时针方向加工圆弧 $\overset{\frown}{AB}$，经过 n 个插补周期后到达 B 点，因此有

$$\overset{\frown}{AB} \approx \sum_{i=1}^{n} f_i$$

式中，f_i 为第 i 次插补进给量，$f_i = f$。

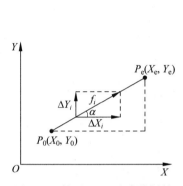

图 3-15　扩展 DDA 法直线插补

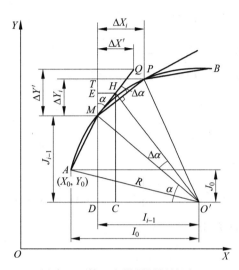

图 3-16　第一象限顺圆插补原理

M 点是第 $i-1$ 次插补时刀具到达的位置，P 点是刀具第 i 次插补时到达的位置，MQ 是 $O'M$ 的垂线。$MP = MQ = f$，由图可知

$$\Delta Y' = MQ\cos\alpha = f\frac{I_{i-1}}{O'M} \approx f\frac{I_{i-1}}{R} \tag{3-31}$$

$$\Delta X' = MQ\sin\alpha = f\frac{J_{i-1}}{O'M} \approx f\frac{J_{i-1}}{R} \tag{3-32}$$

若用 $\Delta X'$ 和 $\Delta Y'$ 作为第 i 次插补周期的 X 和 Y 方向的进给量，则刀具到达 Q 点，此时 MQ 垂直 $O'M$。若 M 点在圆弧上，则 MQ 是过 M 点圆弧的切线，但 M 点总是在圆弧外部（证明从略），因此 MQ 平行于圆弧切线。由于每次插补 Q 点的误差总是大于 M 点的误差，因此用 $\Delta X'$ 和 $\Delta Y'$ 作每个插补周期的 X、Y 坐标方向上的进给量，将使插补误差越来越大。为提高插补精度，扩展 DDA 的方法是：过 MQ 中点 H 和圆心 O' 连线，过 M 点作 $O'H$ 的垂线 MP，且使 $MP = f$，MP 在 X、Y 方向的分量为 ΔX_i 和 ΔY_i。用 ΔX_i 和 ΔY_i 作为 X、Y 方向的进给量，则刀具可从 M 点到达 P 点。刀具沿 MP 线移动可有效地提高插补精度。用扩展 DDA 法求 ΔX_i、ΔY_i 表达式的过程如下。

由图 3-16 可知

$$\triangle MPT \backsim \triangle O'HC$$

$$O'C = O'D - CD = O'D - EH = I_{i-1} - \frac{1}{2}\Delta X'$$

$$CH = DM + ME = J_{i-1} + \frac{1}{2}\Delta Y'$$

$$\cos(\alpha + \Delta\alpha) = \frac{O'C}{O'H} = \frac{I_{i-1} - \frac{1}{2}\Delta X'}{O'H}$$

$$\sin(\alpha + \Delta\alpha) = \frac{CH}{O'H} = \frac{J_{i-1} + \frac{1}{2}\Delta Y'}{O'H}$$

$$O'H = \sqrt{O'C^2 + CH^2} = \sqrt{\left(I_{i-1} - \frac{1}{2}\Delta X'\right)^2 + \left(J_{i-1} + \frac{1}{2}\Delta Y'\right)^2}$$

由于 $\quad I_{i-1} \gg \Delta X', \quad J_{i-1} \gg \Delta Y'$

取 $\quad O'H = \sqrt{I_{i-1}^2 + J_{i-1}^2} \approx R$

所以得

$$\cos(\alpha + \Delta\alpha) \approx \frac{I_{i-1} - \frac{1}{2}\Delta X'}{R}$$

$$\sin(\alpha + \Delta\alpha) \approx \frac{J_{i-1} + \frac{1}{2}\Delta Y'}{R}$$

在 $\triangle MPT$ 中,有

$$\begin{cases} \Delta X_i = PT = MP\sin(\alpha + \Delta\alpha) = f\dfrac{J_{i-1} + \frac{1}{2}\Delta Y'}{R} \\[4mm] \Delta Y_i = MT = MP\cos(\alpha + \Delta\alpha) = f\dfrac{I_{i-1} + \frac{1}{2}\Delta X'}{R} \end{cases} \tag{3-33}$$

将式(3-31)、式(3-32)代入式(3-33)中,得

$$\begin{cases} \Delta X_i = \dfrac{f}{R}\left(J_{i-1} + \dfrac{f}{2R}I_{i-1}\right) \\[4mm] \Delta Y_i = \dfrac{f}{R}\left(I_{i-1} - \dfrac{f}{2R}J_{i-1}\right) \end{cases} \tag{3-34}$$

在圆弧插补时,I_i 和 J_i 是刀具位置相对圆心的增量坐标值,I 对应 X 方向,J 对应 Y 方向。在插补过程中,I_i 和 J_i 是不断变化的,则有

$$\begin{cases} I_i = I_{i-1} - \Delta X_i \\ J_i = J_{i-1} + \Delta Y_i \end{cases}, \quad i = 1 \sim n \tag{3-35}$$

刀具在 XOY 坐标系中的位置为

$$\begin{cases} X_i = X_0 + \displaystyle\sum_{i=1}^{n}\Delta X_i \\ Y_i = Y_0 + \displaystyle\sum_{i=1}^{n}\Delta Y_i \end{cases} \tag{3-36}$$

迭代公式为

$$\begin{cases} X_i = X_{i-1} + \Delta X_i \\ Y_i = Y_{i-1} + \Delta Y_i \end{cases} \tag{3-37}$$

3.4　刀具半径补偿

3.4.1　刀具补偿的基本原理

在轮廓加工系统中,由于刀具总有一定的半径(如铣刀半径或线切割机的钼丝半径),刀具中心的运动轨迹与加工零件的实际轮廓并不重合。也就是说,数控机床进行轮廓加工时,必须考虑刀具半径。如图 3-17 所示,在进行外轮廓加工时,刀具中心需要偏移零件的外轮廓面一个半径值,这种偏移通常称为刀具半径补偿。

需要指出的是,刀具半径的补偿通常不是由程序编制人员来完成的,程序编制人员只是按零件的加工轮廓编制程序,同时用指令 G41、G42、G40 告诉 CNC 系统刀具是沿零件内轮廓还是外轮廓运动。实际的刀具半径补偿是在 CNC 系统内部由计算机自动完成的。CNC 系统根据零件轮廓尺寸(直线或圆弧以及其起点和终点)和刀具运动的方向指令(G41、G42、G40),以及实际加工中所用的刀具半径值自动地完成刀具半径补偿计算。

根据 ISO 标准,当刀具中心轨迹在编程轨迹(零件轮廓)前进方向右边时称为右刀具补偿,简称右刀补,用 G42 表示;反之,则称为左刀补,用 G41 表示;当不需要进行刀具补偿时用 G40 表示。

加工中心和数控车床在换刀后还需考虑刀具长度补偿。因此刀具补偿有刀具半径补偿和刀具长度补偿两部分计算。刀具长度的补偿计算较简单,本节着重讨论刀具半径补偿。

在零件轮廓加工过程中,刀具半径补偿的执行过程分为 3 步:

(1) 刀补建立。刀具从起点出发沿直线接近加工零件,依据 G41 或 G42 使刀具中心在原来的编程轨迹的基础上伸长或缩短一个刀具半径值,即刀具中心从与编程轨迹重合过渡到与编程轨迹偏离一个刀具半径值,如图 3-18 所示。

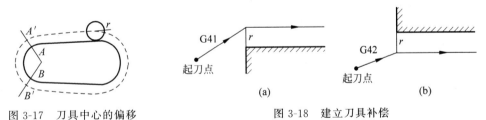

图 3-17　刀具中心的偏移　　　　　　　图 3-18　建立刀具补偿

(2) 刀补进行。刀补指令是模态指令,一旦刀补建立后一直有效,直至刀补取消。在刀补进行期间,刀具中心轨迹始终偏离编程轨迹一个刀具半径值的距离。在轨迹转接处,采用圆弧过渡或直线过渡。

(3) 刀补撤销。刀具撤离工件,回到起刀点。与刀补建立时相似,刀具中心轨迹从与编程轨迹相距一个刀具半径值过渡到与编程轨迹重合。刀补撤销用 G40 指令。

刀具半径补偿仅在指定的二维坐标平面内进行。而平面是由 G 代码 G17(xy 平面)、G18(yz 平面)、G19(zx 平面)指定的。刀具半径值则由刀具号 H(D)确定。

3.4.2　刀具半径补偿计算

刀具半径补偿计算就是要根据零件尺寸和刀具半径计算出刀具中心的运动轨迹。对于一般的 CNC 系统,其所能实现的轮廓控制仅限于直线和圆弧。对直线而言,刀具半径补偿后的刀具中心运动轨迹是一与原直线相平行的直线,因此直线轨迹的刀具补偿计算只需计算出刀具中心轨迹的起点和终点坐标。对于圆弧而言,刀具半径补偿后的刀具中心运动轨迹是一与原圆弧同心的圆弧。因此圆弧的刀具半径补偿计算只需计算出刀补后圆弧起点和终点的坐标以及刀补后的圆弧半径。有了这些数据,轨迹控制(直线或圆弧插补)就能够实施。

1. 直线刀具半径补偿计算

如图 3-19 所示,被加工直线 OE 起点在坐标原点,终点 E 的坐标为 (x,y)。设刀具半径为 r,刀具偏移后 E 点移动到了 E' 点,现在要计算的是 E' 点的坐标 (x',y')。刀具半径在 x 轴和 y 轴的分量 r_x、r_y 为

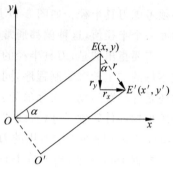

$$\begin{cases} r_x = r\sin\alpha = \dfrac{ry}{\sqrt{x^2+y^2}} \\[4mm] r_y = -r\cos\alpha = -\dfrac{rx}{\sqrt{x^2+y^2}} \end{cases} \tag{3-38}$$

图 3-19　直线刀具补偿

E' 点的坐标为

$$\begin{cases} x' = x + r_x = x + \dfrac{ry}{\sqrt{x^2+y^2}} \\[4mm] y' = y + r_y = y - \dfrac{rx}{\sqrt{x^2+y^2}} \end{cases} \tag{3-39}$$

式(3-39)是直线刀补计算公式。

起点 O' 的坐标为上一个程序段的终点,求法同 E'。直线刀偏分量 r_x 和 r_y 的正、负号的确定受直线终点 (x,y) 所在象限以及与刀具半径沿切削方向偏向工件的左侧(G41)还是右侧(G42)的影响。

2. 圆弧刀具半径补偿计算

如图 3-20 所示。被加工圆弧 $\overset{\frown}{AE}$,半径为 R,圆心在坐标原点,圆弧起点 A 的坐标为 (x_a,y_a),圆弧终点 E 的坐标为 (x_e,y_e)。起点 A' 为上一个程序段终点的刀具中心点,已求出,现在要计算的是 E' 点的坐标 (x',y')。

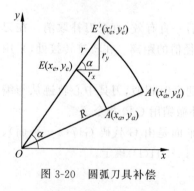

图 3-20　圆弧刀具补偿

设刀具半径为 r,则 E 点的刀偏分量为

$$\begin{cases} r_x = r\cos\alpha = r\dfrac{x_e}{R} \\[4mm] r_y = r\sin\alpha = r\dfrac{y_e}{R} \end{cases} \tag{3-40}$$

E' 点的坐标为

$$\begin{cases} x'_e = x_e + r_x = x_e + r\dfrac{x_e}{R} \\[4mm] y'_e = y_e + r_y = y_e + r\dfrac{y_e}{R} \end{cases} \tag{3-41}$$

式(3-41)为圆弧刀具半径补偿计算公式。圆弧刀具偏移分量的正、负号与圆弧的走向

（G02/G03）、刀具指令（G41 或 G42）以及圆弧所在象限有关。

事实上，刀偏计算的方法很多，仅在 NC 系统中常用的就有 DDA 法、极坐标法、逐点比较法（又称刀具半径矢量法或 r^2 法）、矢量判断法等。这些刀具偏移计算方法的采用，大多与数控系统所采用的插补方法有关，也就是随数控系统的不同而异。其中，矢量判断法可适用于各种插补方法，现作简要介绍。

如图 3-21 所示，设要加工的程序段为圆弧 $\overset{\frown}{AB}$，半径为 R，加工开始时，刀具中心处在 A' 点，它的刀具半径矢量为 r。要求加工结束时，刀具中心处于圆弧终点 B'。为实现这种要求，可把刀具中心的运动分解成图示的两种运动：$A' \to A''$ 的运动和 $A'' \to B'$ 的运动。

对于 $A' \to A''$ 的运动，实际上是以 O' 点为圆心作半径为 R 的圆弧插补，结果使刀具中心由 A' 运动到 A''，即此运动使刀具半径矢量平移到 BA''。对于 $A'' \to B'$ 的运动，则是把刀具半径矢量由 r 旋转到 r_1，与圆弧终点半径矢量重合。

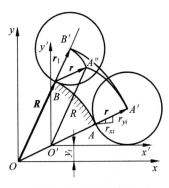

图 3-21　矢量判断法

这样，若把这两种运动结合起来，也就是在作轮廓线圆弧插补的同时，不断地修改刀具半径矢量 r，使它保持与圆弧半径矢量 R 一致，就能实现刀具半径的补偿。

为了比较 R 与 r 的重合性，引入 R 和 r 的矢量积作为判别函数：

$$H = |\,R \times r\,| = x_i r_{yj} - y_j r_{xi}$$

式中，x_i，y_j，r_{xi}，r_{yj} 分别表示 R 和 r 上任一点的坐标值。实际上，上式表示了两个矢量与 x 轴夹角大小之比较（见图 3-21）。

当 $H = 0$ 时，表示 R 和 r 重合；

当 $H > 0$ 时，表示 r 超前 R；

当 $H < 0$ 时，表示 r 滞后 R。

把 $H = 0$ 的情况并入 $H > 0$ 中，且规定 $H < 0$ 时，作刀具偏移计算，并作矢量 r 的旋转；$H \geqslant 0$ 时，停止刀具偏移计算，进行轮廓的圆弧插补。

r 的旋转可按轮廓圆弧插补相同的方式进行。由此可见，刀具半径补偿的矢量判别法是通过判别函数 H 把两圆弧插补结合起来，而与圆弧插补本身的方法无关。所以，不管数控系统使用何种插补方法都可用矢量判别法进行刀具补偿计算，这是该方法的一个优点。该方法的另一个优点是它能在轮廓插补的同时进行刀具半径矢量的旋转，从而省去单独计算刀具半径矢量偏移的时间。它的缺点是由于在偏差补偿的基础上进行刀具偏移计算，引入了一个新的偏差量 H，使插补误差增加一倍，达两个脉冲当量。

3.4.3　C 功能刀具半径补偿计算

1. C 功能刀具半径补偿的基本概念

极坐标法、r^2 法、矢量判断法等一般刀具半径补偿方法（也称 B 刀具补偿）只能计算出直线或圆弧终点的刀具中心值，而对于两个程序段之间在刀补后可能出现的一些特殊情况没有给予考虑。

实际上，当程序编制人员按零件的轮廓编制程序时，各程序段之间是连续过渡的，没有间断点,也没有重合段。但是,当进行了刀具半径补偿(B 刀具补偿)后,在两个程序段之间的刀具中心轨迹就可能会出现间断点和交叉点。如图 3-22 所示,粗线为编程轮廓,当加工外轮廓时,会出现间断 $A'\sim B'$;当加工内轮廓时,会出现交叉点 C''。

对于只有 B 刀具补偿的 CNC 系统,编程人员必须事先估计出在进行刀具补偿后可能出现的间断点和交叉点的情况,并进行人为的处理。如遇到间断点时,可以在两个间断点之间增加一个半径为刀具半径的过渡圆弧段 $\overset{\frown}{A'B'}$。遇到交叉点时,事先在两程序段之间增加一个过渡圆弧段 $\overset{\frown}{AB}$,圆弧的半径

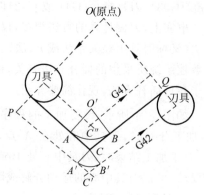

图 3-22 B 刀具补偿的交叉点和间断点

必须大于所使用的刀具的半径。显然,这种仅有 B 刀具补偿功能的 CNC 系统对编程人员是很不方便的。

但是,最早也是最容易为人们所想到的刀具半径补偿方法,就是由数控系统根据和实际轮廓完全一样的编程轨迹,直接算出刀具中心轨迹的转接交点 C' 和 C'',然后再对原来的程序轨迹作伸长或缩短的修正。

从前,C' 和 C'' 点不易求得,主要是由于 NC 装置的运算速度和硬件结构的限制。随着 CNC 技术的发展,系统工作方式、运算速度及存储容量都有了很大的改进和提高,采用直线或圆弧过渡,直接求出刀具中心轨迹交点的刀具半径补偿方法已经能够实现了,这种方法被称为 C 功能刀具半径补偿(简称 C 刀具补偿)。

2. C 刀具补偿的基本设计思想

B 刀具补偿对编程限制的主要原因是在确定刀具中心轨迹时,都采用了读一段、算一段、再走一段的控制方法。这样,就无法预计到由于刀具半径所造成的下一段加工轨迹对本段加工轨迹的影响。于是,对于给定的加工轮廓轨迹来说,当加工内轮廓时,为了避免刀具干涉,合理地选择刀具的半径以及在相邻加工轨迹转接处选用恰当的过渡圆弧等问题,就不得不靠程序员自己来处理。

为了解决下一段加工轨迹对本段加工轨迹的影响,需要在计算完本段轨迹后,提前将下一段程序读入,然后根据它们之间转接的具体情况,再对本段的轨迹作适当的修正,得到正确的本段加工轨迹。

图 3-23(a)所示是普通 NC 系统的工作方法,程序轨迹作为输入数据送到工作寄存器 AS 后,由运算器进行刀具补偿运算,运算结果送输出寄存器 OS,直接作为伺服系统的控制信号。图 3-23(b)所示是改进后的 NC 系统的工作方法。与图 3-23(a)相比,增加了一组数据输入的缓冲器 BS,节省了数据读入时间。往往是 AS 中存放着正在加工的程序段信息,而 BS 中已经存放了下一段所要加工的信息。图 3-23(c)所示是在 CNC 系统中采用 C 刀具补偿方法的原理框图。与从前方法不同的是,CNC 装置内部又设置了一个刀具补偿缓冲区 CS。零件程序的输入参数在 BS、CS、AS 中的存放格式是完全一样的。当某一程序在 BS、CS 和 AS 中被传送时,它的具体参数是不变的。这主要是为了输出显示的需要。实际上,BS、CS 和 AS 各自包括一个计算区域,编程轨迹的计算及刀具补偿修正计算都是在这些计

算区域中进行的。当固定不变的程序输入参数在 BS、CS 和 AS 间传送时,对应的计算区域的内容也就跟随一起传送。因此,也可以认为这些计算区域对应的是 BS、CS 和 AS 区域的一部分。

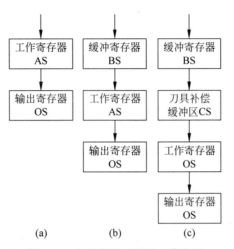

图 3-23　几种数控系统的工作流程

(a) 一般方法;(b) 改进后的方法;(c) 采取 C 刀具补偿的方法

这样,在系统启动后,第一段程序先被读入 BS,在 BS 中算得的第一段编程轨迹被送到 CS 暂存后,又将第二段程序读入 BS,算出第二段的编程轨迹。接着,对第一、第二两段编程轨迹的连接方式进行判别,根据判别结果,再对 CS 中的第一段编程轨迹作相应的修正。修正结束后,顺序地将修正后的第一段编程轨迹由 CS 送到 AS,第二段编程轨迹由 BS 送入 CS。随后,由 CPU 将 AS 中的内容送到 OS 进行插补运算,运算结果送伺服驱动装置予以执行。当修正了的第一段编程轨迹开始被执行后,利用插补间隙,CPU 又命令第三段程序读入 BS,随后,又根据 BS、CS 中的第三、二段编程轨迹的连接方式,对 CS 中的第二段编程轨迹进行修正。依此进行,可见在刀补工作状态,CNC 装置内部总是同时存有三个程序段的信息。

在具体实现时,为了便于交点的计算以及对各种编程情况进行综合分析,从中找出规律,必须将 C 功能刀具补偿方法所有的编程输入轨迹都当作矢量来看待。

显然,直线段本身就是一个矢量。而圆弧在这里意味着要将起点、终点的半径及起点到终点的弦长都看作矢量,零件刀具半径也作为矢量看待。所谓刀具半径矢量,是指在加工过程中,始终垂直于编程轨迹,大小等于刀具半径值,方向指向刀具中心的一个矢量。在直线加工时,刀具半径矢量始终垂直于刀具移动方向。在圆弧加工时,刀具半径矢量始终垂直于编程圆弧的瞬时切点的切线,它的方向是一直在改变的。

3. 编程轨迹转接类型

在普通的 CNC 装置中,所能控制的轮廓轨迹通常只有直线和圆弧。所有编程轨迹一般有 4 种轨迹转接方式:直线与直线转接、直线与圆弧转接、圆弧与直线转接、圆弧与圆弧转接。

根据两个程序段轨迹矢量的夹角 α(锐角和钝角)和刀具补偿的不同,又有以下过渡类型:伸长型、缩短型和插入型。

1) 直线与直线转接

直线转接直线时,根据编程指令中的刀补方向 G41/G42 和过程类型有 8 种情况。图 3-24 所示是直线与直线相交进行左刀补的情况。图中,编程轨迹为 $\overline{OA}\sim\overline{AF}$。

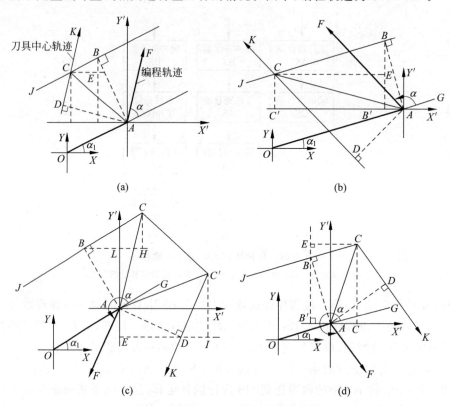

图 3-24　G41 直线与直线转接情况

(a)、(b) 缩短型转接；(c) 插入型转接；(d) 伸长型转接

(1) 缩短型转接

在图 3-24(a)、(b) 中,$\angle JCK$ 相对于 $\angle OAF$ 来说,是内角,AB、AD 为刀具半径。对应于编程轨迹 $\overline{OA}$ 和 $\overline{AF}$,刀具中心轨迹 $\overline{JB}$ 和 $\overline{DK}$ 将在 C 点相交。这样,相对于 $\overline{OA}$ 和 $\overline{AF}$ 来说,缩短了 BC 和 DC 的长度。

(2) 伸长型转接

在图 3-24(d) 中,$\angle JCK$ 相对于 $\angle OAF$ 是外角,C 点处于 $\overline{JB}$ 和 $\overline{DK}$ 的延长线上。

(3) 插入型转接

在图 3-24(c) 中仍需外角过渡,但 $\angle OAF$ 是锐角,若仍采用伸长型转接,则将增加刀具的非切削空行程时间,甚至行程超过工作台加工范围。为此,可以在 $\overline{JB}$ 和 $\overline{DK}$ 之间增加一段过渡圆弧,且计算简单,但会使刀具在转角处停顿,零件加工工艺性差。较好的做法是,插入直线,即 C 功能刀补。令 BC 等于 DC' 且等于刀具半径长度 AB 和 AD,同时,在中间插入过渡直线 CC'。也就是说,刀具中心除了沿原来的编程轨迹伸长移动一个刀具半径长度外,还必须增加一个沿直线 CC' 的移动,等于在原来的程序段中间插入了一个程序段。

同理,直线转接直线右刀补的情况示于图 3-25 中。

在同一个坐标平面内直线接直线时,当一段编程轨迹的矢量逆时针旋转到第二段编程

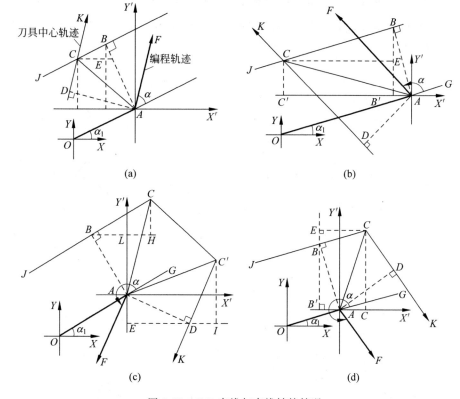

图 3-25 G42 直线与直线转接情况

(a) 伸长型转接；(b) 插入型转接；(c),(d) 缩短型转接

轨迹的矢量的旋转角在 0~360°范围变化时,相应刀具中心轨迹的转接将顺序地按上述 3 种类型(伸长型、缩短型、插入型)来进行。

对应于图 3-24 和图 3-25,表 3-4 列出了直线与直线转接时的全部分类情况。

2) 圆弧与圆弧转接

与直线接直线一样,圆弧接圆弧时转接类型的区分也可以通过相接的两圆之起点和终点半径矢量的夹角 α 的大小来判别。不过,为了便于分析,往往将圆弧等效于直线处理。

表 3-4 直线与直线转接的分类

编程轨迹的连接	刀具补偿方向	$\sin\alpha$	$\cos\alpha$	象限	转接类型	对应图号
G41G01/G41G01	G41	$\geqslant 0$	$\geqslant 0$	Ⅰ	缩短	3-24(a)
		$\geqslant 0$	< 0	Ⅱ		3-24(b)
		< 0	< 0	Ⅲ	插入(Ⅰ)	3-24(c)
		< 0	$\geqslant 0$	Ⅳ	伸长	3-24(d)
G42G01/G42/G01	G42	$\geqslant 0$	$\geqslant 0$	Ⅰ	伸长	3-25(a)
		$\geqslant 0$	< 0	Ⅱ	插入(Ⅱ)	3-25(b)
		< 0	< 0	Ⅲ	缩短	3-25(c)
		< 0	$\geqslant 0$	Ⅳ		3-25(d)

图 3-26 所示是圆弧接圆弧时的左刀补情况。图中,当编程轨迹为 PA 接 AQ 时,$\overrightarrow{O_1A}$ 和 $\overrightarrow{O_2A}$ 分别为起点和终点半径矢量,对于 G41 左刀补,α 角将仍为 $\angle GAF$。在图 3-26(a) 中,$\alpha=\angle X_2O_2A-\angle X_1O_1A=\angle X_2O_2A-90°-(\angle X_1O_1A-90°)=\angle GAF$。

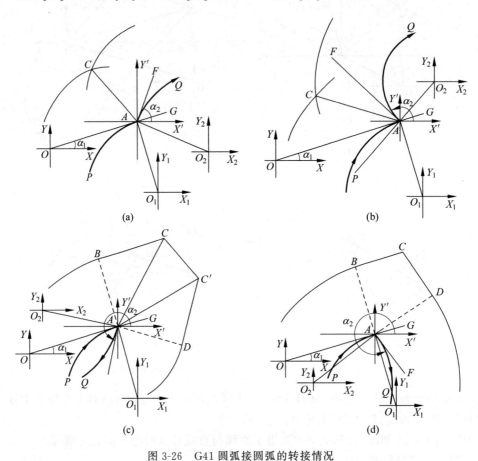

图 3-26　G41 圆弧接圆弧的转接情况

(a)、(b) 等效于图 3-24(a)、(b);(c) 等效于图 3-24(c);(d) 等效于图 3-24(d)

比较图 3-24 与图 3-26,它们的转接类型分类和判别是完全相同的,即左刀补顺圆接顺圆(G41G02/G41G02)时,它的转接类型等效于左刀补直线接直线(G41G01/G41G01)。

3)直线与圆弧的转接

图 3-26 还可看作是直线与圆弧的转接,即 G41G01/G41G02($\overrightarrow{OA}$ 接 AQ)和 G41G02/G41G01(PA 接 AF)。因此,它们的转接类型也等效于直线接直线 G41G01/G41G01。

由上述分析可知,根据刀补方向、等效规律以及 α 角的变化这 3 个条件,就可以区分各种轨迹间的转接类型。

图 3-27 所示是直线接直线时转接分类判别的软件实现框图。

4. 转接矢量的计算

转接矢量分两类:一类是刀具半径矢量,即图 3-24～图 3-26 中的 $\overrightarrow{AB}$、$\overrightarrow{AD}$;另一类是从直线转接交点指向刀具中心轨迹交点的转接交点矢量 $\overrightarrow{AC}$、$\overrightarrow{AC'}$。

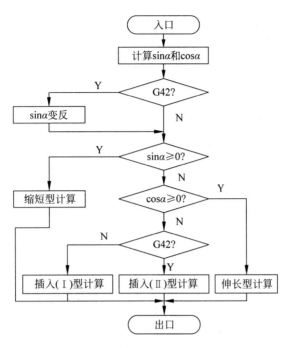

图 3-27　直线接直线转接分类的软件实现

1) 刀具半径矢量的计算

以 r_D 表示刀具半径矢量，α_1 表示对应的直线编程矢量与轴的夹角，由图 3-24(a)和图 3-25(a)可见，若 $r_D = \overrightarrow{AB}$，则 $\alpha_1 = \angle XOA$，由图中几何关系可得以下结论。

G41：
$$r_{DX} = r_D(-\sin\alpha_1), \quad r_{DY} = r_D\cos\alpha_1$$

G42：
$$r_{DX} = r_D\sin\alpha_1, \quad r_{DY} = r_D(-\cos\alpha_1)$$

圆弧的起点和终点半径矢量可由上式求得，只是事先要按圆弧的刀补方向作适当修正。

2) 转接交点矢量的计算

转接类型不同，其转接交点矢量的计算方法亦不同。由图 3-24～图 3-26 可见，对于伸长型和插入型的交点矢量 $\overrightarrow{AC}$ 和 $\overrightarrow{AC'}$ 来说，无论线型和连接方式如何变化，计算方法是一样的。但对于缩短型来说，直线和直线、直线和圆弧以及圆弧和圆弧连接时的交点位置是变化的，因此，这 3 种情况的交点矢量计算是完全不同的。

(1) 伸长型交点矢量 $\overrightarrow{AC}$ 的计算

以图 3-25(a)为例，图中 $\overrightarrow{OA}$、$\overrightarrow{AF}$ 和 $\overrightarrow{AD}$ 均已知，$\angle XOA$、$\angle X'AF$ 亦为已知角 α_1 和 α_2，$r_D = AB = AD$，矢量 $\overrightarrow{AC}$ 为所求。

要求 $\overrightarrow{AC}$，只要求出 $\overrightarrow{AC}$ 的 X 分量和 Y 分量即可。由图可见，$\overrightarrow{AC}$ 的 X 分量为

$$AC_X = AC' = AB' + B'C'$$
$$AB' = r_D\cos\angle X'AB = r_D\sin\alpha_1$$
$$B'C' = |\overrightarrow{BC}|\cos\alpha_1$$

因为　　　　$\triangle ADC \cong \triangle ABC$

所以　　　　$\angle BAC = \dfrac{1}{2}\angle BAD$

而　　　　　$\angle BAD = \angle X'AB - \angle X'AD$

又因为　　$\angle X'AB = 90° - \alpha_1$

　　　　　　$\angle X'AD = 90° - \alpha_2$

所以　　　　$\angle BAD = \alpha_2 - \alpha_1$

　　　　　　$\angle BAC = \dfrac{1}{2}(\alpha_2 - \alpha_1)$

而　　　　　$|\overrightarrow{BC}| = r_D \tan\angle BAC = r_D \tan\dfrac{1}{2}(\alpha_2 - \alpha_1)$

所以　　　　$B'C' = r_D \tan\dfrac{1}{2}(\alpha_2 - \alpha_1)\cos\alpha_1$

于是得　　$AC_X = r_D \sin\alpha_1 + r_D \tan\dfrac{1}{2}(\alpha_2 - \alpha_1)\cos\alpha_1 = r_D \dfrac{\sin\alpha_1 + \sin\alpha_2}{1 + \cos(\alpha_2 - \alpha_1)}$

同理可求得 $\overrightarrow{AC}$ 的 Y 分量为

$$AC_Y = r_D \dfrac{-\cos\alpha_1 - \cos\alpha_2}{1 + \cos(\alpha_2 - \alpha_1)}$$

$\overrightarrow{AC}$ 求出后,可以很容易得到编程轨迹 $\overrightarrow{OA}$ 和 $\overrightarrow{AF}$ 对应的刀具中心轨迹为 $\overrightarrow{OA} + (\overrightarrow{AC} - \overrightarrow{AB})$ 和 $(\overrightarrow{AD} - \overrightarrow{AC}) + \overrightarrow{AF}$。

(2) 插入型交点矢量 $\overrightarrow{AC}$、$\overrightarrow{AC'}$ 的计算

根据不同的刀补方向指令 G41 和 G42,插入型交点矢量的计算可相应地分为插入（Ⅰ）型和插入（Ⅱ）型两种。

① 插入（Ⅰ）型

由图 3-24(c)可求得

$$AC_X = r_D \cos\alpha_1 + r_D \cos(\alpha_1 + 90°) = r_D(\cos\alpha_1 - \sin\alpha_1)$$

$$AC_Y = r_D \sin\alpha_1 + r_D \sin(\alpha_1 + 90°) = r_D(\sin\alpha_1 + \cos\alpha_1)$$

$$AC'_X = r_D \cos(\alpha_2 + 90°) + r_D \cos(\alpha_2 + 180°) = -r_D(\sin\alpha_2 + \cos\alpha_2)$$

$$AC'_Y = r_D \sin(\alpha_2 + 90°) + r_D \sin(\alpha_2 + 180°) = r_D(\cos\alpha_2 - \sin\alpha_2)$$

② 插入（Ⅱ）型

由图 3-25(b)可求得

$$AC_X = r_D \cos\alpha_1 + r_D \cos(\alpha_1 - 90°) = r_D(\cos\alpha_1 + \sin\alpha_1)$$

$$AC_Y = r_D \sin\alpha_1 + r_D \sin(\alpha_1 - 90°) = r_D(\sin\alpha_1 - \cos\alpha_1)$$

$$AC'_X = r_D \cos(\alpha_2 - 90°) + r_D \cos(\alpha_2 + 180°) = r_D(\sin\alpha_2 - \cos\alpha_2)$$

$$AC'_Y = r_D \sin(\alpha_2 - 90°) + r_D \sin(\alpha_2 + 180°) = -r_D(\cos\alpha_2 + \sin\alpha_2)$$

求得 $\overrightarrow{AC}$ 和 $\overrightarrow{AC'}$ 后,对于编程轨迹 OA 和 AF 来说,对应的刀具中心轨迹为 3 段:$\overrightarrow{OA} + \overrightarrow{AC} - \overrightarrow{AB}$、$\overrightarrow{AC'} - \overrightarrow{AC}$ 和 $\overrightarrow{AD} - \overrightarrow{AC'} + \overrightarrow{AF}$。

（3）缩短型交点矢量 $\overrightarrow{AC}$ 的计算

① 直线与直线连接

直线与直线连接时，缩短型交点矢量 $\overrightarrow{AC}$ 的计算与伸长型交点矢量 $\overrightarrow{AC}$ 的计算方法相同，只是要注意转接矢量的方向，对照图 3-24 和图 3-27 就能判别矢量的方向。

② 直线与圆弧的连接

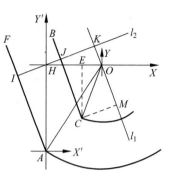

图 3-28 直线与圆弧连接时的缩短型转接

如图 3-28 所示，直线矢量 $\overrightarrow{FA}$、圆弧起点半径矢量 $\overrightarrow{OA}$ 和刀具矢量 r_D 为已知。从图中可看出，$\overrightarrow{AC}=\overrightarrow{OC}-\overrightarrow{OA}$，因此只要求出 $\overrightarrow{OC}$ 就可得到 $\overrightarrow{AC}$。

为求得 $\overrightarrow{OC}$，可过 O 点作 $l_1 /\!/ AF$，$OH=OA_2$，过 H 点作 $l_2 \perp AF$，l_1 与 l_2 交于 K 点，交 AF 或其延长线于 I 点，交 CB 于 J 点，CM 为 CB 与 l_1 之间的距离。

由图可知

$$OC_X =|\overrightarrow{OC}| \cos\angle XOC$$

$$\angle XOC = \angle XOM + \angle COM$$

$$\angle XOM = \angle X'AF + 180°$$

所以 $OC_X =|\overrightarrow{OC}| \cos(180° + \angle X'AF - \angle COM)$

$$=|\overrightarrow{OC}| [\cos(180° + \angle X'AF)\cos\angle COM + \sin(180° + \angle X'AF)\sin\angle COM]$$

$$=|\overrightarrow{OC}| [-\cos\angle X'AF\cos\angle COM - \sin\angle X'AF\sin\angle COM]$$

同理 $OC_Y =|\overrightarrow{OC}| \sin\angle XOC$

$$=|\overrightarrow{OC}| \sin(180° + \angle X'AF - \angle COM)$$

$$=|\overrightarrow{OC}| [-\sin\angle X'AF\cos\angle COM + \cos\angle X'AF\sin\angle COM]$$

而 $\sin\angle COM = \dfrac{|\overrightarrow{CM}|}{|\overrightarrow{OC}|}$

$$\cos\angle COM = \dfrac{\sqrt{|\overrightarrow{OC}|^2 - |\overrightarrow{CM}|^2}}{|\overrightarrow{OC}|}$$

上式中，$|\overrightarrow{OC}|=|\overrightarrow{OA}|-r_D = R-r_D$（$R$ 为圆弧半径）。

$|\overrightarrow{CM}|$ 值可通过 $\triangle OHK$ 与 $\triangle AHI$ 求得，即

$$|\overrightarrow{CM}|=|\overrightarrow{IK}|-|\overrightarrow{IJ}|=|\overrightarrow{OA_x}| \sin\angle HOK +|\overrightarrow{OA_y}| \cos\angle AHI - r_D$$

因为 $\angle HOK =180° - \angle X'AF = \angle AHI$

$$|\overrightarrow{OA_X}|=-OA_X$$

$$|\overrightarrow{OA_Y}|=-OA_Y$$

所以 $|\overrightarrow{CM}|=-OA_X \sin\angle X'AF + OA_Y \cos\angle X'AF - r_D$

于是，得

$$OC_X =-\cos\angle X'AF \sqrt{(R-r_D)^2 - |\overrightarrow{CM}|^2} -|\overrightarrow{CM}| \sin\angle X'AF$$

$$OC_Y =-\sin\angle X'AF \sqrt{(R-r_D)^2 - |\overrightarrow{CM}|^2} +|\overrightarrow{CM}| \cos\angle X'AF$$

　　根据刀补方向 G41、G42 及圆弧走向 G02、G03 的不同,按上述方法可以得到 8 种不同的计算式。计算式的形式相同,区别在于各项的正负号不同。以上算式的计算由软件实现非常方便,且精度也很高。

　　③ 圆弧与圆弧连接

　　如图 3-29 所示,已知圆弧 HP' 的圆心坐标为 $A(I_1,J_1)$,半径为 R_1;圆弧 $P'I$ 的圆心坐标为 $B(I_2,J_2)$,半径为 R_2;且 $HF=IK=r_D$。两圆弧交点 P' 的坐标为所求。

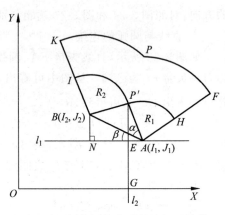

图 3-29　圆与圆相交时的缩短型转接

　　过 A 点作 $l_1 /\!/ X$ 轴;过 B 点作 l_1 的垂线,交 l_1 于 N 点;设 $\angle NAB=\beta$,$\angle BAP'=\alpha$,过 P' 点作 $l_2 \perp X$ 轴,交 l_1 于 E 点。则在 $\triangle AP'B$ 中,有

$$AB=\sqrt{(I_1-I_2)^2+(J_1-J_2)^2}$$

$$P'A=AH=R_1$$

$$P'B=BI=R_2$$

由余弦定理得

$$\cos\alpha=\frac{P'A^2+AB^2-P'B^2}{2P'A\cdot AB}$$

则

$$\begin{cases} P'A\cos\alpha=\dfrac{P'A^2+AB^2-P'B^2}{2AB} \\[2mm] P'A\sin\alpha=P'A\sqrt{1-\cos^2\alpha} \end{cases}$$

在 $\triangle BAN$ 中,有

$$AN=I_1-I_2$$

$$BN=J_2-J_1$$

$$\cos\beta=\frac{AN}{AB}$$

$$\sin\beta=\frac{BN}{AB}$$

在 $\triangle AP'E$ 中,有

$$AN=P'A\cos(\alpha+\beta)=P'A\cos\alpha\cos\beta-P'A\sin\alpha\sin\beta$$

$$P'E=P'A\sin(\alpha+\beta)=P'A\sin\alpha\cos\beta+P'A\cos\alpha\sin\beta$$

由此可求得 P' 点的坐标为

$$X=OG=I_1-AE$$

$$Y=P'G=J_1+P'E$$

　　圆弧与圆弧连接时的缩短型交点矢量的全部计算式也可分为 8 种。

　　上述缩短型交点矢量的计算是采用平面几何的方法,当然也可用解联立方程组的方法计算。而解联立方程组比较复杂,尤其是出现两个解时,确定唯一解很复杂。

5. 刀具长度补偿的计算

所谓刀具长度补偿,就是把工件轮廓按刀具长度在坐标轴(车床为 x、z 轴)上的补偿分量平移。对于每一把刀具来说,其长度是一定的,它们在某种刀具夹座上的安装位置也是一定的。因此在加工前可预先分别测得装在刀架上的刀具长度在 x 和 z 方向的分量,即 Δx 刀偏和 Δz 刀偏。通过数控装置的 MDI 工作方式将 Δx 和 Δz 输入到 CNC 装置,从 CNC 装置的刀具补偿表中调出刀偏值进行计算。数控车床需对 x 轴、z 轴进行刀长补偿计算,数控铣床只需对 z 轴进行刀长补偿计算。

3.5　进给速度与加减速控制

在高速运动阶段,为了保证机床在启动或停止时不产生冲击、失步、超程或振荡,数控系统需要对机床的进给运动速度进行加减速控制。在加工过程中,为了保证加工质量,在进给速度发生突变时必须对送到进给电动机的脉冲频率或电压进行加减速控制。在启动或速度突然升高时,应保证加在伺服电动机上的进给脉冲频率或电压逐渐增大;当速度突降时,应保证加在伺服电动机上的进给脉冲频率或电压逐渐减小。

3.5.1　进给速度控制

脉冲增量插补和数据采样插补由于其计算方法不同,其速度控制方法也有所不同。

1. 脉冲增量插补算法的进给速度控制

脉冲增量插补的输出形式是脉冲,其频率与进给速度成正比,因此可通过控制插补运算的频率来控制进给速度。常用的方法有软件延时法和中断控制法。

1) 软件延时法

根据编程进给速度,可以求出要求的进给脉冲频率,从而得到两次插补运算之间的时间间隔 t,它必须大于 CPU 执行插补程序的时间,t 与 $t_{程}$ 之差即为应调节的时间 $t_{延}$,可以编写一个延时子程序来改变进给速度。

例 3-1　设某数控装置的脉冲当量 $\delta=0.01\text{mm}$,插补程序运行时间 $t_{程}=0.1\text{ms}$。若编程进给速度 $F=300\text{mm/min}$,求调节时间 $t_{延}$。

解:由 $v=60\delta f$ 得

$$f=\frac{v}{60\delta}=\frac{300}{60\times0.01}=500(1/\text{s})$$

则插补时间间隔为

$$t=\frac{1}{f}=0.002(\text{s})=2(\text{ms})$$

调节时间为 $t_{延}=t-t_{程}=2-0.1(\text{ms})=1.9(\text{ms})$。

通过软件编程实现上述延时,即可达到控制进给速度的目的。

2) 中断控制法

根据进给速度计算出定时器(CTC)的定时时间常数,以控制 CPU 发生中断。定时器每中断一次,CPU 执行一次中断服务程序,在中断服务程序中完成一次插补运算并发出进给脉冲。如此连续进行,直至插补完毕。

这种方法使得 CPU 可以在两个进给脉冲时间间隔内做其他工作,如输入、译码、显示等。进给脉冲频率由定时器定时常数决定。时间常数的大小决定了插补运算的频率,也决定了进给脉冲的输出频率。该方法速度控制比较精确,控制速度不会因为计算机主频的不同而改变,所以在很多数控系统中被广泛应用。

2. 数据采样插补算法的进给速度控制

数据采样插补首先根据编程进给速度计算出一个插补周期内合成速度方向上的进给量,即

$$f_s = \frac{FTK}{60 \times 1000} \qquad (3\text{-}42)$$

式中,f_s 为系统在稳定进给状态下的插补进给量,称为稳定速度,mm/min;F 为编程进给速度,mm/min;T 为插补周期,ms;K 为速度系数,包括快速倍率、切削进给倍率等。

为了调速方便,设置了速度系数 K 来反映速度倍率的调节范围,通常 K 取 $0 \sim 200\%$,当中断服务程序扫描到面板上倍率开关状态时,给 K 设置相应参数,从而对数控装置面板手动速度调节作出正确响应。

3.5.2 加减速度控制

在 CNC 装置中,加减速控制多数都采用软件来实现,这给系统带来了较大的灵活性。这种用软件实现的加减速控制可以放在插补前进行,也可以放在插补后进行。放在插补前的加减速控制称为前加减速控制,放在插补后的加减速控制称为后加减速控制。

前加减速控制仅对编程速度 F 指令进行控制。前加减速控制的优点是不会影响实际插补输出的位置精度;其缺点是需要预测减速点,而这个减速点要根据实际刀具位置与程序段终点之间的距离来确定,预测工作需要完成的计算量较大。

后加减速控制与前加减速控制相反,它是对各运动轴分别进行加减速控制,这种加减速控制不需要专门预测减速点,而是在插补输出为零时才开始减速,经过一定的延时逐渐靠近程序段终点。该方法的缺点是:由于它是对各运动轴分别进行控制,所以在加减速控制以后,实际的各坐标轴的合成位置就可能不准确。但这种影响仅在加减速过程中才会有,当系统进入匀速状态时,这种影响就不存在了。

1. 前加减速控制

1) 稳定速度和瞬时速度

所谓稳定速度,就是系统处于稳定进给状态时,一个插补周期内的进给量 f_s,可用式(3-42)表示。通过该计算公式将编程速度指令或快速进给速度 F 转换成了每个插补周期的进给量,并包括了速率倍率调整的因素在内。如果计算出的稳定速度超过系统允许的最大速度(由系统参数设定),取最大速度为稳定速度。

所谓瞬时速度,是指系统在每个插补周期内的进给量。当系统处于稳定进给状态时,瞬时速度 f_i 等于稳定速度 f_s;当系统处于加速(或减速)状态时,$f_i < f_s$(或 $f_i > f_s$)。

2) 线性加减速处理

当机床启动、停止或在切削加工过程中改变进给速度时,数控系统自动进行线性加、减

速处理。加、减速度分为进给和切削进给两种，它们必须作为机床的参数预先设置好。设进给速度为 $F(\text{mm/min})$，加速到 F 所需的时间为 $t(\text{ms})$，则加/减速度 a 按下式计算：

$$a = \frac{1}{60 \times 1000} \times \frac{F}{t} \quad (\text{mm/ms}^2) \tag{3-43}$$

（1）加速处理

系统每插补一次，都应进行稳定速度、瞬时速度的计算和加/减速处理。当计算出的稳定速度 f'_s 大于原来的稳定速度 f_s 时，需进行加速处理。每加速一次，瞬时速度为

$$f_{i+1} = f_i + aT \tag{3-44}$$

式中，T 为插补周期。新的瞬时速度 f_{i+1} 作为插补进给量参与插补运算，对各坐标轴进行分配，使坐标轴运动直至新的稳定速度为止。

（2）减速处理

系统每进行一次插补计算，系统都要进行终点判别，计算出刀具距终点的瞬时距离 s_i，并判别是否已到达减速区域 s。若 $s_i \leqslant s$，表示已到达减速点，则要开始减速。在稳定速度 f_s 和设定的加/减速度 a 确定后，可由下式决定减速区域：

$$S = \frac{f_s^2}{2a} + \Delta s \tag{3-45}$$

式中，Δs 为减速提前量，可作为机床参数预先设置好。若不需要提前一段距离开始减速，则可取 $\Delta s = 0$。每减速一次后，新的瞬时速度为

$$f_{i+1} = f_i - aT \tag{3-46}$$

新的瞬时速度 f_{i+1} 作为插补进给量参与插补运算，控制各坐标轴移动，直至减速到新的稳定速度或减速到 0。

3）终点判别处理

每进行一次插补计算，系统都要计算 s_i，然后进行终点判别。若即将到达终点，就设置相应标志；若本程序段要减速，则要在到达减速区域时设减速标志，并开始减速处理。

终点判别计算分为直线插补和圆弧插补两个方面。

（1）直线插补

如图 3-30 所示，设刀具沿直线 OE 运动，E 为直线程序段终点，N 为某一瞬时点。在插补计算时，已计算出 x 轴和 y 轴插补进给量 Δx 和 Δy，所以 N 点的瞬时坐标可由上一插补点的坐标 x_{i-1} 和 y_{i-1} 求得，即

$$\begin{cases} x_i = x_{i-1} + \Delta x \\ y_i = y_{i-1} + \Delta y \end{cases} \tag{3-47}$$

瞬时点离终点 E 的距离 s_i 为

$$s_i = NE = \sqrt{(x_e - x_i)^2 + (y_e - y_i)^2} \tag{3-48}$$

（2）圆弧插补

如图 3-31 所示，设刀具沿圆弧 AE 作顺时针运动，N 为某一瞬间插补点，其坐标值 x_i 和 y_i 已在插补计算中求出。N 离终点 E 的距离 s_i 为

$$s_i = \sqrt{(x_e - x_i)^2 + (y_e - y_i)^2} \tag{3-49}$$

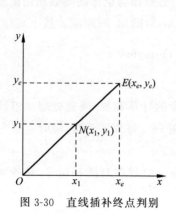

图 3-30　直线插补终点判别

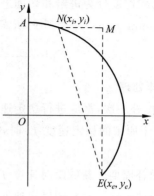

图 3-31　圆弧插补终点判别

终点判别的原理框图如图 3-32 所示。

2. 后加减速控制

后加减速控制主要有指数加减速控制算法和直线加减速控制算法。

1) 指数加减速控制算法

在切削进给或手动进给时,跟踪响应要求较高,一般采用指数加减速控制,将速度突变处理成速度随时间按指数规律上升或下降,见图 3-33。

指数加减速控制时速度与时间的关系如下。

加速时,为

$$v(t) = v_c\left(1 - e^{-\frac{t}{T}}\right) \tag{3-50}$$

匀速时,为

$$v(t) = v_c \tag{3-51}$$

减速时,为

$$v(t) = v_c e^{-\frac{t}{T}} \tag{3-52}$$

式中,T 为时间常数,v_c 为稳定速度。

上述过程可以用累加公式来实现,即

$$E_i = \sum_{k=0}^{i-1}(v_c - v_k)\Delta t \tag{3-53}$$

$$v_i = E_i \frac{1}{T} \tag{3-54}$$

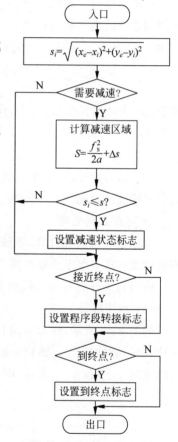

图 3-32　终点判断原理框图

下面结合指数加减速控制算法的原理图(见图 3-34)来说明式(3-53)和式(3-54)的含义。Δt 为采样周期,它在算法中的作用是对加减速运算进行控制,即每个采样周期进行一次加减速运算。误差寄存器 E 的作用是对每个采样周期的输入速度 v_c 与输出速度 v 之差 $E = v_c - v$ 进行累加。累加结果,一方面保存在误差寄存器 E 中,另一方面与 $1/T$ 相乘,乘积作为当前采样周期加减速控制的输出 v。同时 v 又反馈到输入端,准备在下一个采样周期中重复以上过程。公式中的 E_i 和 v_i 分别为第 i 个采样周期误差寄存器 E 中的值和输出速度值,迭代初值分别为 $E_0 = 0$ 和 v_0。

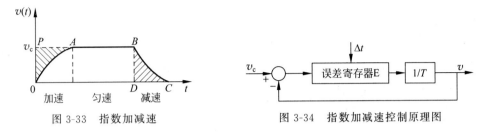

图 3-33　指数加减速　　　　　　　　　图 3-34　指数加减速控制原理图

下面来证明式(3-53)和式(3-54)实现的指数加减速控制算法。

当 Δt 足够小时,式(3-53)和式(3-54)可写成

$$E(t) = \int_0^t (v_c - v(t)) dt \tag{3-55}$$

$$v(t) = \frac{1}{T} E(t) \tag{3-56}$$

对以上两式分别求导,得

$$\frac{dE(t)}{dt} = v_c - v(t) \tag{3-57}$$

$$\frac{dv(t)}{dt} = \frac{1}{T} \cdot \frac{dE(t)}{dt} \tag{3-58}$$

将式(3-57)和式(3-58)合并,得

$$T \frac{dv(t)}{dt} = v_c - v(t)$$

或

$$\frac{dv(t)}{v_c - v(t)} = \frac{dt}{T} \tag{3-59}$$

上式两端积分后得

$$\frac{v_c - v(t)}{v_c - v(0)} = e^{-\frac{1}{T}} \tag{3-60}$$

加速时,$v(0) = 0$,故

$$v(t) = v_c \left(1 - e^{-\frac{t}{T}} \right) \tag{3-61}$$

匀速时,$t \to \infty$,故

$$v(t) = v_c \tag{3-62}$$

减速时,$v(0) = 0$,且输入为 0,由式(3-57)得

$$\frac{dE(t)}{dt} = v_c - v(t) = -v(t) \tag{3-63}$$

代入式(3-58),得

$$\frac{dv(t)}{dt} = -\frac{v(t)}{T} \tag{3-64}$$

即

$$\frac{\mathrm{d}v(t)}{v(t)} = -\frac{\mathrm{d}t}{T} \tag{3-65}$$

两端积分后,得

$$v(t) = v_0 \mathrm{e}^{-\frac{t}{T}} = v_c \mathrm{e}^{-\frac{t}{T}} \tag{3-66}$$

上面的推导过程证明了用式(3-53)和式(3-54)可以实现指数加减速控制。下面进一步导出其实用的指数加减速算法公式。

参照式(3-53)和式(3-54),令

$$\Delta S_i = v_i \Delta t$$

$$\Delta S_c = v_c \Delta t$$

式中,Δs_c 为每个采样周期加减速的输入位置增量,即每个插补周期内粗插补计算出的坐标位置增量值;s_i 则为第 i 个插补周期加减速输出的位置增量值。

将以上两式代入式(3-53)和式(3-54),得

$$E_i = \sum_{k=0}^{i-1} (\Delta S_c - \Delta S_i) = E_{i-1} + (\Delta S_c - \Delta S_{i-1}) \tag{3-67}$$

$$\Delta S_i = E_i \frac{1}{T} \quad (\text{取} \ \Delta t = 1) \tag{3-68}$$

以上两组公式就是数字增量式指数加减速实用迭代公式。

2) 直线加减速控制算法

快速进给时速度变化范围大,要求平稳性好,一般采用直线加减速控制,使速度突然升高时,沿一定斜率的直线上升,速度突然降低时,沿一定斜率的直线下降,见图 3-35 中的速度变化曲线 $OABC$。

直线加减速控制分以下 5 个过程。

(1) 加速过程

若输入速度 v_c 与上一个采样周期的输出速度 v_{i-1} 之差大于一个常值 KL,即 $v_c - v_{i-1} > KL$,则必须进行加速控制,使本次采样周期的输出速度增加 KL 值,即

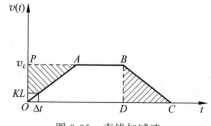

图 3-35　直线加减速

$$v_i = v_{i-1} + KL \tag{3-69}$$

式中,KL 为加减速的速度阶跃因子。

显然在加速过程中,输出速度 v_i 沿斜率为 $K' = \dfrac{KL}{\Delta t}$ 的直线上升,这里 Δt 为采样周期。

(2) 加速过渡过程

当输入速度 v_c 与上次采样周期的输出速度 v_{i-1} 之差满足下式:

$$0 < v_c - v_{i-1} < KL \tag{3-70}$$

则说明速度已上升至接近匀速。这时可改变本次采样周期的输出速度 v_i,使之与输入速度相等,即

$$v_i = v_c \tag{3-71}$$

经过这个过程后,系统进入稳定速度状态。

（3）匀速过程

在这个过程中，输出速度保持不变，即

$$v_i = v_{i-1} \tag{3-72}$$

（4）减速过渡过程

当输入速度 v_c 与上次采样周期的输出速度 v_{i-1} 之差满足下式：

$$0 < v_{i-1} - v_c < KL \tag{3-73}$$

则说明应开始减速处理。改变本次采样周期的输出速度 v_i，使之减小到与输入速度 v_c 相等，即

$$v_i = v_c \tag{3-74}$$

（5）减速过程

若输入速度 v_c 小于上一个采样周期的输出速度 v_{i-1}，但其差值大于 KL 值时，即

$$v_{i-1} - v_c > KL \tag{3-75}$$

则要进行减速控制，使本次采样周期的输出速度 v_i 减小一个 KL 值，即

$$v_i = v_{i-1} - KL \tag{3-76}$$

显然在减速过程中，输出速度沿斜率为 $K' = -\dfrac{KL}{\Delta t}$ 的直线下降。

后加减速控制的关键是加速过程和减速过程的对称性，即在加速过程中输入到加减速控制器的总进给量必须等于该加减速控制器减速过程中实际输出的进给量之和，以保证系统不产生失步和超程。因此，对于指数加减速和直线加减速，必须使图 3-33 和图 3-35 中区域 OPA 的面积等于区域 DBC 的面积。为此，用位置误差累加寄存器 E 来记录由于加速延迟而失去的进给量之和。当发现剩下的总进给量小于 E 寄存器中的值时，即开始减速，在减速过程中，又将误差寄存器 E 中保存的值按一定规律（指数或直线）逐渐放出，以保证在加减速过程全程结束时，机床到达指定的位置。由此可见，后加减速控制不需预测减速点，而是通过误差寄存器的进给量来保证加减速过程的对称性，使加减速过程中的两块阴影面积相等。

思考与练习

3-1　何谓插补？在数控机床中，刀具能否严格地沿着零件廓形运动，为什么？

3-2　试用框图说明逐点比较法直线插补和圆弧插补的工作原理，并附以文字说明。

3-3　逐点比较法直线插补的偏差函数是怎样确定的？它与刀具位置有何关系？

3-4　逐点比较直线插补时，怎样判断直线是否加工完毕？

3-5　数字积分法直线插补的被积函数是什么？如何判断直线插补的终点？

3-6　数据采样插补是如何选择插补周期的？

3-7　简述时间分割法的插补原理。

3-8　何为刀具半径补偿？其执行过程如何？

3-9　B 刀补与 C 刀补有何区别？

3-10　直线与直线转接中的缩短型转接、伸长型转接和插入型转接如何计算刀补轨迹？

3-11　脉冲增量插补的进给速度控制常用哪些方法？

3-12　加减速控制有何作用？有哪些实现方法？

第4章 计算机数字控制装置

计算机数字控制系统简称 CNC(computer numerical control)系统,是根据计算机存储器中存储的控制程序,执行部分或全部数值控制功能,并配有接口电路和伺服驱动装置的专用计算机系统。CNC 系统的主要环节是 CNC 装置。CNC 装置是一台运行数控系统的计算机,用于控制机床的运动,完成零件数控加工程序所给定的一部分或全部功能。CNC 装置的控制结果通过接口输出给伺服系统的控制执行机构,使数控机床完成各种切削运动。

4.1 概 述

4.1.1 CNC 系统的组成

CNC 系统采用计算机作为控制部件,通常由常驻在其内部的数控系统软件实现部分或全部数控功能,从而对机床运动进行实时控制。只要改变计算机数控系统的控制软件就能实现一种全新的控制方式。CNC 系统由数控程序、输入输出设备(I/O)、CNC 装置、可编程控制器(PLC)、主轴驱动装置和进给驱动装置(包括检测装置)等组成。图 4-1 所示为 CNC 系统的一般结构框图。通常数控系统主要指图 4-1 中的 CNC 装置,它是由计算机硬件和系统软件以及相应的 I/O 接口构成的专用计算机和可编程控制器(PLC)组成的,前者处理机床的轨迹运动的数字控制,后者处理开关量的逻辑控制。

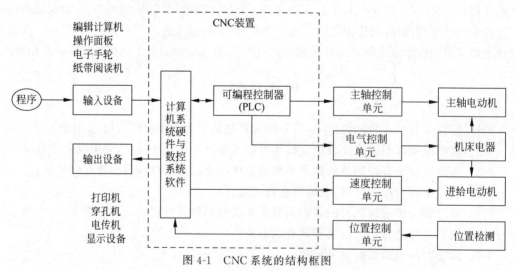

图 4-1 CNC 系统的结构框图

4.1.2 CNC 系统的工作过程

1. 输入

通常有零件加工程序、机床参数和刀具补偿参数。机床参数中除刀具尺寸以外的补偿数据一般在机床出厂时或在用户安装调试时已经设定好,所以输入 CNC 系统的主要是零件加工程序和刀具补偿数据。输入方式有纸带输入、键盘输入、磁盘输入,以及接上级计算机 DNC 接口输入等。

2. 译码

将零件加工程序以程序段为单位进行处理,把其中零件轮廓信息(起点、终点、直线或圆弧等),F、S、T、M 等信息按一定的语法规则解释(编译)成计算机能够识别的数据形式,并以一定的数据格式存放在指定的内存专用区域。

3. 预处理

预处理是插补运算前的预备处理。在预处理中,对译码生成的目标代码进行刀具补偿处理和进给速度处理。刀具补偿包括刀具长度补偿和刀具半径补偿。刀具补偿的作用是把零件轮廓轨迹按系统存储的刀具尺寸数据自动转换成刀具中心(刀位点)相对于工件的移动轨迹。经过刀具补偿处理后,零件轮廓轨迹转换成了刀具中心轨迹。中、高档 CNC 装置都带有 C 刀具补偿功能,能够自动进行程序段之间的转接处理,进行过切判别。进给速度处理包括:

(1)根据程序给出的坐标合成速度计算出各运动坐标方向的分速度,为插补时计算各进给坐标的位移量做好准备。

(2)根据机床允许的最低速度和最高速度进行限速处理。

(3)CNC 软件的自动加速和减速处理。

4. 插补

零件加工程序中的指令行程信息是有限的,要进行轨迹控制加工,CNC 必须从一条已知起点和终点的曲线上自动进行"数据点密化"的工作,这就是插补。插补是在规定的周期(插补周期)内执行一次,即在每个周期内,按指令进给速度计算出一个微小的直线数据段。通常经过若干个插补周期后,插补完一个程序段的加工,也就完成了从程序段起点到终点的"数据点密化"工作。

5. 位置控制

位置控制装置位于伺服系统的位置环上,如图 4-2 所示。在每个采样周期内,将插补计算出的理论位置与实际反馈位置进行比较,用其差值控制进给电动机。位置控制可由软件完成,也可由硬件完成。在位置控制中通常还要完成位置回路的增益调整以及各坐标方向的螺距误差补偿和反向间隙补偿,以提高机床的定位精度。

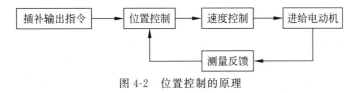

图 4-2　位置控制的原理

6. I/O 处理

I/O 处理是 CNC 与机床之间的信息传递和变换的通道。其作用是将机床运动过程中的有关参数输入到 CNC 中;另一方面是将 CNC 的输出命令(如换刀、主轴变速换挡、加冷却液等)变换后作为执行机构的控制信号,实现对机床的控制。

7. 显示

现代 CNC 装置多采用 CRT 或 LCD 作为显示工具。通常可以显示零件加工程序、参数、刀具位置、机床状态、报警信息等。还有的 CNC 装置中有刀具加工轨迹的静态和动态模拟加工图形显示。显示使数控机床的操作变得十分方便，人机界面更加友好。

8. 诊断

现代 CNC 装置都有丰富的联机诊断和脱机诊断功能。联机诊断是指 CNC 中的自诊断程序，在 CNC 运行时随时检查不正常的事件。脱机诊断是指 CNC 不工作时进行的诊断，利用诊断程序对存储器、外围设备接口和 I/O 接口等进行检查。脱机诊断也可以通过网络与远程通信诊断中心的计算机相连，由诊断中心对 CNC 装置进行远程诊断。

上述的 CNC 的工作流程如图 4-3 所示。

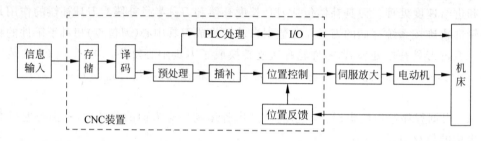

图 4-3　CNC 的工作流程

4.1.3　CNC 装置的结构

数控系统的核心是 CNC 装置，它由硬件和软件组成。CNC 装置的主要功能是：识别和解释数控加工程序，对解释结果进行各种数据计算和逻辑判断处理，完成各种输入、输出任务。数控装置将数控加工程序信息按两类控制量分别输出：一类是连续控制量，送往驱动控制装置；另一类是开关控制量，送往机床逻辑控制装置，控制机床实现各种数控功能。

CNC 装置的硬件部分除包括一般计算机具有的中央处理器（CPU）、存储器、I/O 接口外，还包括满足数控要求的专用接口和部件，如位置控制器接口、纸带阅读机接口、手动数据输入（MDI）接口等，如图 4-4 所示。

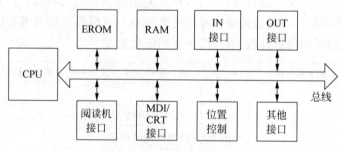

图 4-4　CNC 装置的硬件组成

CNC 装置的软件部分如图 4-5 所示，是为实现 CNC 系统的各项功能而编制的专用软件，称为系统软件，由控制软件和管理软件两部分组成。控制软件包括译码程序、刀具补偿计算程序、速度控制程序、插补运算程序和位置控制程序等，管理软件则由零件程序的输入、显示、故障诊断等程序段组成。

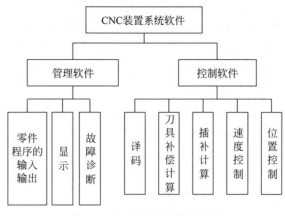

图 4-5　CNC 装置的软件组成

4.1.4　CNC 系统的特点

CNC 系统有以下特点：

（1）配置灵活、通用性强。CNC 系统的数控功能都是由软件在通用性较强的硬件支持下来实现的，采用模块化方法进行设计，易于根据系统要求进行硬件模块配置，只要修改软件模块就可以实现数控功能的修改、扩充，满足机床特定的控制功能，这对数控机床的培训、学习以及维护、维修是十分方便的。

（2）数控功能丰富。CNC 系统利用计算机的强大计算能力，可实现许多复杂的数控功能，如动静态图形显示、多种补偿功能、数字伺服控制、加工过程图形仿真、故障诊断、机器人控制及网络化控制等。

（3）易于实现机电一体化。由于采用计算机，使硬件数量相应减少，加之电子元件的集成度越来越高，使硬件体积不断减小，控制柜尺寸也相应减小。因此，数控系统结构紧凑，使其与机床结合成为一体，减小占地面积，方便操作。由于通信功能的增强，容易组成数控加工自动线，如 FMC、FMS、DNC 和 CIMS 等。

（4）可靠性高，使用维护简便。数控系统目前基于超大规模通用和专用集成电路结构形式，并且普遍采用大容量存储器存储零件加工程序，使硬件结构大大简化，减少了故障率；同时许多功能改由软件实现，所需硬件元器件数目大为减少，提高了系统的性能和可靠性。同时数控程序的菜单式结构形式，便于用户正确操作；其内置的故障诊断程序可以迅速进行故障定位，减少维修停机时间。丰富的编辑功能使编制程序十分方便，可通过仿真进行数控程序检验。

4.1.5　CNC 装置的功能

在 CNC 系统中，CNC 装置根据输入的零件加工程序、数据和参数，完成数值计算和逻辑判断，进行输入、输出控制。一般来说，CNC 装置应该具备以下功能。

（1）控制功能，指 CNC 装置能够控制的轴数，尤其是同时控制（联动）轴的数目。控制的轴数越多，CNC 装置就越复杂。

（2）准备功能，也称 G 功能，是指机床动作方式的功能，包括移动、平面选择、坐标设定、刀具补偿、程序暂停、基准点返回、固定循环、公制—英制转换等。

（3）插补功能，指 CNC 装置可实现的插补能力。现代 CNC 装置多通过软件或软、硬件相结合方式实现插补功能。为满足实时性要求，插补通常分两步完成：粗插补和精插补。CNC 装置能够完成直线插补、圆弧插补，高档数控还可以完成极坐标插补、螺旋线插补、抛物线插补、正弦插补、指数函数插补、渐开线插补、圆柱面插补及样条插补等。

（4）进给功能，包括切削进给速度（每分钟进给量）、同步进给速度（主轴每转进给量）、快速进给及进给倍率的调整，反映刀具的进给速度。

（5）主轴功能，包括主轴转速设定，正、反转及准停功能等。

（6）辅助功能，包括主轴的启、停，冷却液的通、断，刀具交换的启、停等。

（7）刀具功能，包括刀具的管理、选择。

（8）固定循环功能，用于螺纹加工、钻孔、深孔钻削、沉孔及攻丝等工序。固定循环程序相当于一个指令束，可大大减少编程工作量。

（9）补偿功能，包括刀具长度补偿、刀具半径补偿、螺距误差补偿、丝杠反向间隙补偿等。

（10）字符、图形显示功能。实现零件程序、参数显示，刀具位置显示，机床状态及报警显示等。

（11）诊断功能。随时检查不正确事件的发生，出现故障时可显示、查询和定位。

（12）通信功能。备有串行通信接口、DNC 接口，有的 CNC 装置还配置有网卡，可方便地接入 MAP 工业局域网、以太网等。

（13）在线自动编程功能。有些 CNC 装置具有会话式自动编程功能、蓝图编程功能、参数编程功能或几何工艺语言（GTL）编程功能。有的自动编程系统可以自动选择刀具和切削用量，使编程变得十分方便。

以上所述各功能中，前 8 个功能属于 CNC 装置的基本功能，而后 5 个功能属于选择功能，用户可根据需要选用。

4.2　CNC 装置的硬件结构

20 世纪 70 年代中期，以中小规模集成电路为基础的硬结构数控开始被以小型计算机为硬件基础的 CNC 所替代，标志着数控技术由硬件结构数控进入 CNC 时代。由于 CNC 的出现，机床数控装置发生了巨大的变化，其体积更小、功能更强大、可靠性大幅提高。在 20 世纪 70 年代后期出现了微处理器，80 年代初出现了以微处理器为基础的 CNC 系统，如日本的 FANUC 和德国的 SIEMENS7 系列，之后又出现了采用 Intel8086 结构 CPU 的 FANUC3/6 系列和 SIEMENS3/8 系列 CNC。到 20 世纪 80 年代后期，CNC 已达到了相当高的水平。随着计算机技术的发展以及用户对 CNC 功能要求的不断提高，CNC 的硬件结构从单 CPU 结构发展到多 CPU 结构，并出现了以 PC 为硬件的开放式 CNC 体系结构。

4.2.1　常规 CNC 的主要形式

到目前为止，技术上十分成熟的 CNC 结构大体上有以下 3 种形式：

（1）总线式模块化结构的 CNC。在元器件上采用了 32 位 RISC（精简指令集）芯片、数学协处理器和快速缓存等。这类结构产品用于多轴控制的高档数控机床。

（2）单板式专用芯片及模块组成的结构紧凑的 CNC。这种 CNC 发展很快，大量用于中档数控机床，已有向经济型发展的趋势。

（3）基于通用计算机 PC 基础上开发的 CNC。这种 CNC 的优点是可以充分利用通用计算机丰富的软件资源，可以随着通用计算机的发展而发展。

总之，前两种类型的 CNC 可以称为专用计算机，其特点是硬件由专门厂家制造，不具有通用性。而第三种 CNC 的硬件无须专门厂家设计和生产，只需装入不同的控制软件便可以构成不同类型的 CNC，其硬件有较大的通用性，硬件的故障易于维修。

CNC 装置硬件结构根据系统中 CPU 的功能，一般分为单微处理机和多微处理机结构两大类。经济型数控装置一般采用单微处理机结构，高级型 CNC 装置常采用多微处理机结构。CNC 装置采用了多微处理机结构，就能使数控机床向高速度、系统化、高精度和高智能化方向发展。

4.2.2　单微处理机结构的 CNC 装置

在单微处理机结构的 CNC 装置中，只有一个中央处理器（CPU），采用集中控制，分时处理数控的每一项任务。对于有些 CNC 装置虽然有两个以上的 CPU，但只有一个 CPU（主 CPU）能控制总线并访问存储器，其他的 CPU 只是完成某一辅助功能，例如键盘管理、CRT 显示等。这些从 CPU 接收主 CPU 的指令，完成辅助功能。它们组成主从式结构，所以也被归类于单微处理机结构。单微处理机结构的 CNC 装置框图如图 4-6 所示（虚线左边部分）。

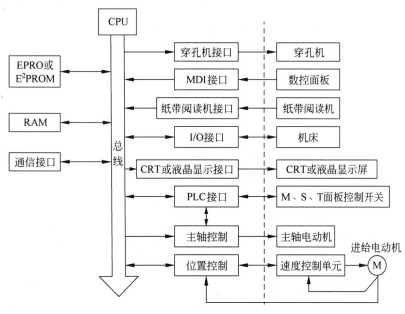

图 4-6　单微处理机结构

微处理器是 CNC 装置的核心，它完成控制和运算两方面的任务。在 CNC 装置中，控制器的控制任务为：从程序存储器中依次取出指令，经过指令解析，向 CNC 装置各部分按顺序发出执行操作的控制信号,使指令得以执行;而且又接收执行部件发回来的反馈信号。控制器根据程序中的指令信息及这些反馈信息,决定下一步命令操作。运算器的任务主要是完成零件加工程序的译码、刀补计算、运动轨迹计算、插补运算和位置控制的给定值与反馈值的比较运算等。与通用计算机相似,CNC 装置的档次主要由微处理器的品质决定,其中主要是微处理器的主频和字长。早期经济型数控装置常采用 8 位微处理器芯片或采用单片机芯片(8 位或 16 位)作为微处理器,现在数控系统普遍采用 16 位或 32 位微处理器,有些 CNC 装置已采用 64 位微处理器。

在单 CPU 的 CNC 中通常采用总线结构。总线是微处理器赖以工作的物理导线,按其功能可以分为 3 组总线,即数据总线(DB)、地址总线(AD)、控制总线(CB)。

存储器用来存放系统程序、零件加工程序、数据和参数。存储器有两类:只读存储器(ROM)和随机存储器(RAM)。只读存储器存放系统程序,由 CNC 装置生产厂家写入或者由厂家提供系统程序软件和操作工具,由使用者通过上位计算机下装到 CNC 装置中,也将用户的参数存放在 E^2PROM 中,以保持不丢失。随机存储器 RAM 用于存放中间运行结果,显示数据以及运算中的状态、标志信息等。

PLC 用以代替传统的机床继电路逻辑电路,通过程序进行逻辑运算,来实现 M、S、T 功能的译码与控制。

CNC 装置中的位置控制器与速度控制单元、位置检测及反馈装置等组成位置闭环回路。位置环主要用于轴进给的坐标位置控制,包括工作台的前后左右移动、主轴箱的移动及绕某一直线坐标轴的旋转运动等。对于主轴的控制,要求在很宽的范围内速度连续可调,并且在每一种速度下均能提供足够的所需切削功率和扭矩。在某些高性能的 CNC 机床上还要求能实现主轴的定向准停,使主轴每次都在某一给定角度位置停止转动。主轴控制性能的高低对数控机床的加工精度、表面粗糙度和加工效率影响极大。

CNC 装置和机床之间的信号传输通过 I/O 接口电路来完成。信号经接口电路送至系统寄存器的某一位,CPU 定时读取寄存器状态,经数据滤波后作相应处理。同时 CPU 定时向输出接口送出相应的控制信号。I/O 接口电路可以起到电气隔离的作用,防止干扰信号引起误动作。一般在接口电路中采用光电耦合器或继电器,将 CNC 装置和数控机床之间的信号加以电气隔离。

MDI 接口是通过操作面板上的键盘,手动输入数据的接口。

CRT 接口是在 CNC 软件配合下,将字符和图形显示在显示器上的接口。目前一般采用平板式液晶显示器(LCD)作为显示器。

当 CNC 装置用作设备层控制器,组成分布式数控系统(DNC)或柔性制造系统(FMS)时,还要与上级主计算机或 DNC 计算机通信。可见各种接口在 CNC 装置中占有重要位置。

4.2.3　多微处理机结构的 CNC 装置

多微处理机结构的 CNC 装置中,有两个或两个以上的微处理机构成的处理部件,处理部件之间采用紧耦合,有集中的操作系统,资源共享;或者有两个或者两个以上的微处理机结构的功能模块,功能模块之间采用松耦合,有多重操作系统有效地实现并行处理。多微处理机结构能克服单微处理机结构的不足,使 CNC 装置的性能有较大提高。

多微处理机 CNC 装置的基本功能模块一般包括 CNC 管理模块、CNC 插补模块、存储器模块、位置控制模块、对话式自动编程模块、PLC 功能模块、操作面板监控显示模块和主轴控制模块。根据 CNC 装置的需要,还可再增加相应的模块以实现某些扩展功能。

1. 多微处理机结构 CNC 装置的典型结构

多微处理机互连方式有总线互连、环型互连和交叉开关互连等。多微处理器结构 CNC 装置一般采用总线互连方式,典型的有共享总线型和共享存储器两类结构。通过共享总线或共享存储器,来实现各模块之间的互联和通信。

1) 总线共享型结构

总线共享型结构以系统总线为中心,把组成 CNC 的各个功能模块划分为带 CPU 的主模块与不带 CPU 的从模块(如各种 RAM、ROM、I/O 模块)两大类。所有主、从模块都插在配有总线插座的机柜中,共享标准的系统总线,如图 4-7 所示。系统总线的作用是把各个模块有效地连接在一起,按照标准协议交换各种数据和控制信息,构成一个完整的系统,实现各种预定的功能。

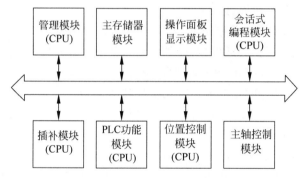

图 4-7　多微处理机共享总线结构框图

在系统中只有主模块有权控制使用系统总线。由于某一时刻只能由一个主模块占有总线,当有多个主模块占有总线时,必须由仲裁电路来裁决,以判别出各模块优先权的高低。

总线共享型结构 CNC 装置模块之间的通信,主要依靠存储器来实现。大部分系统采用公共存储方式。公共存储器直接插在系统总线上,有总线使用权的主模块都能访问。使用公共存储器的通信双方都占用系统总线,可供任意两个主模块交换信息。

多微处理机共享总线结构优点是结构简单、系统配置灵活、扩展模块容易,由于是无源总线所以造价低。不足之处是会引起"竞争",信息传输率较低,总线一旦出现故障,会影响整个 CNC 系统。

2) 共享存储结构

这种结构的多微处理机,使用多端口存储器来实现各微处理机之间的互联和通信,由多端口控制逻辑电路解决访问冲突。由于同一时刻只能有一个微处理机对多端口存储器进行读或写,所以功能复杂而要求增加微处理机数量时,会因争取共享而造成信息传送的阻塞,降低系统效率,这种结构扩展较困难。图 4-8 所示是一个双端口存储器结构框图,可供两个端口访问,访问优先权事先安排好。两个端口同时访问时,由内部硬件裁决其中一个端口优先访问。

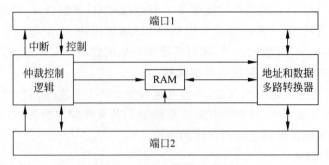

图 4-8　双端口存储器结构框图

2. 多微处理机结构 CNC 装置的优点

与单微处理机结构 CNC 装置相比,多微处理机结构 CNC 装置有以下优点:

(1) 运算速度快、性价比高。多微处理机结构中每一微处理机完成某一特定功能,相互独立,且并行工作,所以运算速度快。它适应多轴控制、高进给速度、高精度、高效率的数控要求。由于系统共享资源,所以性价比高。

(2) 适应性强、扩展容易。多微处理机结构 CNC 装置的模块化结构,可将微处理器、存储器、输入输出控制分别制作成插件板(硬件模块),甚至将微处理器、存储器、输入输出控制组成独立微计算机级的硬件模块,相应的软件也是模块结构,固化在硬件模块中。硬、软件模块形成一个具有特定功能的功能模块。功能模块之间通过固定接口进行信息交换,该接口是严格定义的,已成为工业标准。这样就可以积木式组成 CNC 装置,使设计简单,有良好的适应性和扩展性,维修也方便。

(3) 可靠性高。由于多微处理机功能模块独立完成单一任务,所以某一功能模块出故障,其他模块照常工作,不至于使整个系统瘫痪,只要换上正常的模块就能解决问题,提高了系统的可靠性。

(4) 硬件易于组织规模生产。一般硬件是通用的,容易配置,只要开发新的软件就可构成不同的 CNC 装置,便于组织规模生产,保证质量,形成批量。

4.3　计算机数控装置的软件结构

CNC 装置的软件是为完成 CNC 系统的各项功能而专门设计和编制的专用软件,是一种系统软件。可以说硬件是 CNC 装置的基础,而软件是 CNC 的灵魂,不同的系统软件可使硬件相同的 CNC 装置具有不同的功能,而正是由于丰富的系统软件,才使 CNC 装置表现出百家争鸣、百花齐放的局面。CNC 装置的系统软件包括两大部分:管理软件和控制软件。管理软件包括 I/O 处理、通信、显示、诊断和加工程序的编制管理等功能模块,控制软件包括译码、刀具补偿、速度处理、插补和位置控制等软件模块。CNC 装置的软件结构,无论其硬件是单微处理机结构,还是多微处理机结构,都具有多任务并行处理和多重实时中断两个特点。

4.3.1　CNC 装置软硬件的分工

CNC 装置由软件和硬件组成。软件和硬件在逻辑上是等价的,即很多由硬件完成的工作原则上也可以由软件来完成。但是软件和硬件各有不同的特点:硬件处理速度快,造价相对较高,适应性差;软件设计灵活、适应性强,但是处理速度较慢。因此在 CNC 装置中,软件和硬件的分工是由性价比决定的。一般说来,软件结构首先要受到硬件的限制,软件结构也有独立性。对于相同的硬件结构,可以配备不同的软件结构。实际上,现代 CNC 中软、硬件界面并不是固定不变的,而是随着软、硬件的水平和成本,以及 CNC 所具有的性能不同发生变化。图 4-9 所示为 3 种典型 CNC 装置的软硬件分工。

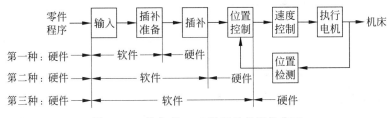

图 4-9　3 种典型 CNC 装置的软硬件分工

随着 CNC 系统性能与功能的要求日益复杂化,软件开发的成本急剧增加,微处理器的处理速度大大提高,要求使用软件开发平台而需拥有一个实时多任务操作系统已成为 CNC 软件的基本核心要求。所以,CNC 软件势必发展成为以操作系统为基础的多层次的软件结构,这在基于 PC 的 CNC 系统中尤为明显。

4.3.2　多任务并行处理

数控加工过程中,CNC 装置需要多个任务并行处理。例如,为使操作人员能及时地了解 CNC 装置的工作状态,管理软件中的显示模块必须与控制软件同时运行;在插补加工运行时,管理软件中的零件程序输入模块必须与控制软件同时运行;当控制软件运行时,自身中的一些处理模块也必须同时运行。图 4-10 示出了软件任务分解图,反映了 CNC 装置的多任务性。数控装置中的任务,根据其时间上的关系,可以划分为实时任务以及非实时任务,其中插补与位置控制是实时任务。图 4-11 示出了各任务之间的并行处理关系,图中的双箭头表示两任务之间有并行处理关系。

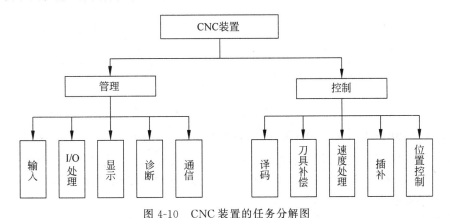

图 4-10　CNC 装置的任务分解图

所谓并行处理是指计算机在同一时刻或同一时间间隔内完成两种或两种以上性质相同或不同的工作。在 CNC 装置的软件结构中,主要采用两种并行处理方法:资源分时共享和

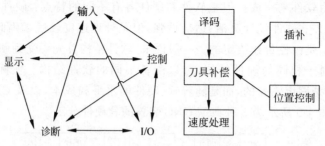

图 4-11　多任务并行处理示意图

资源重叠流水。资源分时共享是使多个用户按时间顺序使用同一套设备；资源重叠流水是使多个处理过程在时间上互相错开,轮流使用同一套设备的几个部分。

1. 资源分时共享并行处理

在单微处理机 CNC 装置中,其资源分时共享主要采用 CPU 分时共享的原则来实现多任务的并行处理。CNC 装置的各任务何时占用 CPU 及占用 CPU 时间的长短,是首先要解决的时间分配问题。

在 CNC 装置中,各任务何时占用 CPU 是通过循环轮流中断和优先级相结合的办法来解决的。图 4-12 所示是一个典型的 CNC 装置各任务分时共享 CPU 的时间分配图,系统在完成初始化任务后自动地进入时间分配循环中,在环中依次轮流处理各任务,对于系统中某些实时性强的任务则按优先级排队,分别处在不同中断优先级上作为环外任务,环外任务可以随时中断环内各任务的执行。

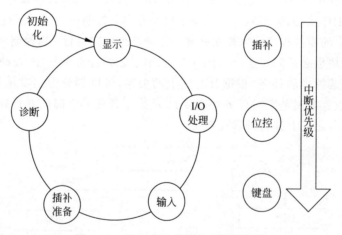

图 4-12　CPU 分时共享和中断优先级

在 CNC 装置中,各任务占用 CPU 时间的长短受到一定限制,可以通过设置断点的方法来解决,如对于占有 CPU 时间较多的插补准备等任务,就可以在其中的某些地方设置断点,当程序运行到断点处时,自动让出 CPU,等到下一个运行时间里自动跳到断点处继续执行。

2. 资源重叠流水并行处理

例如,当 CNC 装置处在 NC 工作方式时,其数据的转换过程将由 4 个子过程组成：零件程序输入、插补准备、插补和位置控制。设每个子过程的处理时间分别为 Δt_1、Δt_2、Δt_3、Δt_4,则一个零件程序段的数据转换时间将是 $t = \Delta t_1 + \Delta t_2 + \Delta t_3 + \Delta t_4$,以顺序方式来处理每个零件程序段,即第一个零件程序段处理完以后再处理第二个程序段,以此类推。图 4-13(a) 所示为这种顺序处理的时间空间关系,由图可知,两个程序段的输出之间具有一个时间间隔 t。这样就有可能出现程序段间的停刀现象,反映在工件上将会出现刀痕,这在工艺上是不允许的。消除这种间隔的有效方法就是在软件设计中采用流水处理技术,采用流水处理后的时间空间关系如图 4-13(b) 所示。

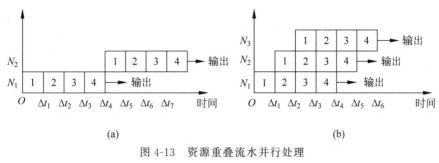

图 4-13 资源重叠流水并行处理

(a) 顺序处理;(b) 流水处理

流水处理的关键是时间重叠,即在一段时间间隔内不是处理一个子程序,而是处理两个或更多子程序。由图 4-13(b) 可知,经流水处理后,从时间 Δt_4 开始,每个程序段的输出之间不再有间隔,从而保证了电机运转和刀具移动的连续性。此外,流水处理要求处理每个子过程所用时间应该相等,但实际 CNC 装置中每个子过程的处理时间各不相等,解决的办法是取最长的子过程处理时间作为流水处理时间间隔。这样在处理时间较短的子过程时,处理完成后就进入等待状态。

4.3.3 CNC 装置软件的结构

在 CNC 软件的设计中,为了满足 CNC 装置的实时、多任务、并行处理等特点,CNC 软件可以采用不同的结构形式。不同的软件结构,对各项任务的安排方式不同,管理方式也不同。常见的 CNC 软件结构有前后台式软件结构、多重中断式软件结构、基于实时操作系统的软件结构。

1. 前后台式软件结构

前后台式软件结构适合于采用集中控制的单微处理器 CNC 装置,对 CPU 的性能要求较高。在这种结构中,CNC 装置软件由前台程序和后台程序组成。前台程序为实时中断程序,承担了几乎全部与机床动作直接相关的实时功能,如位置控制、插补、辅助功能处理、监控、面板扫描及输出等。后台程序通常也称为背景程序,主要用来完成准备工作和管理工作,包括输入、译码、插补准备及管理等。背景程序是一个无限循环执行的程序,在其运行过程中实时中断程序不断插入,前、后台程序相互配合完成加工任务。如图 4-14

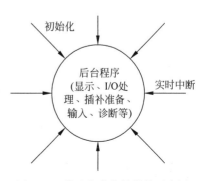

图 4-14 前后台式软件结构示意图

所示,程序启动后,运行完初始化程序即进入背景程序环,同时开放定时中断,每隔一固定时间间隔(如 8ms)发生一次中断,执行一次实时中断服务程序,再返回后台程序。

　　前后台式软件在运行过程中的调度管理功能在背景程序中完成,如图 4-15 所示,该图是一个经过简化的程序框图。系统完成初始化后等待启动按钮按下,启动按钮按下后,对第一个程序段进行译码、预处理,完成轨迹计算和速度规划,得到插补所需的各种数据,如刀具中心轨迹的起点坐标、终点坐标、刀具中心的位移量、圆弧插补时圆心的各坐标分量等,并将所得到的数据送插补缓冲存储区保存。若有辅助功能代码(M、S、T),则将其送系统工作寄存器保存。接下来,将插补缓冲存储区的内容送至插补工作存储区,系统工作寄存器中的辅助功能代码送至系统标志单元,以供使用。完成缓冲区设置后,设置标志(数据交换结束标志、开放插补标志用来控制程序流程)。标志尚未设置之时,尽管定时中断照常发生,但并不执行插补及辅助信息处理等功能,仅执行一些例行的扫描、监控等功能。只有在标志设置之后,实时中断程序才能进行插补、伺服输出、辅助功能处理,同时开始对下一段程序进行译码、预处理。系统必须保证在当前程序段插补过程中(时间段内)完成下段程序的译码和预处理,否则将会出现加工中的停刀现象。由上述可知,背景程序是通过设置标志来达到对实时中断程序的管理和控制的。

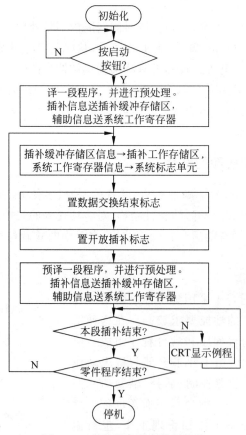

图 4-15　背景程序调度管理功能

　　自设立两个标志到程序段插补完成这段时间,CNC 装置工作最为繁忙。在这段时间里,中断程序在进行本程序段的插补及伺服输出,同时背景程序还要完成下一程序段的译码和预处理。亦即在一个插补周期内,实时中断程序开销一部分时间,其余的时间留给背景程序。插补、伺服输出与译码、预处理分时共享(占用)CPU,以完成多任务并行处理。

通常,下一程序段的译码、预处理时间要比本程序段的插补运行时间短,因此在背景程序中还有一个等待插补完成的循环,在等待过程中不断进行 CRT 显示。

本程序段插补加工结束,但整个零件加工未结束则系统开始新的循环,若整个零件加工结束则停机。

定时中断服务程序是系统的核心,除了进行插补和位置控制外,还要完成面板扫描、机床逻辑控制及实时诊断等任务。定时中断服务程序的框图如图 4-16 所示。

在定时中断服务程序中,首先进行位置控制。对前一插补周期中坐标轴的实际位移增量进行采样,再根据前一插补周期插补得到的位置增量(经过间隙补偿),计算出当前的跟随误差,进而得到进给速度指令,驱动电动机运动。接下来对主控制面板和辅助控制面板进行扫描,设置面板控制状态的系统标志。

机床逻辑处理包括调用 PLC 程序执行 M、S、T 辅助功能及机床逻辑状态监控;处理控制面板的输入信息,对诸如启动、停止、改变工作方式、手动操作、进给倍率调节等做出响应;各种故障如超程、超温、熔丝熔断、阅读机出错、急停、辅助功能执行状态等的诊断处理。

当插补条件满足时,执行插补程序,计算下一插补周期的位置增量数据。面板输出指的是扫描和修正控制面板的显示,为操作者指明系统的当前状态。

图 4-16　定时中断服务程序

2. 多重中断式软件结构

多重中断式软件结构没有前后台之分。除了初始化程序外,把控制程序安排成不同级别的中断服务程序(有的系统把初始化程序也安排成中断服务程序),整个软件是一个大的多重中断系统。系统的管理功能主要通过各级中断服务程序之间的通信来实现。多重中断式软件结构尤其适用于功能分布式多微处理器结构 CNC 装置。

多重中断式软件结构形式,将数控系统的各种功能根据系统实时性的要求划分优先级,一般将硬件测试或位置控制等刀具运动控制任务安排为最高优先级,而将 CRT 显示等安排为最低优先级,根据计算机控制系统中断的概念进行中断处理,实现多重中断。

3. 基于实时操作系统的结构模式

实时操作系统(real-time operating system,RTOS)是操作系统的一个重要分支,除了具有通用操作系统的功能外,还具有任务管理、多种实时任务调度机制(如优先级抢占调度、时间片轮转调度)、任务间的通信机制(如邮箱、消息队列、信号灯)等功能。CNC 装置软件完全可以在实时操作系统的基础上进行开发。

目前,采用基于实时操作系统模式的 CNC 装置软件有两种模式:①在商品化的实时操作系统下(如 RT-linux 等)开发 CNC 装置软件;②将 PC 操作系统(DOS、Windows 等)扩展成实时操作系统,然后在此基础上开发 CNC 装置软件。用前一种方法开发的软件性能稳定,运行效率高,但成本较高,国外某些著名厂家采用了这种方法;而用后一种方法开发的软件应用较为普及,扩展相对较容易,目前国内生产厂家基本采用的是这种方法。

CNC 装置的许多控制任务,如零件程序的输入与译码、刀具半径的补偿、插补运算、位置控制及精度补偿等都是由软件实现的。从逻辑上来讲,这些任务可看成一个个的功能模块,模块之间存在着耦合关系;从时间上来讲,各功能模块之间存在时序配合关系。在许多情况下,某些功能模块必须同时运行,同时运行的模块由具体的加工控制要求决定。CNC装置的软件是一个典型而又复杂的实时控制系统,能对信息作出快速响应。一个实时控制系统包括受控系统和控制系统两大部分。受控系统由硬件设备组成,如电机及其驱动设备;控制系统(CNC装置)由软件及其支持硬件组成。

4.4　数控系统中的可编程控制器

为了解决数控系统逻辑控制与管理功能,大量采用可编程逻辑控制器(programmable logic controller,PLC)作为I/O接口装置。PLC是20世纪60年代末发展起来的一种新型自动化控制器,最早在美国通用汽车公司的自动装配线上使用并获得了成功。早期的PLC主要用来代替继电器实现逻辑控制,解决生产设备在运行中的开关量信号和逻辑控制问题,且只有逻辑运算、定时、计数及顺序控制等功能,因此把这种装置称为可编程逻辑控制器,简称PLC。随着技术的发展,这种基于微型计算机技术的工业控制装置的功能已经大大超过了逻辑控制的范围,因此,今天这种装置称作可编程控制器(programmable controller),简称PC。但是为了避免与个人计算机(personal computer)的简称混淆,所以将可编程序控制器简称PLC。

PLC由计算机简化而来,并且为了适应顺序控制的要求,强化了其逻辑运算控制功能,而省去了计算机的一些数字运算功能,成为一种介于继电器和计算机控制之间的自动控制装置。它具有面向用户的指令和专用于存储用户程序的存储器,用户控制逻辑用软件实现,适用于控制对象动作复杂、控制逻辑需要灵活多变的场合。用户程序多采用图形符号和逻辑顺序关系与继电器电路十分近似的梯形图编辑,使得PLC梯形图程序形象直观,工作原理易于为现场工程技术人员理解和掌握。

PLC可与专用编程机、编程器甚至个人计算机等设备连接,可以很方便地实现程序逻辑的显示、编辑、诊断、存储和传送等操作。在数控领域中,人们习惯称其为可编程逻辑控制器(PLC)或可编程机器控制器(PMC)。

4.4.1　数控系统中PLC形式

在中、高档数控机床中,PLC是CNC装置的重要组成部分。数控机床上使用的PLC目前大致有两大类型:内装型(built-in type)和独立型(stand-alone type)。

1. 内装型PLC

具有内装型PLC的系统结构如图4-17所示。内装型PLC专为实现数控机床顺序控制而设计制造,从属于CNC系统,其硬件和软件被作为CNC装置的基本功能统一设计,结构紧凑、适配性强,PLC与CNC间的信息传送在CNC系统内部即可实现。自20世纪70年代末以后,世界上著名的CNC厂家在其生产的CNC产品中,大多开发了内装型PLC功能。例如FANUC在其system系列,SIEMENS在其SINUMERIK系列中广泛采用内装型PLC。

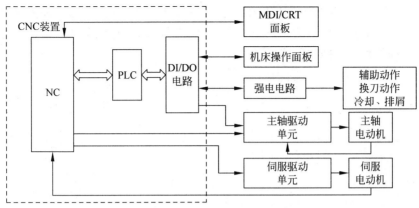

图 4-17　具有内装型 PLC 的 CNC 系统原理图

2. 独立型 PLC

具有独立型 PLC 的数控系统结构如图 4-18 所示。采用独立型 PLC,可以根据数控机床对控制功能的要求,灵活地选购或自行开发通用 PLC。另外,采用独立型 PLC,可以扩大CNC 系统的控制功能,简化 I/O 接口连接。SIEMENS 在其 840D 系列中就采用了独立型 PLC。

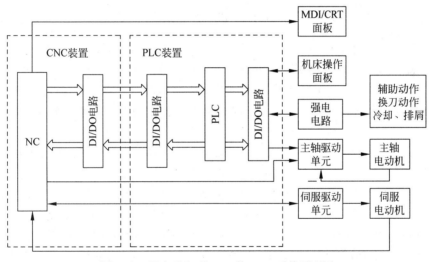

图 4-18　具有独立型 PLC 的 CNC 系统原理图

总体来看,单微处理器的 CNC 装置多采用内装型 PLC;而独立型 PLC 主要用在多微处理器 CNC 装置、FMC、FMS、CIMS、FA 中,具有较强的数据处理、通信和诊断功能,成为CNC 与上级计算机联网的重要设备。单机 CNC 系统中的内装型和独立型 PLC 的作用是一样的,主要是协助 CNC 装置实现低速辅助信息的处理和控制。

4.4.2　PLC 的结构

1. PLC 硬件

PLC 实质是一种专用于工业控制的计算机,其硬件结构基本上与微型计算机相同,基本构成包括硬件和软件。其硬件包括中央处理单元(CPU)、存储器、输入输出接口和电源等,如图 4-19 所示。当需要组成比较大的 PLC 系统时,为满足较多输入输出点的要求,需要增加 I/O 扩展部分。此外,为开发 PLC 控制系统(主要是设计、调试应用程序),还需要一些外部设备,如编程器、打印机、监视器等。

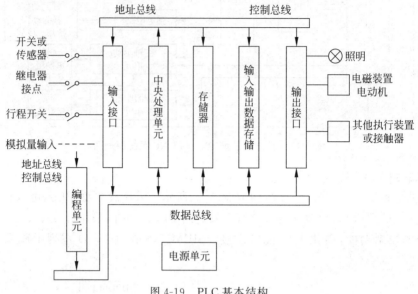

图 4-19　PLC 基本结构

1) 电源

PLC 的电源在整个系统中起着十分重要的作用。如果没有一个良好的、可靠的电源系统是无法正常工作的,因此 PLC 的制造商对电源的设计和制造也十分重视。一般交流电压波动在 ±10%(±15%)范围内,可以不采取其他措施而将 PLC 直接连接到交流电网上去。

2) 中央处理单元(CPU)

CPU 是 PLC 的控制中枢,用来实现逻辑运算和算术运算,并对整机进行协调和控制。它按照 PLC 系统程序赋予的功能接收并存储从编程器键入的用户程序和数据;检查电源、存储器、I/O 以及看门狗定时器的状态,并能诊断用户程序中的语法错误。当 PLC 投入运行时,PLC 首先以扫描的方式接收现场各输入装置的状态和数据,并分别存入 I/O 映像区,并按照用户程序进行处理,经过命令解释后按指令的规定执行逻辑或算术运算的结果送入 I/O 映像区或数据寄存器内。等所有的用户程序执行完毕之后,最后将 I/O 映像区的各输出状态或输出寄存器内的数据传送到相应的输出装置,如此循环运行,直到停止运行。

3) 存储器

存放系统软件的存储器称为系统程序存储器,存放应用软件的存储器称为用户程序存储器。

4) 输入输出接口电路

现场输入接口电路有光电耦合电路和微机输入接口电路,是 PLC 与现场控制接口界面的输入通道。现场输出接口电路由输出数据寄存器、选通电路和中断请求电路集成,PLC 通过现场输出接口电路向现场执行部件输出相应的控制信号。

2. PLC 软件

PLC 软件包括系统软件和应用软件。系统软件亦称系统程序,它决定了 PLC 的功能。PLC 硬件通过其软件实现对被控对象的控制。系统软件一般包括操作系统、语言编译系统、各功能软件等。

　　操作系统是系统程序的基本部分,它统一管理 PLC 的各种资源,协调系统各部分之间、系统与用户之间的关系。操作系统对用户应用程序提供一系列管理手段,以使用户应用程序正确地进入系统,正常工作。

　　同一台 PLC 配上不同的应用软件可以完成不同的控制任务。所谓对 PLC 编程就是指根据控制要求编写 PLC 应用程序。PLC 普遍采用的编程语言有梯形图、逻辑表达式、助记符指令和控制系统流程图 4 种,其中梯形图是最常用的 PLC 编程语言。梯形图与继电器电气控制线路图相似,PLC 系统程序的作用之一是深化了继电器控制线路图与 PLC 梯形图程序的相似之处,淡化了两者之间的本质区别。另外,PLC 系统程序也使用户觉得 PLC 的内部由许多"软继电器"等器件组成。这样一来,熟悉继电器控制系统的技术人员和工人,会感到 PLC 的工作方式是熟悉的,认为继电器的概念仍适用于 PLC。关于 PLC 的程序编制在 PLC 操作说明书中都有详细说明,这里不再赘述。

4.4.3　PLC 的工作原理

　　PLC 采用循环(巡回)扫描方式工作,中、大型 PLC 还增加了中断工作方式。循环扫描既可按固定顺序进行,也可按用户程序所规定的二级顺序(高级和低级顺序)或可变顺序进行。当 PLC 投入运行后,其工作过程一般分为 3 个阶段,即输入采样、用户程序执行和输出刷新。完成上述 3 个阶段称作一个扫描周期。在整个运行期间,PLC 的 CPU 以一定的扫描速度重复执行上述 3 个阶段,如图 4-20 所示。

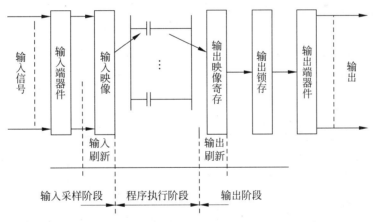

图 4-20　PLC 用户程序扫描过程示意图

1. 输入采样

　　PLC 以扫描方式依次地读入所有输入状态和数据,并将它们存入 I/O 映像区中的相应的单元内。输入采样结束后,转入用户程序执行和输出刷新阶段。

2. 用户程序执行

　　PLC 总是按由上而下的顺序依次地扫描用户程序(梯形图)。在扫描每一条梯形图时,又总是先扫描梯形图左边的由各触点构成的控制线路,并按先左后右、先上后下的顺序对由触点构成的控制线路进行逻辑运算;然后根据逻辑运算的结果,刷新该逻辑线圈在系统 RAM 存储区中对应位的状态,或者刷新该输出线圈在 I/O 映像区中对应位的状态,或者确定是否要执行该梯形图所规定的特殊功能指令。

3. 输出刷新

当扫描用户程序结束后,PLC 就进入输出刷新阶段。在此期间,CPU 按照 I/O 映像区内对应的状态和数据刷新所有的输出锁存电路,再经输出电路驱动相应的外设。

虽然 PLC 使用梯形图形式编程中往往使用到许多继电器、计时器与计数器等名称,但 PLC 内部并非实体上具有这些硬件,而是在计算机内部以内存与程序方式进行逻辑控制,并借由输出元件连接外部机械装置完成实际控制。因此能大大减小控制器所需硬件空间。

4.5　CNC 装置的接口电路

CNC 装置的接口电路是数控装置与机床之间和数控装置与外设之间的桥梁,包括与机床侧的信号输入输出接口、与标准输入输出设备的接口及与上位机的通信接口。CNC 装置主要包含有以下几个方面:

(1) 数据输入输出设备。例如,USB 磁盘、光电纸带阅读机、纸带穿孔机、打印设备、零件加工程序的编程机和 PLC 编程机等。

(2) 外部机床控制面板。许多数控机床,特别是大型数控机床,为了操作方便,往往在机床侧设置一个外部机床控制面板。其结构可以是固定的,或者是悬挂式的,它远离 CNC 装置。

(3) 通用的手轮脉冲发生器。该装置主要用于完成数控机床中的机械工作原点的设定、手动方式的步进微调、加工中的中断插入等动作。

(4) 进给驱动线路和主轴驱动线路。一般情况下,这两部分装置与 CNC 装置在同一机柜内,通过内部连线相连,它们之间不设置通用输入输出接口。

CNC 装置的接口除了用于与以上设备相连接外,还要与上位计算机或 DNC(群控计算机数控)计算机直接通信或通过工厂局部网络相连,具有网络通信功能。

4.5.1　I/O 接口的标准化

同其他工业上的输入输出接口标准一样,CNC 装置与机床间的接口也有国际标准。它是 1975 年由国际电工委员会(IEC)第 44 届技术委员会制定并批准的,称为机床/数控接口标准。图 4-21 示出了 CNC 装置、控制设备和机床之间的接口范围。

数控装置与机床及机床电器设备之间的接口分为三种类型:第一类,与驱动控制器和测量装置之间的连接电路;第二类,电源及保护电路;第三类,开关信号和代码连接电路。

第一类接口传送的信息是 CNC 装置与伺服单元、伺服电机、位置检测和速度检测部件之间的控制信息。它们属于数字控制、伺服控制和检测控制。

第二类接口由数控机床强电线路中的电源控制电路构成。强电线路包括电源变压器、继电器、接触器、保护开关、熔断器等,目的是为驱动单元、主轴电动机、辅助电动机(如风扇电动机、冷却泵电动机、换刀电动机等)、电磁阀、离合器等功率执行元件供电。强电线路不能与低压下工作的控制电路或弱电线路直接连接,只能通过中间继电器、热保护器、控制开关等转换。用继电器控制回路或 PLC 控制中间继电器,用中间继电器的触点给接触器通电,接通主回路(强电线路)。

第三类接口是 CNC 装置与机床参考点、限位、面板开关等以及一些辅助功能输出控制

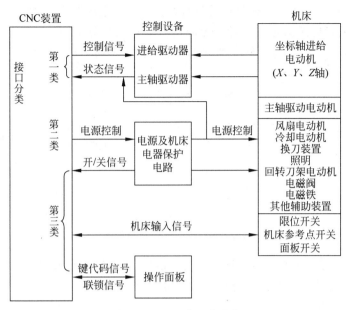

图 4-21　CNC 装置的连接

连接的信号。当数控机床没有 PLC 时,这些信号在 CNC 装置与机床间直接传送。当数控机床带有 PLC 时,这些信号除一些高速信号外,均通过 PLC 输入输出。

4.5.2　I/O 信号的分类及接口电路的任务

从机床向 CNC 装置传送的信号称为输入(IN)信号,从 CNC 装置向机床传送的信号称为输出(OUT)信号。I/O 的主要类型有数字量 I/O、模拟量 I/O、交流 I/O。这些信号中,模拟量信号主要用于进给坐标轴和主轴的伺服控制或其他接收、发送模拟量信号的设备。交流信号用于直接控制功率执行器件。接收或发送模拟量信号需要专门的电子线路,应用最多的是数字量 I/O 信号,数字量 I/O 接收接口电路相对简单些。

机床 I/O 接口的主要任务是:

(1) 进行电平转换和功率放大。一般 CNC 装置的信号是 TTL 电平,而控制机床和来自机床的信号电平通常不是 TTL 电平,因此要进行电平转换。在重负载情况下,还要进行功率放大。

(2) 进行必要的隔离,防止噪声串入引起误动作。用光电耦合器或继电器将 CNC 装置和机床之间的信号在电器上加以隔离。

(3) 模拟量与数字量之间的转换。CNC 装置的微处理器只能处理数字量,而对于需要模拟量控制的地方,则需进行数/模(D/A)转换;同理,将模拟量输入到 CNC 装置需进行模/数(A/D)转换。

4.5.3　数字量 I/O 接口

1) 输入接口

输入接口用于接收机床操作面板的各开关、按钮信号及机床的各种限位开关信号。因此又可以分为以触点输入的接收电路和以电压输入的接收电路两种。

触点（接点）输入电路分为有源和无源两类。信号为无源触点的输入情况如图 4-22（a）所示，如行程开关就是无源触点。对于无源触点的输入依靠 CNC 接口的触点供电回路产生高、低电平信号。信号为有源触点的输入情况如图 4-22（b）所示。

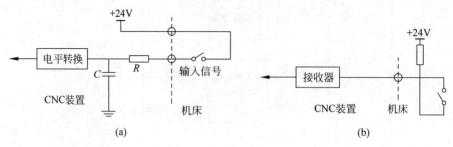

图 4-22　输入输出接口电路

（a）无源触点；（b）有源触点

在机床输入信号中有些是以电压作为输入信号，比如接近开关，当遇到挡块时输出低电平信号，无挡块时输出高电平。以电压输入的接口电路如图 4-23 所示。

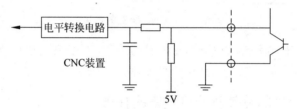

图 4-23　电压输入的接口电路

2）输出接口

输出接口是将各种机床工作状态的信息送到机床操作面板上用指示灯显示，把控制机床动作的信号送到强电箱中。在实际使用中，有继电器输出电路和无触点输出电路两种，如图 4-24 所示。

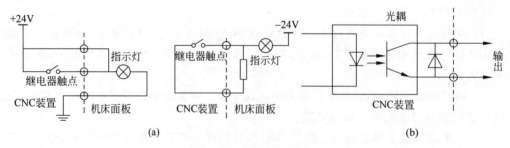

图 4-24　输出接口电路

（a）继电器输出；（b）无触点输出

图 4-25 所示是负载为指示灯的典型信号输出电路。

图 4-26 所示是负载为继电器线圈的典型信号输出电路。

当 CNC 装置输出高电平时，光耦三极管导通，这样指示灯或继电器线圈有电流通过，使指示灯亮或继电器吸合。当 CNC 装置输出低电平时，光耦三极管截止，指示灯和继电器没有电流流过，故指示灯不亮，继电器不吸合。

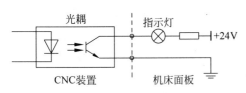

图 4-25　负载为指示灯的信号输出电路

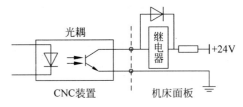

图 4-26　负载为继电器线圈的信号输出电路

对于电感性负载如继电器,应增加一续流二极管,在继电器断电时,将电能释放掉。对于容性负载,应在信号输出负载电路中串联限流电阻,电阻值的选取应确保负载承受的瞬间电流和电压被限制在额定值内。当驱动负载是电磁开关、电磁耦合器、电磁阀线圈等交流负载,或虽是直流负载,但工作电压或工作电流超过输出信号的工作范围时,应选用输出信号驱动中间继电器(电压为 24V),然后用它们的触点接通强电线路的功率继电器或直接去激励这些负载。当 CNC 装置带有 PLC 装置,且具有交流输入、输出信号接口,或有用于直流负载驱动的专用接口时,输出信号就不必经中间继电器过渡,即可以直接驱动负载器件。

CNC 装置数据量输入输出接口对应有接口数据锁存器,锁存器对应一地址,其二进制数值对应一位 I/O 信号。锁存器输入输出的数据某一二进制数值为 1 则表示对应的 I/O 信号为高电平,若为 0 则表示对应的 I/O 信号为低电平。

4.6　常用数控系统介绍

目前,在我国应用的数控系统主要分为国外公司产品和国内公司产品。国外产品主要有日本 FANUC(发那科)公司生产的 FANUC 系列数控系统,德国 SIEMENS(西门子)公司生产的 SINUMERIK 系列数控系统以及美国 A-B 公司生产的 A-B 系统,日本 MITSUBISHI(三菱)公司生产的 M 系列数控系统。国内的数控系统厂商虽然很多,但相对规模较大的只有广州数控以及武汉华中数控。

4.6.1　西门子数控系统

西门子数控系统是德国西门子公司的产品。西门子凭借在数控系统及驱动产品方面的专业思考与深厚积累,不断制造出机床产品的典范之作,为自动化应用提供了日趋完美的技术支持。SINUMERIK 不仅意味着一系列数控产品,其力度在于生产一种适于各种控制领域不同控制需求的数控系统,其构成只需很少的部件。它具有高度的模块化、开放性以及规范化的结构,适于操作、编程和监控。西门子数控系统主要包括控制及显示单元、PLC 输入输出单元(PP)、PROFIBUS 总线单元、伺服驱动单元、伺服电机等部分。

西门子数控系统主要类型有以下几种。

(1) SINUMERIK 802S/C 系统

SINUMERIK 802S/C 系统是专门为低端数控机床市场开发的经济型 CNC 控制系统。802S/C 两个系统具有同样的显示器、操作面板、数控功能、PLC 编程方法等。两者不同的只是:SINUMERIK 802S 带有步进驱动系统,控制步进电机,可带 3 个步进驱动轴及一个±10V 模拟伺服主轴;SINUMERIK 802C 带有伺服驱动系统,它采用传统的模拟伺服

±10V 接口,最多可带 3 个伺服驱动轴及一个伺服主轴。

(2) SINUMERIK 802D 系统

该系统属于中低档系统,其特点是:全数字驱动,中文系统,结构简单(通过 PROFIBUS 连接系统面板、I/O 模块和伺服驱动系统),调试方便。具有免维护性能的 SINUMERIK 802D 核心部件——控制面板单元(PCU)具有 CNC、PLC、人机界面和通信等功能,集成的 PC 硬件可使用户非常容易地将控制系统安装在机床上。

(3) SINUMERIK 840D/810D/840Di 系统

840D/810D 是几乎同时推出的全数字化数控系统,具有非常高的系统一致性,显示/操作面板、机床操作面板、S7-300PLC、输入输出模块、PLC 编程语言、数控系统操作、工件程序编程、参数设定、诊断、伺服驱动等许多部件均相同。

SINUMERIK 810D 是 840D 的 CNC 和驱动控制集成型,SINUMERIK 810D 系统没有驱动接口,SINUMERIK 810D NC 软件基本包含了 840D 的全部功能。

SINUMERIK 840Di 系统采用 PROFIBUS-DP 现场总线结构,全 PC 集成的 SINUMERIK 840Di 数控系统提供了一个基于 PC 的控制概念。

下面介绍 SINUMERIK 840D 系统的基本结构。

图 4-27 所示是 840D 数控系统的硬件配置结构。其采用三 CPU 结构:人机通信 CPU (Man-Machine Control,MMC-CPU)、数字控制 CPU(NC-CPU)和可编程逻辑控制 CPU (PLC-CPU)。在物理结构上,NC-CPU 和 PLC-CPU 采用硬件一体化结构,合成在数字控制单元 NCU(Numerical Control Unit)中,但逻辑功能上是独立的。

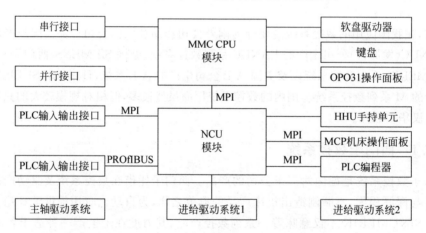

图 4-27 840D 数控系统硬件组成框图

NCU 是 SINUMERIK 840D 数控系统的控制中心和信息处理中心,数控系统的直线插补、圆弧插补等轨迹运算和控制、PLC 系统的算术运算和逻辑运算都是由 NCU 完成的。 MMC-CPU 的主要作用是完成机床与外界及与 PLC-CPU、NC-CPU 之间的通信,内带硬盘,用以存储系统程序、参数等。此外,840D 提供的操作员面板 OP 用来:显示数据及图形,提供人机显示界面;编辑、修改程序及参数;实现软功能操作。840D 数控系统电源系统的主要功能是实现整流和电压提升。驱动系统则包括主轴驱动系统和进给驱动系统两部分。

840D 数控系统软件结构图如图 4-28 所示。

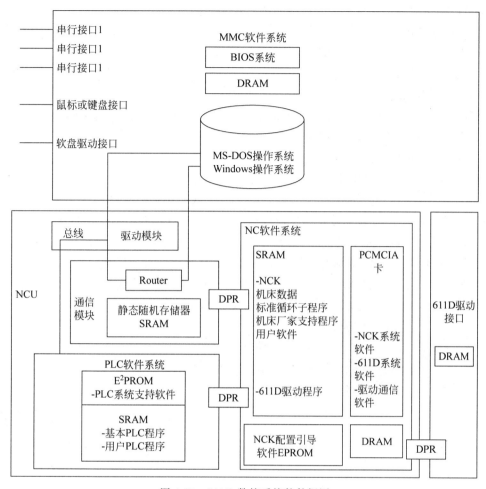

图 4-28　840D 数控系统软件框图

SINUMERIK 840D 软件系统包括四大类软件：MMC 软件系统、NC 软件系统、PLC 软件系统以及通信及驱动接口软件。

（1）MMC 软件系统

配置 MMC102/103 以上的数控系统均带有硬盘，内装有基本输入输出系统（Basic Input and Output System，BIOS），DR-DOS 内核操作系统，Windows NT 或 XP 操作系统，以及串口、并口、鼠标和键盘接口等驱动程序，支持 SINUMERIK 与外界 MMC-CPU、PLC-CPU、NC-CPU 之间的相互通信及任务协调。

（2）NC 软件系统

NC 软件系统包括以下内容。

NCK（Numerical Control Kernel）数控内核初始引导软件，该软件固化在 EPROM 中。

NCK 数控核数字控制软件系统，包括机床数据和标准循环子系统，是 SIEMENS 公司为提高系统的使用效能而开发的一些常用的车削、铣削、钻削和镗削等功能软件，用户必须理解每个循环程序的参数含义才能进行调用。

SINUMERIK 611D 驱动数据，是指 SINUMERIK 840D 数控系统所配套使用的

SIMODRIVE 611D 数字式驱动系统的相关参数。

PCMCIA 卡软件系统,是在 NCU 上设置有一个 PCMCIA 插槽,用于安装 PCMCIA 个人计算机存储卡,卡内预装有 NCK 驱动软件和驱动通信软件等。

（3）PLC 软件系统

PLC 软件系统包括 PLC 系统支持软件和 PLC 程序。

PLC 系统支持软件,它支持 SINUMERIK 840D 数控系统内装的 CPU315－2DP 型 PLC 的正常工作,该程序固化在 NCU 内。

PLC 程序,包含基本 PLC 程序和用户 PLC 程序两部分。

（4）通信及驱动接口软件

通信及驱动接口软件主要用于协调 PLC-CPU、NC-CPU 和 MMC-CPU 三者之间的通信关系。通信采用 MPI 多点接口通信协议或 PROFIBUS 现场总线。如 840D sl 就采用了 PROFIBUS-DP 与数控系统连接,内部采用 SIEMENS 公司自行开发的数字总线 DRIVE-CLiQ 连接驱动器各模块,包括驱动器与驱动器、驱动器与电机传感器等。这样 SIEMENS 数控系统就构成了从数控系统到伺服驱动和测量单元的全数字化连接,如图 4-29 所示。

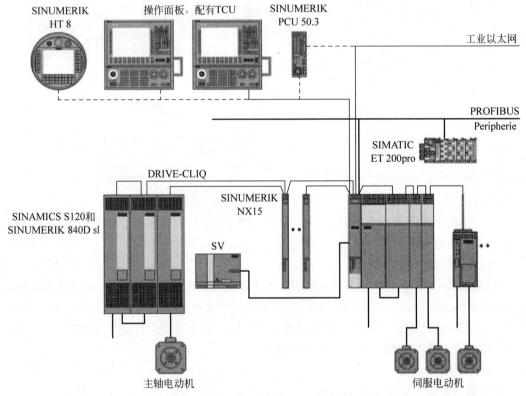

图 4-29　SINUMERIK 840D sl 的拓扑结构图

4.6.2　FANUC 数控系统简介

FANUC 公司是生产数控系统和工业机器人的著名厂家,该公司自 20 世纪 60 年代生产数控系统以来,已经开发出 40 多种系列产品。FANUC 公司目前生产的数控装置有 F0、

F10/F11/F12、F15、F16、F18 系列。F00/F100/F110/F120/F150 系列是在 F0/F10/F12/F15 的基础上加了 MMC 功能,即 CNC、PMC、MMC 三位一体的 CNC。

FANUC 公司数控系统产品的特点如下:

(1) 结构上长期采用大板结构,但在新的产品中已采用模块化结构。

(2) 采用专用 LSI,以提高集成度、可靠性,减小体积和降低成本。

(3) 产品应用范围广。每一 CNC 装置上可配备多种控制软件,适用于多种机床。

(4) 不断采用新工艺、新技术,如表面安装技术 SMT、多层印制电路板、光导纤维电缆等。

(5) CNC 装置体积减小,采用面板装配式、内装式 PMC(可编程机床控制器)。

(6) 在插补、加减速控制、补偿、自动编程、图形显示、通信和诊断方面不断增加新的功能。

(7) CNC 装置面向用户开放的功能,以用户特定宏程序、MMC 等功能来实现。

(8) 支持多种语言显示。

(9) 备有多种外设,如 FANUC PPR、FANUC FA Card、FANUC FLOPYCASSETE、FANUC PROGRAM FILE Mate 等。

(10) 已推出 MAP(制造自动化协议)接口,使 CNC 通过该接口实现与上一级计算机通信。

FANUC 系统早期有 3 系列系统及 6 系列系统,现有 0i 系列(见图 4-30)、10/11/12i 系列、15i、16i、18i、21i 系列等,而应用最广的是 FANUC 0i 系列系统。

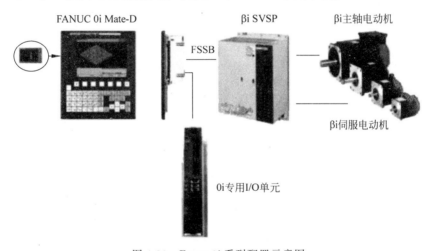

图 4-30　Fanuc 0i 系列配置示意图

4.6.3　广州数控系统

广州数控(GSK)是中国南方数控产业基地,拥有国内最大的数控系统研发生产基地,是中国主要机床厂家数控系统供应商,其主要产品有以下几种。

(1) GSK980T 车床普及型数控系统:它是经济型数控系统的升级换代产品。

(2) GSK928TC 车床数控系统:经济型 μm 级车床数控系统,采用大规模门阵列(CPLD)进行硬件插补,真正实现了高速 μm 级控制。

（3）GSK980i 车床数控系统：新近推出的中高档数控系统，是以 DSP 运动控制芯片为核心、以嵌入式结构 PC 为平台（PC-BASED）的新一代数控系统。该系统采用 DSP 和主 CPU 并行处理机制，具有较高的动态跟踪精度和良好的加工性能，可作为经济型数控系统的升级换代产品。

4.6.4　华中数控系统简介

华中数控系统有限公司成立于 1995 年，由华中科技大学主导组建。该公司研制生产的华中Ⅰ型数控系统在中国率先通过技术鉴定，在同行业中处于领先地位，被专家评定为"重大成果""多项创新""国际先进"。华中数控系统目前都以 PC 机为系统平台，采用开放式的体系结构。

1. 华中Ⅰ型（HNC-1）高性能数控系统

（1）以通用工控机为核心的开放式体系结构。系统采用基于通用 32 位工业控制机和 DOS 平台的开放式体系结构，可充分利用 PC 的软硬件资源，二次开发容易，易于系统维护和更新换代。

（2）独创的曲面直接插补算法和先进的数控软件技术。处于国际领先水平的曲面直接插补技术将 CNC 上的简单直线、圆弧插补功能提高到曲面轮廓的直接控制，可实现高速、高效和高精度的复杂曲面加工。采用汉字用户界面，提供完善的在线帮助功能，具有三维仿真校验和加工过程图形动态跟踪功能，图形显示形象直观。

（3）系统配套能力强。系统可选配 HSV-11D 交流永磁同步伺服驱动与伺服电动机、HC5801/5802 系列步进电动机驱动单元与电动机、HG.BQ3-5B 三相正弦波混合式驱动器与步进电机，以及国内外各类模拟式、数字式伺服驱动单元。

2. 华中-2000 型高性能数控系统

华中-2000 型高性能数控系统是面向 21 世纪的高档数控系统，系统采用通用工业 PC 机、TFT 真彩液晶显示器，具有多轴多通道控制能力和内装式 PLC，可与多种伺服驱动单元配套使用。该系统具有开放性好、结构紧凑、集成度高、可靠性好、性价比高、操作维护方便的优点，是适合中国国情的高性能、高档数控系统。

3. NC-1M 铣床、加工中心数控系统

NC-1M 铣床、加工中心数控系统采用以工业 PC 机为硬件平台，以 DOS 及其丰富的支持软件为软件平台的技术路线，系统可靠性好，性价比高，更新换代和维护方便，便于用户二次开发。系统可与各种 3～9 轴联动的铣床、加工中心配套使用。系统除具有标准数控功能外，还内设二级电子齿轮、内装式 PLC，具有双向螺距补偿、加工断点保护与恢复、故障诊断与显示功能。独创的三维曲面直接插补功能，简化了零件程序信息和加工辅助工作。此外，系统使用汉字菜单和在线帮助，操作方便，具有三维仿真校验及加工过程动态跟踪能力。

4. NC-1T 车床数控系统

NC-1T 车床数控系统可与各种数控车床、车削加工中心配套使用。该系统以 32 位工业 PC 机为控制机，其处理能力、运算速度、控制精度、人机界面及图形功能等方面均较流行的车床数控系统有较大的提高。系统具有类似高级语言的宏程序功能，可以进行平面任意曲线的加工。系统操作方便，性能可靠，配置灵活，功能完善，具有很高的性价比。

思考与练习

4-1　CNC 系统由哪几部分组成? 其核心是什么?

4-2　CNC 装置的软件由哪几部分组成?

4-3　CNC 装置的主要功能是什么? 每一功能的内容是什么?

4-4　CNC 装置的单微处理机结构与多微处理机结构有何区别?

4-5　单微处理机结构的 CNC 装置由哪几部分组成,其 I/O 接口的任务是什么?

4-6　比较共享总线型结构 CNC 装置和共享存储结构 CNC 装置的工作特点及优缺点。

4-7　CNC 装置软件结构有何特点?

4-8　CNC 装置软件采用的并行处理方法有哪几种? 这些方法是如何实现并行处理的?

4-9　CNC 装置中断结构模式有哪两种? 各有何特点?

4-10　目前国内市场上常见的数控系统有哪几大公司产品? 简述它们的特点。

第5章 数控机床伺服系统

5.1 概　　述

如果说 CNC 装置是数控机床的"大脑",发布"命令"的指挥机构,那么,伺服系统就是数控设备的"四肢",是一种"执行机构",它忠实而准确地执行由 CNC 装置发来的运动命令。

伺服(servo)系统又叫随动系统,专指被控制量(系统的输出量)是机械位移(或转角)、速度、加速度的反馈控制系统,其作用是使输出的机械位移(或转角)准确地跟踪输入的位移(或转角)。伺服系统是数控机床的重要组成部分,通常是指各运动坐标轴的进给伺服系统。伺服系统由伺服电动机、伺服驱动装置、位置检测装置等组成,它是数控系统和机床机械传动部件间的连接环节。在数控机床中,伺服系统接收来自数控装置的进给脉冲信号,经过伺服驱动装置进行电压、功率放大,由伺服电动机驱动机床运动部件实现运动,并保证动作的快速性和准确性。它把数控系统插补运算生成的位置指令,精确地变换为机床移动部件的位移,直接反映了机床坐标轴跟踪运动指令和实际定位的性能。伺服系统的高性能在很大程度上决定了数控机床的高效率、高精度,是数控机床的重要组成部分。它包含了机械传动、电气驱动、检测、自动控制等方面的内容,涉及强电与弱电控制。

数控机床的伺服系统包括进给伺服系统和主轴伺服(驱动)系统。进给伺服系统是以机械位移(位置控制)为直接控制目标的自动控制系统,用来保证加工轮廓。主轴伺服系统以速度控制为主,一般只满足主轴调速及正、反转功能,提供切削过程中需要的转矩和功率。但当要求机床有螺纹加工、准停和恒线速度加工等功能时,还需要对主轴提出相应的位置控制要求。

本章主要介绍数控机床中的驱动部件:伺服电动机、伺服驱动装置、检测反馈元件等。

5.1.1　伺服系统的分类和组成

伺服系统的分类可以采用多种方式,一般可以按调节控制方式、使用驱动元件及反馈比较控制方式来划分。

1. 按调节控制方式分类

按调节控制方式分类伺服系统通常可分为开环系统、闭环系统和半闭环系统。

1) 开环伺服系统

开环系统通常使用步进电动机,插补脉冲经功率放大后直接控制步进电动机,在步进电动机轴上或工作台上没有速度或位置检测装置,没有反馈信号,由数控装置输出脉冲的频率控制步进电动机的速度,由输出脉冲的数量控制工作台的位置,如图 5-1 所示。

开环伺服系统的结构简单,运行平稳,易于控制,价格低廉,使用和维修简单。但精度不高,低速不稳定,高速扭矩小。它一般应用于经济型数控机床及普通的机床改造中。

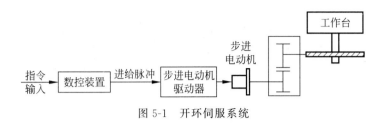

图 5-1　开环伺服系统

2）闭环伺服系统

闭环和半闭环伺服系统通常使用直流伺服电动机或交流伺服电动机,由速度检测元件和位置检测元件获取被控制对象(例如工作台的速度和位置)的反馈信号,并用其来调节伺服电动机的速度和位置。

闭环伺服系统的位置检测装置直接安装在机床移动部件上,如工作台上安装直线位置检测装置,该装置将检测到的实际位置反馈到数控系统中,进行位置比较计算,产生控制输出,如图 5-2 所示。

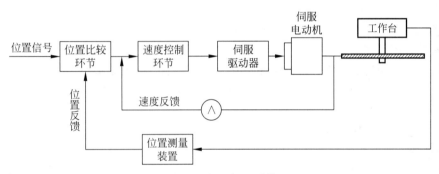

图 5-2　闭环伺服系统

闭环伺服系统的位置检测由于包含了传动链的全部误差,因此可以达到很高的控制精度。但不能认为闭环伺服系统可以降低对传动机构的要求,因为传动机构会影响系统的动态特性,给调试和稳定带来困难,导致调整闭环环路时必须要降低位置增益,会对跟随误差与轮廓加工误差产生不利影响。所以采用闭环方式时必须增大机床的刚性,改善滑动面的摩擦特性,减小传动间隙,这样才有可能提高位置增益。闭环伺服系统主要应用在精度要求高的大型数控机床上。

3）半闭环伺服系统

半闭环伺服系统的位置检测装置一般安装在电动机轴上或滚珠丝杠轴端,通过测量角位移间接地测量出移动部件的直线位移,然后反馈到数控系统中,与系统中的位置指令值进行比较,用比较后的差值控制移动部件移动,直到差值消除时才停止移动。半闭环伺服系统的组成如图 5-3 所示。

由于半闭环伺服系统中,进给传动链的滚珠丝杠螺母副、导轨副的误差不全包括在位置反馈中,所以传动机构的误差仍然会影响移动部件的位置精度。但由于反馈过程中不稳定因素的减少,系统容易达到较高的位置增益而不发生振荡,它的快速性好、动态精度高,目前应用比较广泛。至于传动链误差,如反向间隙、丝杠螺距累积误差可通过数控系统的参数设置来进行补偿,以提高机床的定位精度。

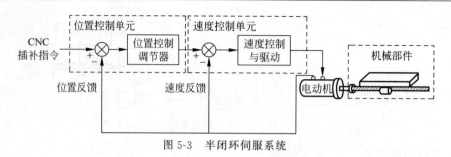

图 5-3　半闭环伺服系统

2. 按使用的驱动元件分类

按使用的驱动元件不同,伺服系统可以分为电液伺服系统和电气伺服系统。

电液伺服系统的执行元件是电液脉冲马达和电液伺服马达。但由于该系统存在噪声、泄漏等问题,逐渐被电气伺服系统所取代。电气伺服系统全部采用电子元件和电动机部件,操作方便、可靠性高。目前电气伺服系统的驱动元件主要有步进电动机、直流伺服电动机和交流伺服电动机。

3. 按反馈比较控制方式分类

1) 脉冲、数字比较伺服系统

该系统是闭环伺服系统中的一种控制方式,它是将数控装置发出的数字(或脉冲)指令信号与检测装置测得的数字(或脉冲)形式的反馈信号直接进行比较,以产生位置误差,实现闭环控制。该系统机构简单、容易实现、整机工作稳定,因此得到广泛的应用。

2) 相位比较伺服系统

该系统中位置检测元件采用相位工作方式,指令信号与反馈信号都变成某个载波的相位,通过相位比较来获得实际位置与指令位置的偏差,实现闭环控制。该系统适应于感应式检测元件(如旋转变压器、感应同步器)的工作状态,同时由于载波频率高、响应快、抗干扰能力强,因此特别适合于连续控制的伺服系统。

3) 幅值比较伺服系统

该系统是以位置检测信号的幅值大小来反映机械位移的数值,并以此信号作为位置反馈信号,与指令信号进行比较获得位置偏差信号构成闭环控制。

上述三种伺服系统中,相位比较伺服系统和幅值比较伺服系统的结构与安装都比较复杂,因此一般情况下选用脉冲、数字比较伺服系统,同时相位比较伺服系统较幅值比较伺服系统应用得广泛一些。

4) 全数字伺服系统

随着微电子技术、计算机技术和伺服控制技术的发展,数控机床的伺服系统已开始采用高速、高精度的全数字伺服系统,使伺服控制技术从模拟方式、混合方式走向全数字方式。由位置、速度和电流构成的三环反馈全部数字化、软件处理数字 PID,柔性好,使用灵活。全数字控制使伺服系统的控制精度和控制品质大大提高。

5.1.2　数控机床对伺服系统的要求

1. 精度高

伺服系统的精度指输出量能够复现输入量的精确程度。由于数控机床执行机构的运动是由伺服电动机直接驱动的,为了保证移动部件的定位精度和零件轮廓的加工精度,要求伺服系统应具有足够高的定位精度和联动坐标的协调一致精度。一般的数控机床要求的定位精度为 0.01~0.001mm,高档设备的定位精度要求达到 0.1μm 以上。在速度控制中,要求高的调速精度和比较强的抗负载扰动能力,即伺服系统应具有比较好的动、静态精度。

2. 响应快

快速响应体现伺服系统的动态性能,反映了系统的跟踪精度,它要求尽可能小的超调量。目前数控机床的插补周期都在 20ms 以下,部分数控系统插补周期已经小于 2ms,在这么短时间内指令变化一次,要求伺服电动机具有快速响应能力。快速响应是伺服系统动态品质的标志之一,它反映系统的跟随精度,直接影响轮廓加工精度和表面质量。

3. 稳定性好

稳定性是指系统在给定输入或外界干扰作用下,能在短暂的调节过程后,达到新的或者恢复到原来的平衡状态。对伺服系统要求有较强的抗干扰能力,保证进给速度均匀、平稳。稳定性直接影响数控加工的精度和表面粗糙度。

4. 调速范围宽、低速大扭矩

目前数控机床一般要求进给伺服系统的调速范围是 0~30m/min,有的已达到 240m/min。除去滚珠丝杠和降速齿轮的降速作用,伺服电动机要有更宽的调速范围。对于主轴电动机,因使用无级调速,要求有(1:100)~(1:1000)范围内的恒转矩调速能力以及 1:10 以上的恒功率调速能力。

机床的加工特点是低速时进行重切削,因此要求伺服系统应具有低速时大转矩特性,以适应低速重切削的加工要求,同时具有较宽的调速范围以简化机械传动链,进而增加系统刚度,提高转动精度。一般情况下,进给系统的伺服控制采用恒转矩控制,而主轴电动机的伺服控制在低速时为恒转矩控制,高速时为恒功率控制。

车床的主轴伺服系统一般是速度控制系统,除一般要求之外,还要求主轴和伺服驱动可以实现同步控制,以实现螺纹切削的加工要求。有的车床要求主轴具有恒线速功能。

5. 高性能电动机

为使伺服系统具有良好的性能,伺服电动机也应具有高精度、快响应、宽调速和大转矩性能。

(1)电动机从最低速到最高速的调速范围内能够平滑运转,转矩波动要小,低速时无爬行现象。

(2)电动机应具有大的、长时间的过载能力,一般要求数分钟内过载 4~6 倍而不烧毁。

(3)为了满足快速响应的要求,电动机应能在较短的时间内达到规定的速度。

(4)电动机应具有承受频繁启动、制动和换向的能力。

5.2　驱动电动机

驱动电动机是数控机床伺服系统的执行元件,用于驱动数控机床各坐标轴进给运动的称为进给电动机,用于驱动机床主运动的称为主轴电动机。开环伺服系统主要采用步进电动机。伺服电动机通常用于闭环或半闭环伺服系统中。伺服电动机又分为直流伺服电动机和交流伺服电动机。随着直线电动机技术的成熟,采用直线电动机作为进给驱动将成为未来的发展趋势。数控机床常用驱动电动机种类如图 5-4 所示。

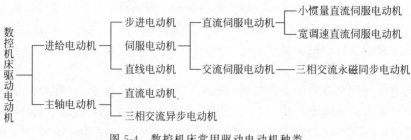

图 5-4　数控机床常用驱动电动机种类

5.2.1　步进电动机

1. 步进电动机的工作原理

步进电动机是一种将脉冲信号变换成角位移的机电执行元件,步进电动机的角位移与输入脉冲个数成正比,在时间上与输入脉冲同步。只需控制输入脉冲的数量、频率及电动机绕组通电相序,便可获得所需的转角、转速及转动方向。这种控制电动机的运动方式与连续旋转的普通电动机不同,它是步进式运动的,所以称为步进电动机。在无脉冲输入时,在绕组电源激励下,气隙磁场能使转子保持原有位置而处于自锁状态。步进电动机没有累积误差,但其效率低、拖动负载的能力不大。

步进电动机是基于电磁力的吸引和排斥产生转矩原理来工作的。如图 5-5 所示,当 A绕组通电,B、C 绕组断电时,为保证磁力线路径的磁阻最小,转子的位置应如图 5-5(a)所示。同理,当 B 绕组通电,A、C 绕组断电时,转子的位置如图 5-5(b)所示。当 C 绕组通电,A、B绕组断电时,转子的位置如图 5-5(c)所示。由此看来,如果绕组的通电顺序为 A→B→C→A⋯时,步进电动机将按顺时针方向旋转。每旋转一个状态,转子转动一固定角度 60°,称为步进电动机的步距角。同理,当定子绕组通电顺序为 A→C→B→A⋯时,则电动机转子就会逆时针方向旋转起来,其步距角仍为 60°。步距角的大小取决于转子上的齿数,磁极数越多,转子上的齿数越多,步距角越小,步进电动机的位置精度越高,其结构也越复杂。现有步进电动机的步距角通常为 3°、1.8°、1.5°、0.9°、0.09°等。

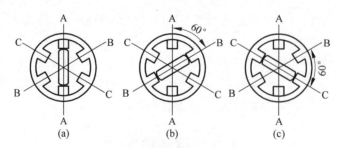

图 5-5　三相步进电动机的工作原理

(a) A 相齿对齐；(b) B 相齿对齐；(c) C 相齿对齐

实际应用中三相步进电动机的结构如图 5-6 所示,由于要求步进电动机步距小,因此定子、转子制作成齿状形式。定子铁芯上有 6 个均匀分布的磁极,沿直径相对两个极上的线圈串联,构成一相励磁绕组。每个定子磁极上均匀分布 5 个齿,齿槽距相等,齿距角为 9°,转子铁心上无绕组,其上均匀分布 40 个齿,齿槽宽度相等,并与定子上的齿宽相等,齿距角为

360°/40＝9°。三相定子磁极上的齿依次错开 1/3 齿距即 3°,如图 5-6 所示。这在结构上保证了步进电动机能够转动起来。

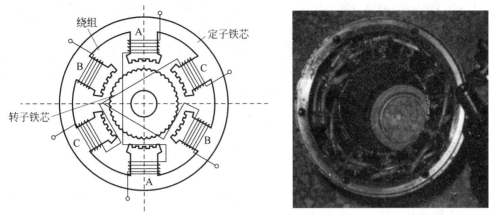

图 5-6　反应式三相步进电动机

如图 5-7(a)所示,当 A 相绕组通电,B、C 相绕组断电时,A 相定子磁极的电磁力要使相邻转子齿与其对齐(使磁阻最小),B 相和 C 相定子、转子错齿分别为 1/3 齿距(3°)和 2/3 齿距(6°)。当 B 相绕组通电,A、C 相绕组断电时,电磁反应力矩使转子顺时针转动 3°与 B 相的定子齿对齐,此时 A 相、C 相的定子、转子齿又互相错开,如图 5-7(b)所示。

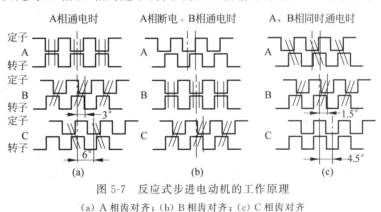

图 5-7　反应式步进电动机的工作原理

(a) A 相齿对齐;(b) B 相齿对齐;(c) C 相齿对齐

2. 步进电动机的工作方式

我们将一相通电一次的操作称为一拍。步进电动机的工作方式分为单拍、双拍和多拍 3 种。

1) 三相步进电动机的单三拍工作方式

设三相步进电动机的三相分别为 A、B、C 相,且每次只有一相通电。其通电方式为 A→B→C→A,则励磁电流切换三次,磁场旋转一周,转子转动一个齿距。转子就会与通电相应定子齿对齐。

2) 三相步进电动机的双三拍工作方式

如果每次都是两相同时通电,通电方式为 AB→BC→CA→AB,控制电流切换三次,磁场旋转一周。每一相都是连续通电两拍,所以励磁电流比单拍要大,所产生的励磁转矩也较大。由于同时有两相通电,所以转子齿不能和这两相定子齿对齐,而是处于两定子齿的中间位置。其步距角和单三拍相同。

3）三相步进电动机六拍工作方式

如果把单三拍和双三拍的工作方式结合起来,就形成六拍工作方式。这时通电次序是:
A→AB→B→BC→C→CA→A。在六拍工作方式中,控制电流切换六次,磁场转一周,转子转动一个齿距,步距角是单拍工作时的1/2。

大于三相的步进电动机其工作方式与三相步进电动机工作方式的原理是一样的。

综上所述,若步进电动机转子上的齿数为 N,则它的齿距角为

$$\theta_z = \frac{2\pi}{N} \tag{5-1}$$

由于步进电动机的步距角与控制绕组的相数和通电方式有关,故步距角为

$$\theta_s = \frac{2\pi}{mNC} \tag{5-2}$$

式中,C 为通电状态系数,采用单拍方式或双拍方式时 $C=1$,若采用单、双拍方式则 $C=2$;m 为步进电动机的相数;N 为步进电动机转子齿数。

3. 使用特性

1）步距角及步距误差

步距角是两个相临脉冲时间内转子转过的角度,一般来说步距角越小,控制越精确。一转内各实际步距角与理论值之间误差的最大值,称为步距误差。步进电动机的步距误差通常在 $10'$ 以内。

2）静态矩角特性

当步进电动机不改变通电状态时,转子处在不动状态。如果在电动机轴上外加一个负载转矩,使转子按一定方向转过一个角度,此时转子所受的电磁转矩 T 称为静态转矩,角度 θ 称为失调角。描述静态时 T 与 θ 的关系称矩角特性,如图 5-8(a)所示。在静态稳定区内,当外加转矩去除时,转子在电磁转矩作用下,仍能回到稳定平衡点位置。

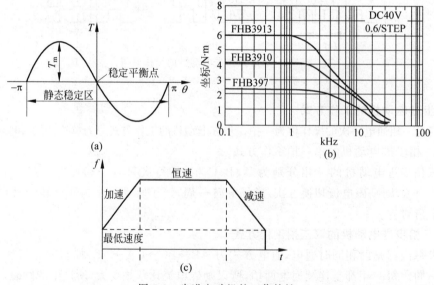

图 5-8　步进电动机的工作特性

(a)静态矩角特性;(b)矩频特性;(c)加减速特性

3）启动频率

空载时，步进电动机由静止状态突然启动，并进入不丢步的正常运行的最高频率，称为启动频率或突跳频率，它是反映步进电动机快速启动性能的重要指标。加给步进电动机的指令脉冲频率如大于启动频率，就不能正常工作。步进电动机在负载下的启动频率比空载要低，而且，随着负载加大，启动频率会进一步降低。

4）连续运行频率

步进电动机启动以后，其运行速度能跟踪令脉冲频率连续上升而不丢步的最高工作频率，称为连续运行频率，其值远大于启动频率。它也随电动机所带负载的性质和大小而异，与驱动电源也有很大关系。

5）矩频特性与动态转矩

矩频特性 $T = F(f)$ 是步进电动机连续稳定运行时，输出的最大转矩与连续运行频率之间的关系，如图 5-8(b)所示，该特性上每一频率对应的转矩称为动态转矩，使用时要考虑动态转矩随连续运行频率的上升而下降的特点。

6）加减速特性

步进电动机的加减速特性是描述步进电动机由静止到工作频率或由工作频率到静止的加、减速过程中，定子绕组通电状态的频率变化与时间的关系。步进电动机的升速和降速特性用加速时间常数 T_a 和减速时间常数 T_d 来描述，如图 5-8(c)所示。为了保证运动部件的平稳和准确定位，在启动和停止时应进行加减速控制。如果没有加减速过程或者加减速不当，步进电动机都会出现失步现象。

在选用步进电动机时，应考虑驱动对象的转矩、精度和控制特性。

4. 步进电动机的细分驱动技术

根据步进电动机的工作原理，步进电动机定子绕组的通电状态改变一次，转子转过一个步距角。步距角的大小只有两种，即整步工作或半步工作。如果要求步进电机有更小的步距角，更高的分辨率，或者为了减小电动机振动、噪声等原因，可以采用细分驱动技术。在三相步进电动机的双三拍通电的方式下是两相同时通电，转子的齿和定子的齿不对齐而是停在两相定子齿的中间位置。若在每次输入脉冲切换时，只改变相应绕组中额定的一部分，两相通以不同大小的电流，那么转子齿就会稳定在两齿中间的任何位置，且偏向电流较大的那个齿。若将通向定子的额定电流分成 n 等份，转子以 n 次通电方式最终达到额定电流，使原来每个脉冲走一个步距角，变成了每次通电走 $1/n$ 个步距角，即将原来一个步距角细分为 n 等份，从而提高了步进电动机的精度，这种控制方法称为步进电动机的细分控制，或称为细分驱动。

采用细分驱动技术，可以使步进电动机提高分辨率，改善运行特性，降低低频时的振动、噪声等，使步进电动机获得更好的性能。

5. 开环系统的位置补偿

开环系统的精度比较低，步进电动机的步距角误差、启停误差、机械系统误差（如反向间隙）、丝杠螺距误差等都直接反映到定位误差中。如果采用定位误差补偿的方法，就可以大大提高系统的整体精度。

步进电动机开环伺服系统的定位误差可以分为系统误差和随机误差，由于随机误差具有不确定性，所以位置误差补偿只能进行系统误差的补偿。系统误差主要由反向间隙和螺距累积误差等引起的常值系统性定位误差,所以位置误差的补偿主要是针对这两种定位误差的补偿。以前是采用硬件的方式进行补偿,现在 CNC 多采用软件方式进行补偿,该方法灵活、效果显著。这里只介绍软件补偿方法。

1) 反向间隙误差的补偿

数控机床伺服系统中由于齿轮副、丝杠副的存在,即使是采用了消除间隙的措施,其反向间隙依然存在,这会导致数控系统发出反向进给指令时,工作台并不立即反向运动,而是必须走完反向间隙后工作台才能移动。所以采用实测方式得到反向间隙的误差值,折算成脉冲当量数,作为间隙补偿程序输出量,当 CNC 系统判断出指令为反向运动时,随即调出间隙补偿子程序,通过插补程序进行补偿,在消除了反向间隙之后才进行正常的插补运算。

2) 常值系统性定位误差的补偿

其原理如下:在数控机床上建立一个绝对零点,实测出各坐标轴相对于该点的全程定位误差,作出曲线以确定补偿点;将这些补偿点列成误差修正表存入计算机,当工作台由零点位置移动时,安装在绝对原点处的微动开关发出绝对原点定位信号,计算机随即发出目标补偿点的补偿信号,对机床进行定位误差的补偿。

5.2.2　伺服电动机

伺服电动机具有服从控制信号的要求而动作的性能,在信号来到之前,转子静止不动;信号来到之后,转子立即转动;当信号消失时,转子能及时自行停转。伺服电动机由于这种"伺服"的性能而得名。

根据自动控制系统中伺服电动机的功用要求,伺服电动机必须具备可控性好、稳定性高和适应性强等基本性能。可控性好是指伺服电动机转子能够紧跟控制信号的变化,稳定性高是指转速随转矩的增加而匀速下降,适应性强是指反应快、灵敏。

伺服电动机分直流伺服电动机和交流伺服电动机。在数控机床上,直流伺服电动机在20 世纪 70—80 年代占据了绝对统治的地位,至今许多数控机床上仍使用直流伺服电动机。直流电动机的电刷和换向器易磨损,需经常维护;换向器换向时会产生火花,使电动机的最高转速受到限制,也使应用环境受到限制;而且直流电动机结构复杂,制造困难,所用钢铁材料消耗大,制造成本高。而交流电动机没有上述缺点,且转子惯量较直流电动机小,使得动态响应更好。在同样体积下,交流电动机可比直流电动机输出功率提高 10%~70%。此外,交流电动机的容量可比直流电动机大,以达到更高的电压和转速。因此,从 20 世纪 80年代后期开始,人们大量使用交流伺服系统,逐步取代了直流伺服电动机。

1. 直流伺服电动机

目前在数控机床进给驱动中采用的直流电动机主要是 20 世纪 70 年代研制成功的大惯量宽调速直流伺服电动机。这种电动机分为电励磁和永久磁铁励磁两种,但占主导地位的是永久磁铁励磁(永磁)直流伺服电动机。目前新型直流伺服电动机都采用新型的稀土永磁材料,新材料具有较大的矫顽力和较高的磁能积,因此抗去磁能力大为提高,使电动机体积大为缩小。

1) 直流伺服电动机的工作原理

直流伺服电动机的结构与一般的直流电动机结构相似,也是由定子、转子和电刷等部分组成的,在定子上有励磁绕组和补偿绕组,转子绕组通过电刷供电。由于转子磁场和定子磁场始终正交,因而产生转矩使转子转动。由图 5-9 可知,定子励磁电流产生定子电势 F_s,转子电枢电流 i_a 产生转子磁势为 F_r,F_s 和 F_r 垂直正交,补偿磁阻与电枢绕组串联,电流 i_a 又产生补偿磁势 F_c,F_c 与 F_r 方向相反,它的作用是抵消电枢磁场对定子磁场的扭斜,使电动机有良好的调速特性。

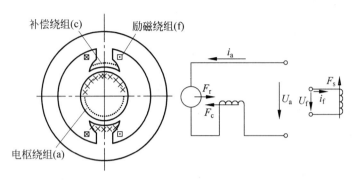

图 5-9　直流伺服电动机的结构和工作原理

2) 直流电动机的静态特性

(1) 电磁转矩

我们已知载流导体在磁场中受到的电磁力 $F = ILB$,由此可以得到电机电枢所受到的电磁转矩为

$$M_{em} = C_m \Phi I_a \tag{5-3}$$

式中,M_{em} 为电磁转矩,N·m;C_m 为电动机的一个常数;Φ 为主磁场每极下的气隙总磁通,Wb;I_a 为电枢电流,A。

当磁通 Φ 为常值时上式可写为

$$M_{em} = K_m I_a \tag{5-4}$$

式中,K_m 为转矩系数。

(2) 电枢反电势

当导体在磁场中运动并以速度 v 切割磁力线时,导体中产生的感应电势为 $E = vBL$。根据此式可以推得直流电动机电枢绕组中感应电势(在电动机中称为电枢反电势)为

$$E_a = C_e \Phi n \tag{5-5}$$

式中,C_e 为电动势常数,由电动机的结构决定;n 为电枢的转速。

当磁通 Φ 为常数时,上式可写成

$$E_a = K_e n \tag{5-6}$$

式中,K_e 为反电势系数。

(3) 直流电动机的静态特性与控制方法

当直流电动机的控制电压和负载转矩不变,电动机的电流和转速达到恒定的稳定值时,就称电动机处于静态(或稳态),此时直流电动机所具有的特性叫静态特性。

直流电动机的电枢是由线圈组成的,设电枢绕组的电阻和电感为 R_a 和 L_a。当直流电动机转动时电枢中会产生电枢反电势 E_a,如图 5-10 所示。根据基尔霍夫电

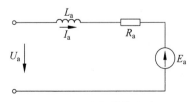

图 5-10　电枢等效电路

压回路定律可表示为

$$U_a = L_a \frac{\mathrm{d}I_a}{\mathrm{d}t} + I_a R_a + E_a \tag{5-7}$$

当电流 I_a 稳定不变时上式变为

$$U_a = I_a R_a + E_a \tag{5-8}$$

由式(5-5)和式(5-8)可推得

$$I_a = \frac{U_a - E_a}{R_a} = \frac{U_a - C_e \Phi n}{R_a} \tag{5-9}$$

上式反映了电动机转速 n 和电枢电压 U_a、磁通 Φ、电枢电流 I_a 之间的关系,而电枢电流和电磁转矩的关系为式(5-3),由此可得

$$n = \frac{U_a}{C_e \Phi} - \frac{M R_a}{C_e C_m \Phi^2} \tag{5-10}$$

由上式可见,当转矩 M 一定时,转速 n 是电枢电压 U_a 和磁通 Φ 的函数。它表明了电动机的控制特性,就是说,改变 U_a 或 Φ 都可以达到调节转速 n 的目的。通过调节电枢电压 U_a 来控制转速的方法叫电枢控制,通过调节磁通(改变励磁电压 U_f)来控制转速的方法叫磁场控制。这两种控制方法是不同的:电枢控制时,转速 n 和控制量 U_a 之间是线性关系;而对于磁场控制,转速 n 和控制量 Φ 是非线性关系。因此,在伺服系统中多采用电枢控制。

3) 直流电动机的特点

(1) 输出转矩大。因其力矩系数较大,所以产生的力矩较大,特别在低速时输出较大的转矩,可直接驱动数控机床的丝杠,省去了齿轮等减速机构,减小了噪声、振动及齿隙造成的误差。

(2) 具有较大的力矩/惯量比,快速性好。由于电动机自身惯量大,外部负载惯量相对较小,提高了机械抗干扰能力。因此伺服系统的调速与负载几乎无关,大大方便了机床的安装调试工作。

(3) 调速范围大。与高性能伺服单元组成速度控制装置时,调速范围超过 1:1000。

(4) 过载能力高。允许过载转矩达额定转矩的 4~10 倍。

(5) 转子热容量大。一般能过载运行几十分钟。

2. 交流伺服电动机

交流伺服电动机分为同步伺服电动机和异步伺服电动机两大类型。同步交流伺服电动机由变频电源供电时,可方便地获得与频率成正比的可变转速,可得到非常硬的机械特性及宽的调速范围,所以在数控机床的伺服系统中多采用永磁式交流同步伺服电动机。

1) 三相交流永磁同步电动机的工作原理

数控机床用于进给驱动的交流伺服电动机大多采用三相交流永磁同步电动机。它由定子、转子和检测元件 3 部分组成,其结构如图 5-11 和图 5-12 所示。定子具有齿槽,槽内嵌有三相绕组,其形状与普通感应电动机的定子结构相同。但为了改善伺服电动机的散热性能,齿槽呈多边形,且无外壳。转子由多块永久磁铁和冲片组成。这种结构的转子的特点是气隙磁密度较高,极数较多。

图 5-13 所示是具有两个极的永磁转子的交流永磁式同步伺服电动机的工作原理。当同步电动机的定子绕组接通三相交流电时,产生圆形或椭圆形旋转磁场(N_s,S_s),以同步转

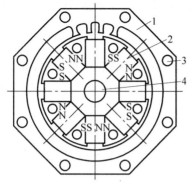

图 5-11　三相交流永磁伺服电动机横剖面

1—定子；2—永久磁铁；3—轴向通风孔；4—转轴

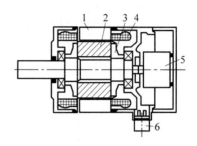

图 5-12　三相交流永磁伺服电动机纵剖面

1—定子；2—转子；3—压板；4—定子绕组；

5—旋转编码器；6—接线盒

速 n_s 逆时针方向旋转。根据两异性磁极互相吸引的道理,定子磁极
N_s（或 S_s）紧紧吸住转子永久磁极,以同步速 n_s 在空间旋转。即转
子和定子磁场同步旋转。

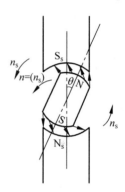

图 5-13　交流伺服电
动机原理

当转子的负载转矩增大时,定子磁极轴线与转子磁极轴线间的
夹角 θ 就会增大；当负载转矩减小时,θ 角会减小。但只要负载不超
过一定的限度,转子就始终跟着定子旋转磁场同步转动。此时转子
的转速只决定于电源频率和电动机的极对数,而与负载的大小无
关。当负载转矩超过一定的限度时,则电动机就会"失步",即不再
按同步转速运行甚至最后会停转。这个最大限度的转矩称为最大
同步转矩。因此,使用永磁式同步电动机时,负载转矩不能大于最
大同步转矩。

2）交流伺服电动机的主要参数

（1）额定功率。电动机长时间连续运行所能输出的最大功率,数值上约为额定转矩与
额定转速的乘积。

（2）额定转矩。电动机在额定转速以下所能输出的长时间工作转矩。

（3）额定转速。额定转速由额定功率和额定转矩决定,通常在额定转速以上工作时,随
着转速的升高,电动机所能输出的长时间工作转矩要下降。

（4）瞬时最大转矩。电动机所能输出的瞬时最大转矩。

（5）最高转速。电动机的最高工作转速。

（6）电动机转子惯量。电动机转子惯量影响起动频率和运行的平稳性。

5.2.3　直线电动机

随着以高效率、高精度为基本特征的高速加工技术的发展,对高速机床的进给系统也提
出了更高的要求,即高进给速度（60～200m/min）、高加速度（1～10g）和高精度,由"旋转伺
服电动机＋滚珠丝杠"构成的传统进给方式已很难适应这样的高要求。直线电动机是近年
来国内外积极研究发展的新型电动机之一,由于它取消了从电动机到工作台之间的中间传

动环节,把机床进给传动链的长度缩短为零,因此这种传动方式被称作直接驱动或者称为零驱动。

1. 直线电动机的结构和原理

直线电动机的工作原理与旋转电动机相比,并没有本质的区别,就是将旋转电动机的转子、定子以及气隙分别沿轴线剖开,展成平面状,使电能直接转换成直线机械运动,如图 5-14 所示。对应于旋转电动机的定子部分,称为直线电动机的初级。对应于旋转电动机的转子部分,称为直线电动机的次级。当多相交变电流通入多相对称绕组时,就会在直线电动机初级和次级之间的气隙中产生一个行波磁场,从而使初级和次级之间相对移动。当然,二者之间也存在一个垂直力,可以是吸引力,也可以是排斥力。

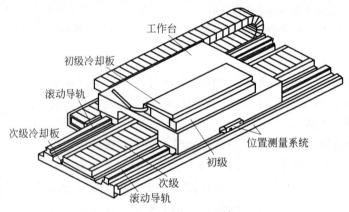

图 5-14　直线电动机的结构

直线电动机的驱动力与初级有效面积有关。面积越大,驱动力也越大。因此,在驱动力不够的情况下,可以将两个直线电动机并联或串联工作,或者在移动部件的两侧安装直线电动机。此外直线电动机的最大运动速度在额定驱动力时较高,而在最大驱动力时较低。

2. 直线电动机的特性

(1) 直线电动机所产生的力直接作用于移动部件,因此省去了滚珠丝杠和螺母等机械传动环节,可以减小传动系统的惯性,提高系统的运动速度、加速度和精度,避免振动的产生。

(2) 动态性能好,可以获得很高的运动精度。

(3) 行程不受限制,如果采用拼装的次级部件,还可以实现很长的直线运动距离。

(4) 运动功率的传递是非接触的,没有机械磨损。

以上是直线电动机的优点。但是由于直线电动机常在大电流和低速下运行,必然导致大量发热和效率低下。因此,直线电动机必须采用循环强制冷却及隔热措施,才不会导致机床产生热变形。

5.2.4　主轴电动机

1. 对主轴驱动的要求

为满足数控机床对主轴驱动的要求,主轴电动机应具备以下性能:

(1) 数控机床主传动要有较宽的调速范围,以保证加工时选用合理的切削用量,从而获得最佳的生产率、加工精度和表面质量。

（2）要求主轴在整个速度范围内均能提供切削所需的功率，并尽可能在全速度范围内提供主轴电动机的最大功率，即恒功率范围要宽。由于主轴电动机在低速段均为恒转矩输出，为满足数控机床低速强力切削的需要，常采用分段无级变速的方法，即在低速段采用机械减速装置，以提高输出转矩。

（3）要求主轴在正、反向转动时均可进行自动加减速控制，要求有四象限的驱动能力，并且加减速时间短。

（4）温升低，噪声和振动小。

（5）电动机过载能力强。

为满足上述要求，早期数控机床多采用直流主轴驱动系统。进入 20 世纪 80 年代后，随着微处理器技术、控制理论和大功率半导体技术的发展，交流驱动系统进入实用化阶段，现在绝大多数数控机床采用笼式感应交流电动机配置矢量变换变频调速系统的主轴驱动系统。这是因为：一方面由于笼式感应交流电动机不像直流电动机那样在高速、大功率方面受到限制；另一方面交流主轴驱动的性能已达到直流驱动系统的水平，甚至在噪声方面还有所降低。

2. 直流主轴电动机

当采用直流电动机作为主轴电动机时，直流主轴电动机的主磁极不是永磁式，而是采用铁芯加励磁绕组，以便进行调磁调速的恒功率控制。为改善磁场分布，有的主轴电动机在主磁极上除励磁绕组外还有补偿绕组。为改善换向特性，主磁极之间还有换向极。直流主轴电动机的过载能力一般约为 1.5 倍。

3. 交流主轴电动机

交流主轴电动机采用三相交流异步电动机。电动机由定子及转子构成，定子上有固定的三相绕组，转子铁芯上开有许多槽，每个槽内装有一根导体，所有导体两端短接在端环上，如果去掉铁芯，转子绕组的形状像一个鼠笼，所以叫作笼型转子。

定子绕组通入三相交流电后，在电动机气隙中产生一个旋转磁场，称同步转速。转子绕组中必须要有一定大小的电流以产生足够的电磁转矩带动负载，而转子绕组中的电流是由旋转磁场切割转子绕组而感应产生的。要产生一定数量的电流，转子转速必须低于磁场转速。因此，异步电动机也称笼型感应电动机，如图 5-15 所示。

图 5-15　交流主轴电动机

交流主轴电动机恒转矩与恒功率调速之比约为 1：3，过载能力为 1.2～1.5 倍，过载时间从几分钟到半小时不等。

主轴驱动目前主要有两种形式：一是主轴电动机带齿轮换挡变速，以增大传动比，放大主轴转矩，满足切削加工的需要；二是主轴电动机通过同步齿形带或皮带驱动主轴，该类主轴电动机又称为宽域电动机或强切削电动机，具有恒功率宽、调速比大等特点。采用强切削电动机后，由于无须机械变速，主轴箱内省去了齿轮和离合器，主轴箱实际上成为主轴支架，简化了主传动系统。

目前，电主轴在数控机床的主轴驱动中得到了越来越多的应用。所谓电主轴就是将主轴和主轴电动机合为一体,电动机转子轴本身就是主轴,这样进一步简化了机床结构,提高了主轴传动精度。

5.3　数控机床常用检测装置

5.3.1　概述

位置检测装置是数控机床的重要组成部分。在闭环和半闭环系统中,位置检测装置的主要作用是检测位移量,并发出反馈信号与数控装置插补计算的理论位置相比较,若有偏差,经放大后控制执行部件使其向着消除偏差的方向运动,直至偏差等于零为止。为了提高数控机床的加工精度,必须提高检测元件和检测系统的精度。常用的检测装置有旋转变压器、感应同步器、编码器、光栅、磁栅、激光干涉仪等。

1. 对位置检测装置的要求

在闭环和半闭环系统中,测量装置是保证机床加工精度的关键,数控机床对位置检测装置有以下几点要求:

(1)满足数控机床的精度和速度要求。不同类型的数控机床对检测装置的精度与速度有不同要求。一般来说,对于大型数控机床以满足速度要求为主。选择测量系统的分辨率或脉冲当量,一般要求比加工精度高一个数量级。目前检测原件的分辨率(检测原件能检测的最小位移量)一般在 $0.0001\sim0.01\mathrm{mm}$ 之内,测量精度一般为 $\pm0.001\sim\pm0.02\mathrm{mm/m}$。

(2)工作可靠。测量装置应能抗各种电磁干扰,基准尺寸对温湿度敏感性低,温湿度变化对测量精度影响小,能长期保持精度。

(3)便于安装和维护。检测装置安装时要有一定的安装精度要求,安装精度要合理。由于受使用环境影响,整个检测装置要求有较好的防尘、防油雾、防切屑等措施。

(4)使用维护方便,成本低。

2. 检测装置的常用类型

数控机床位置检测装置的种类很多。不同类型的数控机床,因工作条件和检测要求不同,检测方式也有所区别。目前,在半闭环和闭环系统中,位置检测装置常用的类型见表5-1。

表 5-1　数控机床常见的位置检测装置

类型	增 量 式	绝 对 式
回转型	脉冲编码器、旋转变压器、圆感应同步器、圆光栅、圆磁栅	多速旋转变压器、绝对脉冲编码器、三速圆感应同步器
直线型	直线感应同步器、计量光栅、磁尺、激光干涉仪	三速直线感应同步器、绝对值式磁尺

1)数字式和模拟式

数字式测量是将被测量用测量单位量化后以数字形式来表示。测量信号一般为电脉冲,可以直接把它送到数控装置进行比较、处理。光栅位置检测装置就是一种数字式测量装置。数字式测量装置的特点:被测的量转换为脉冲个数,便于显示和处理;测量精度取决于测量单位,与量程基本无关,但存在累积误差;测量装置比较简单,脉冲信号抗干扰能力较强。

模拟式测量是将被测的量用连续变量来表示,如电压变化、相位变化等。在数控机床上模拟式测量主要用于小量程的测量,例如感应同步器的一个线距内信号相位变化等。在大量程内作精确的模拟式测量时,对技术要求较高。模拟式测量的特点:直接测量被测量,无须量化;在小量程内可以实现高精度测量。

2)增量式和绝对式

增量式检测方式只测量位移增量,每移动一个测量单位就发出一个测量信号。如测量单位是 0.01mm 时,则每移动 0.01mm 就发出一个测量信号。典型的测量装置有感应同步器、光栅等,其优点是检测装置比较简单,任何一个对中点都可以作为测量起点。但在此系统中,移距是靠对测量信号计数后读出的,一旦计数有误,此后的测量结果将全错。另外,在发生故障时(如断电等)不能再找到事故前的正确位置,事故排除后,必须将工作台移至起点重新计数,才能找到事故前的正确位置。

绝对式测量可克服增量式测量的缺点。它的被测量的任意一点位置均由固定的零点标起,每一个被测点都有一个相应的测量值。装置的结构较增量式复杂,如编码盘中对应于码盘的每一个角度位置便有一组二进制位数。显然,分辨精度要求越高,量程越大,则所要求的二进制位数也越多,结构也就越复杂。

3)直接测量和间接测量

对机床的直线位移采用直线型检测装置测量,称为直接检测。其测量精度主要取决于测量元件的精度,不受机床传动精度的直接影响。但检测装置要与行程等长,这对大型数控机床来说是很大的限制。

对机床的直线位移采用回转型检测元件测量,称为间接测量。间接检测可靠、方便,无长度限制。缺点是在检测信号中加入了直线转变为旋转运动的传动链误差,从而影响检测精度。因此,为了提高定位精度,常常需要对机床的传动误差进行补偿。

目前数控系统几乎全部为数字形式,编码器以及光栅尺等数字形式传感器在数控系统中最为常用。本节主要介绍编码器、光栅尺、磁栅尺等的基本工作原理。

5.3.2 光栅尺

光栅尺(又称光栅)是利用光的透射、衍射现象制成的光电检测装置,用于测量运动部件的直线位移和角位移,是数控机床闭环控制系统中用得较多的测量装置。由于光栅尺利用光学原理检测工作,不需要励磁电压,因而信号处理电路比较简单。光栅尺由光源、聚光镜、标尺光栅(长光栅)、指示光栅(短光栅)和硅光电池等光敏元件组成。光栅尺实物及其结构示意图分别如图 5-16、图 5-17 所示。

图 5-16 光栅尺实物图

1. 光栅尺的分类

1)玻璃透射光栅

玻璃透射光栅是在玻璃表面感光材料的涂层上或者在金属镀膜上制成的透明与不透明间隔相等的光栅线纹,也有用刻蜡、腐蚀、涂黑工艺制成的。光栅的几何尺寸主要根据光栅线纹的长度和安装情况具体确定。这种光栅的特点:光源可以采用垂直入射光,光电元件直接接受光照,因此信号幅值比较大、信噪比好,光电转换器(光栅读数头)的结构简单;同

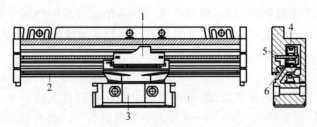

图 5-17 光栅尺结构示意图

1—读数头；2—密封条；3—安装支架；4—光源；5—光栅尺；6—光电池

时光栅每毫米的线纹数多,如刻线密度为 100 线/mm 时,光栅本身就已经细分到 0.01mm,再经过电路细分,可达到微米级的分辨率。玻璃易破裂,其热膨胀系数与机床金属部件不一致,因而影响测量精度。

2) 金属反射光栅

金属反射光栅是在钢直尺或不锈钢带的镜面上用照相腐蚀工艺制作的光栅,或用钻石刀直接刻划制作的光栅线纹。光栅和机床金属部件的热膨胀系数一致,接长方便,也可用钢带制作成长达数米的长光栅;标尺光栅安装在机床上所需的面积小,调整也很方便,适应于大位移测量的场所。其缺点:为了使反射后的莫尔条纹反差较大,每毫米内线纹不宜过多,因此分辨率比透射光栅低。常用的反射光栅的刻线密度为 4 条/mm,10 条/mm,25 条/mm,40 条/mm,50 条/mm。

2. 光栅尺的工作原理

1) 直线透射光栅尺的组成

光栅尺由光源、聚光镜、标尺光栅(长光栅)、指示光栅(短光栅)和光敏元件等组成,如图 5-18 所示。标尺光栅和指示光栅分别安装在机床的移动部件及固定部件上,两者相互平行,它们之间保持 0.05mm 或 0.1mm 的间隙。标尺光栅的长度相当于工作台移动的全行程。

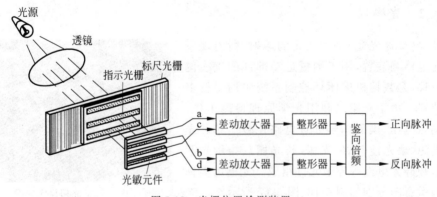

图 5-18 光栅位置检测装置

2) 莫尔条纹的产生

光栅尺上相邻两条光栅线纹间的距离称为栅距或节距 P,每毫米长度上的线纹数称为线密度 K,栅距与线密度互为倒数,即 $P = 1/K$,可根据精度确定 P。若标尺光栅和指示光栅的栅距 P 相等,并且指示光栅在其自身的平面内相对于标尺光栅倾斜一个很小的角度 θ,两块光栅的线纹相交。当光源通过聚光镜呈平行光线垂直照射在标尺光栅上时,在两片光栅线纹夹角的平分线相垂直的方向,形成明暗相间的条纹。这种条纹称为莫尔条纹,其节距为 W。

形成莫尔条纹的原理如图 5-19 所示。由于两光栅间有一微小的倾斜角 θ,使其线纹相互交叉,在交叉点近旁黑线重叠,减小了挡光面积,挡光效应弱,在这个区域内出现亮带,光强最大。相反,离交叉点远的地方,两光栅不透明黑线的重叠部分减少,挡光面积增大,挡光效应增强,由光源发出的光几乎全被挡住而出现暗带,光强为零。这样就形成了光栅的横向莫尔条纹,其节距为 W。当指示光栅沿标尺光栅连续移动时,莫尔条纹在某固定处的光强变化规律近似正弦曲线。光电器件所感应的光电流 I 的变化规律也近似正弦曲线,如图 5-20 所示。将光电流 I 经放大、整形等电路变换后变成脉冲信号,如图 5-21 所示。

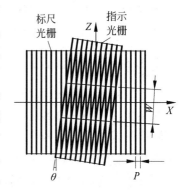

图 5-19　莫尔条纹的原理

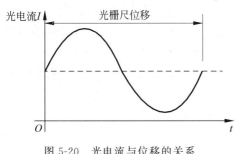

图 5-20　光电流与位移的关系

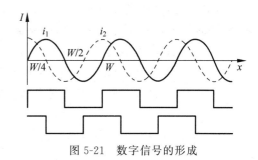

图 5-21　数字信号的形成

3. 莫尔条纹的特点

1）放大作用

由图 5-19 可见,栅距 P 和莫尔条纹节距 W 有如下关系:

$$W = \frac{P\cos\dfrac{\theta}{2}}{\sin\theta} \tag{5-11}$$

当 θ 角很小时,有

$$W \approx \frac{P}{\theta} \tag{5-12}$$

由式(5-12)可见,当 $P=0.01\text{mm}$ 时,把莫尔条纹的节距调成 10mm,则放大倍数相当于 1000 倍。因此,不需要经过复杂的光学系统,便将光栅的栅距放大了 1000 倍,从而大大简化了电子放大线路,这是光栅技术独有的特点。

2）平均效应

莫尔条纹是由若干线纹组成的,例如每毫米 100 线的光栅,10mm 长的莫尔条纹,等亮带由 2000 根刻线交叉形成。因而对个别栅线的间距误差(或缺陷)就平均化了,在很大程度上消除了短周期误差的影响。因此莫尔条纹的节距误差就取决于光栅刻线的平均误差。

3）莫尔条纹的移动规律

莫尔条纹的移动与栅距之间的移动成比例,当光栅移动一个栅距时,莫尔条纹也相应地移动一个节距；若移动方向相反,莫尔条纹的移动方向也相反。莫尔条纹移动有如下规律：若标尺光栅不动,将指示光栅按逆时针方向转过一个很小角度($+\theta$),然后使它向左移动,则莫尔条纹向下移动；反之,当指示光栅向右移动时,莫尔条纹向上移动。如果将指示光栅按顺时针方向转过一个小角度($-\theta$),则情况与上述的相反。

5.3.3　脉冲编码器

脉冲编码器又称码盘,是一种旋转式机械角位移传感器,是数控机床上使用很广泛的位置检测装置。脉冲编码器通常直接安装在被测轴上,随被测轴一起转动,并将角位移量用数字(脉冲)形式表示。这种检测方式的特点是非接触,无摩擦和磨损,驱动力矩小,响应速度快,缺点是抗污染能力差,容易损坏。脉冲编码器按编码方式可分为增量式和绝对值式,按码盘信息读取方式可分为光电式、接触式和电磁式。就精度与可靠性而言,光电式脉冲编码器优于其他两种。数控机床上主要使用光电式脉冲编码器。

1. 增量式编码器

增量式光电编码器的工作原理如图 5-22 所示。它由光源、透镜、光电盘、光栏板、光敏元件、整形放大电路、信息处理装置等组成。在光电盘的圆周上等分地制成透光狭缝,其数量从几百条到上千条不等。光栏板透光狭缝为两条,每条后面安装一个光敏元件。

光电盘转动时,光敏元件把通过光电盘和光栏板射来的忽明忽暗的光信号(近似于正弦信号)转换为电信号,经整形、放大等电路变换后变成脉冲信号,通过计量脉冲的数目,即可测出工作轴的转角。通过测定计数脉冲的频率,即可测出工作轴的转速。

从光栏板上两条狭缝中检测的信号 A 和 B,是具有 90°相位差的两个正弦波,这组信号经放大器放大与整形,输出波形如图 5-23 所示。根据先后顺序,即可判断光电盘的正反转。若 A 相超前于 B 相,对应电动机正转；若 B 相超前 A 相,对应电动机反转。若以该方波的前沿或后沿产生计数脉冲,可以形成代表正向位移和反向位移的脉冲序列。

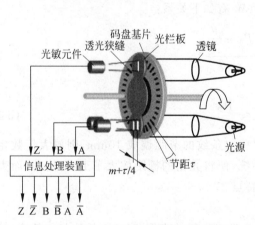

图 5-22　增量式脉冲编码器的工作原理

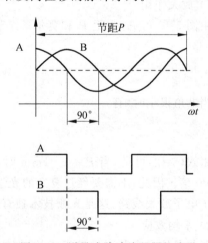

图 5-23　增量式脉冲编码器的波形

此外,在脉冲编码器的里圈还有一条透光条纹 C,用以产生基准脉冲,又称零点脉冲。编码器每旋转一周,在固定位置上产生一个脉冲。如数控车床切削螺纹时,可将此脉冲当作车刀进刀点和退刀点的信号使用,以保证切削螺纹不会乱牙。增量式编码器也可用于高速旋转的转数计数或加工中心等数控机床上的主轴准停信号。

2. 绝对值式编码器

绝对值式编码器是一种直接编码式的测量元件,通过读取编码盘上的图案来表示数值,它可直接把被测转角或位移转换成相应的代码,指示的是绝对位置,无累积误差,在电源切断后位置信息不会失去。编码盘按其工作原理可分为光电式及电磁式等几种。

图 5-24 所示为光电式二进制编码盘,图中空白的部分透光,用"0"表示,涂黑的部分不透光,用"1"表示。按照圆盘上形成二进位的每一环配置光电变换器,即图中用黑点所示位置。隔着圆盘从后侧用光源照射。此编码盘共有四环,每一环配置的光电变换器对应为 $2^0,2^1,2^2,2^3$。图中里侧是二进制的高位即 2^3,外侧是低位,如二进制的 1101,读出的是十进制数 13 的角度坐标值。当编码盘转动时,就可依次得到 $0000,0001,0010,\cdots,1111$ 的二进制输出。编码盘的分辨率与环数多少有关,环数越多,编码盘容量越大,每一位数移动的转角也越小。如有 n 环,则其角度分辨率为 $\theta=360°/2^n$。

二进制编码器主要缺点是图案转移点不明确,将在使用中产生较多的误读。经改进后的格雷编码盘的结构如图 5-25 所示,它的特点是每相邻十进制数之间只有一位二进制码不同。因此,图案的切换只用一位数(二进制的位)进行。所以能把误读控制在一个数单位之内,提高了可靠性。

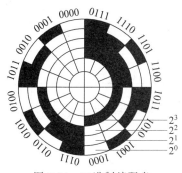

图 5-24　二进制编码盘

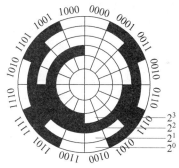

图 5-25　格雷编码盘

3. 增量式编码器和绝对值式编码器比较

在实际应用中,增量式编码器结构简单,成本低;但其移距是由测量信号计数读出的,基点特别重要,每次开机或因故停机后,都要重回参考点,排除故障后不能再找到事故前的正确位置,而且由于干扰易产生计数误差。增量式编码器多用于精度要求不是很高的经济型数控机床。而绝对值式编码器的坐标值直接从编码盘中读出,不会有累积误差;编码器本身具有机械式存储功能(需要外加电池),即使因停电或其他原因造成坐标值清除,通电后,仍可找到原绝对坐标位置。其缺点是当进给转数大于一转,需进行特别处理,而且必须用减速齿轮将两个以上的编码器连接起来,组成多级检测装置,使其结构复杂、成本高。绝对值式编码器多用于精度和速度要求较高的数控机床,特别是控制轴数多达四五个的加工中心上。

5.3.4　磁栅

磁栅位置检测装置由磁性标尺、磁头和检测电路组成,该装置方框图如图 5-26 所示。利用录磁原理将一定周期变化的方波、正弦波或脉冲电信号,用录磁磁头记录在磁性标尺

（或磁盘）的磁膜上，作为测量的基准。检测时，用
拾磁磁头将磁性标尺上的磁信号转化为电信号，
经过检测电路处理后用以计量磁头相对磁尺之间
的位移量。磁尺按其结构可分为直线磁尺和圆形
磁尺，分别用于直线位移和角度位移的测量。磁
性标尺制作简单，安装调整方便，对使用环境的条
件要求较低，如对周围电磁场的抗干扰能力较强，
在油污、粉尘较多的场合下使用有较好的稳定性。

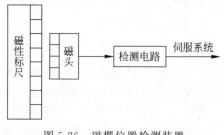

图 5-26　磁栅位置检测装置

高精度的磁尺位置检测装置可用于各种测量机、精密机床和数控机床。现将其组成及工作
原理分述如下。

1. 磁性标尺

磁性标尺，简称磁尺，是在非导磁材料的基体上涂敷或镀上一层很薄的磁膜（导磁材
料），然后用录磁磁头在其表面上录制相等节距的周期性变化的磁化信号，节距一般为
0.05mm，0.1mm，0.2mm，1mm 等几种。磁尺基体首先要不导磁，其次要求温度对测量精
度的影响小，希望其热膨胀系数在 $(10.5 \sim 12.0) \times 10^{-6}/℃$，即与普通钢材和铸铁相近。按
其基本形状，磁尺可分为以下几种。

1）平面实体形磁尺

如图 5-27(a)所示，磁头和磁尺之间留有间隙，磁头固定在带有板弹簧的磁头架上。磁
尺的长度一般小于 600mm，如需测量较长距离，可以接长。

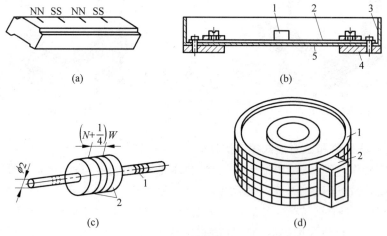

图 5-27　磁栅传感器

1—磁头；2—磁栅；3—屏蔽罩；4—基座；5—软垫

(a) 平面实体形磁尺；(b) 带状磁尺；(c) 线状磁尺；(d) 圆形磁尺

2）带状磁尺

带状磁尺是在磷青铜带上镀一层 Ni-Co-P 合金磁膜，带宽为 70mm，厚度为 0.2mm，最
大长度可达 15mm，其结构如图 5-27(b)所示。磁带固定在用低碳钢制作成的屏蔽壳体内，
并以一定的预紧力绷紧在框架或支架中，使带状磁尺随同框架或机床一起胀缩，从而减小温
度对测量精度的影响。工作时磁头与磁尺接触，因而有磨损。磁带是弹性件，允许有一定的

变形,因此,对安装精度要求不高。

3)线状磁尺

线状磁尺结构如图 5-27(c)所示,在直径为 2mm 的青钢丝上镀以镍-钴合金或用永磁材料制成。两磁头相距 $\lambda/4$,线状磁尺套在磁头中间,与磁头同轴,并有一定的间隙。由于磁尺被包围在磁头中间,抗干扰能力强,输出信号大,检测精度高。但由于线膨胀系数大,所以线状磁尺不宜过长,一般小于 1.5m,通常用在小型精密机床或测量机上。

4)圆形磁尺

圆形磁尺的结构如图 5-27(d)所示,磁头与带状磁尺的磁头相同。磁尺制成磁盘或磁鼓形状,用于检测角位移。

近年来发展了粗刻度磁尺,其磁信号节距为 4mm,经过 1/4、1/40 或 1/400 的内插细分,其显示值分别为 1mm,0.1mm,0.01mm。这种磁尺制作成本低,调整方便,磁头与磁尺间为非接触式,因而寿命长,适用于精度要求较低的数控机床。

2. 拾磁磁头

拾磁磁头是进行磁-电转换的变换器,它把反映空间位置变化的磁化信号检测出来,转换成电信号输送到检测电路中去。普通录音机上的磁头输出电压幅值与磁通的变化率成正比,属于速度响应型磁头。由于在数控机床上需要在运动和静止时都要进行位置检测,因此应用在磁栅上的磁头是磁通响应型磁头。它不仅在磁头与磁性标尺之间有一定相对速度时能拾取信号,而且在它们相对静止时也能拾取信号。磁通响应型磁头的结构如图 5-28 所示。该磁头有两组绕组,即绕在磁路截面尺寸较小的横臂上的激磁绕组和绕在磁路截面较大的竖杆上的拾磁绕组。当对激磁绕组施

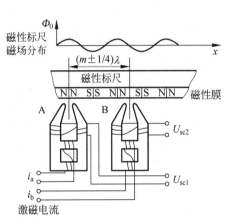

图 5-28　磁通响应型磁头的结构

加励磁电流 $i_a = i_0 \sin\omega t$ 时,在 i_a 的瞬时值大于某一数值以后,横臂上的铁芯材料饱和,这时磁阻很大,磁路被阻断,磁性标尺的磁通 $\varPhi_0$ 不能通过磁头闭合,输出线圈不与 $\varPhi_0$ 交链。当 i_a 的瞬时值小于某一数值时,i_a 所产生的磁通 $\varPhi_1$ 也随之减小。两横臂中磁阻也减小到很小,磁路开通,$\varPhi_0$ 与输出线圈交链。由此可见,励磁线圈的作用相当于磁开关。

3. 磁栅的工作原理

励磁电流在一个周期内两次过零、两次出现峰值,相应地,磁开关通断各两次。磁路由通到断的时间内,输出线圈中交链磁通量由 $\varPhi_0 \rightarrow 0$;磁路由断到通的时间内,输出线圈中交链磁通量由 $0 \rightarrow \varPhi_0$。$\varPhi_0$ 是由磁性标尺中的磁信号决定的,由此可见,输出线圈输出的是一个调幅信号,即

$$U_{sc} = U_m \cos(2\pi x/\lambda)\sin\omega t \qquad (5-13)$$

式中,U_{sc} 为输出线圈中输出感应电压;U_m 为输出电势的峰值;λ 为磁性标尺节距;x 为磁头对磁性标尺的位移量(选定某一 N 极作为位移零点);ω 为输出线圈感应电压的幅值,它比励磁电流 i_a 的频率 ω_0 高 1 倍。

由上可见,磁头输出信号的幅值是位移 x 的函数。只要测出 U_{sc} 过零的次数,就可以知

道 x 的大小。

　　使用单个磁头的输出信号小,而且对磁性标尺上磁化信号的节距和波形要求也比较高。实际使用时,将几十个磁头用一定的方式串联,构成多间隙磁头。

　　为了辨别磁头的移动方向,通常采用间距为 $(m\pm1/4)\lambda$ $(m=1,2,3,\cdots)$ 的两组磁头,并使两组磁头的励磁电流相位相差 $45°$,这样两组磁头输出的电势信号相位相差 $90°$。

　　如果第一组磁头输出信号为

$$U_{sc1}=U_m\cos(2\pi x/\lambda)\sin\omega t \tag{5-14}$$

则第二组磁头输出信号为

$$U_{sc2}=U_m\sin(2\pi x/\lambda)\sin\omega t \tag{5-15}$$

　　磁栅检测是模拟量测量,必须和检测电路配合才能进行。磁栅的检测电路包括磁头激磁电路、拾取信号放大、滤波及辨向电路、细分内插电路、显示及控制电路等。

　　根据检测方法的不同,也可分为幅值检测和相位检测两种,通常相位检测应用较多。

5.3.5　旋转变压器

　　旋转变压器是一种角度测量装置,结构简单,动作灵敏,对环境无特殊要求,维护方便,输出信号幅度大,抗干扰强,工作可靠,广泛应用在数控机床上。

1. 旋转变压器的结构和工作原理

　　旋转变压器结构上与两相绕线式异步电动机相似,由定子和转子组成,是根据互感原理工作的。励磁电压加在定子绕组上,励磁频率通常为 $400\,\mathrm{Hz}$,$500\,\mathrm{Hz}$,$1000\,\mathrm{Hz}$,$2000\,\mathrm{Hz}$,$5000\,\mathrm{Hz}$ 等。通过电磁耦合,转子绕组产生感应电压。如图 5-29 所示,其输出电压的大小取决于定子和转子两个绕组轴线在空间的相对位置。假设加到定子绕组的励磁电压为 $U_1=U_m\sin\omega t$,则转子绕组通过电磁耦合,产生感应电压 U_2。当两绕组和绕组磁轴垂直时,转子绕组感应电压 $U_2=0$;而当转子绕组磁轴自垂直位置转过角度 θ 时,转子绕组中感应电压为

$$U_2=kU_1\sin\theta=kU_m\sin\omega t\sin\theta \tag{5-16}$$

式中,k 为电磁耦合系数(旋转变压器的电压比),$k=\omega_1/\omega_2$;ω_1、ω_2 为定子、转子绕组匝数;U_m 为最大瞬时电压;θ 为两绕组轴线间夹角。

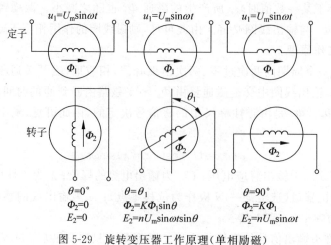

图 5-29　旋转变压器工作原理(单相励磁)

当转子绕组磁轴转到与定子绕组磁轴平行时（$\theta = 90°$），转子绕组中产生的感应电压 U_2 为最大，其值为 $U_2 = kU_m\sin\omega t$。

旋转变压器在结构上保证了转子绕组中的感应电压随转子的转角以正弦规律变化。当转子绕组中接以负载时，其绕组中便有正弦感应电流通过，该电流所产生的交变磁通将使定子和转子间的气隙中的合成磁通畸变，从而使转子绕组中输出电压也发生畸变。为了克服上述缺点，通常采用正弦、余弦旋转变压器，其定子和转子绕组均由两个匝数相等且相互垂直的绕组构成，如图 5-30 所示。一个转子绕组作为输出信号，另一个转子绕组接高阻抗作为补偿。当定子绕组用两个相位相差 90°的电压励磁时，即 $U_1 = U_m\sin\omega t$，$U_2 = U_m\cos\omega t$，应用叠加原理，转子绕组中一个绕组的输出电压（另一个绕组短接）为

$$U_3 = kU_m\sin\omega t\sin\theta + kU_m\cos\omega t\cos\theta = kU_m\cos(\omega t - \theta) \tag{5-17}$$

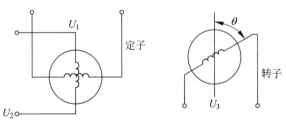

图 5-30 旋转变压器工作原理（两相励磁）

2. 旋转变压器的工作方式

旋转变压器作为位置检测装置，有两种工作方式：鉴相式工作方式和鉴幅式工作方式。

1）鉴相式工作方式

由式（5-17）可以看出，转子绕组感应电动势的频率与励磁电压相同，而相位则随转子绕组与定子绕组之间的夹角而变化。因此，可以通过测量旋转变压器转子绕组中感应电动势幅值或相位的方法测量转子转角 θ 的变化。在实际应用中，把定子正弦绕组励磁的交流电压相位作为基准相位，与转子绕组输出电压相位作比较，来确定转子转角的位置。

2）鉴幅式工作方式

给定子的两个绕组分别通以同频率、同相位而幅值分别按正弦、余弦变化的交流励磁电压，即

$$U_1 = U_m\sin\alpha\sin\omega t \tag{5-18}$$

$$U_2 = U_m\cos\alpha\sin\omega t \tag{5-19}$$

式中，α 为励磁电压幅值变化的相位角。

转子的感应电动势为

$$U_3 = KU_m\sin\omega t\sin(\theta - \alpha) \tag{5-20}$$

由式（5-20）可以看出，转子感应电动势的大小与定子和转子的相对位置有关，并与励磁信号有关。在实际应用中，根据转子绕组产生的电压大小，不断修正定子励磁信号的幅值，使其跟踪 θ 的变化。

5.3.6 感应同步器

感应同步器是一种电磁感应式的高精度位移检测装置。实质上它是多极旋转变压器的展开形式，是一种非接触电磁测量装置，分为回转式和直线式两种，分别用于测量角位移和

直线位移。感应同步器的输出是模拟量,抗干扰能力强,环境要求低,结构简单,可以方便地通过接长来增大量程,成本低。

　　直线感应同步器由定尺和滑尺两部分组成。定尺和滑尺分别安装在机床床身和工作台上,滑尺随工作台一起移动,两者平行放置,定尺与滑尺之间有均匀的气隙,在定尺表面制有连续平面绕组,绕组节距为 P。滑尺表面制有两段分段绕组:正弦励磁绕组和余弦励磁绕组,它们相对于定尺绕组在空间错开 $P/4$。直线感应同步器结构示意图如图 5-31 所示。

　　感应同步器的工作原理与旋转变压器基本一致。使用时,在滑尺绕组通以一定频率的交流电压,由于电磁感应,在定尺的绕组中产生感应电压,其幅值和相位取决于定尺和滑尺的相对位置。图 5-32 示出了定尺感应电压与定尺、滑尺之间相对位置的关系。如果滑尺处于 a 点位置,即滑尺绕组与定尺绕组完全重合,则定尺上感应电压最大。随滑尺相对定尺作平行移动,感应电压慢慢减小,当滑尺相对定尺刚好错开 $P/4$ 时,即图中 b 点,感应电压为 0。再继续移至 $P/2$ 位置,即图中 c 点,为最大负值电压。再移至 $3P/4$ 处,即图中 d 点时,感应电压又变为 0。继续移至一个节距处,即图中 e 点,又恢复初始状态,与 a 点位置完全相同。这样滑尺在移动一个节距内,感应电压变化了一个余弦周期。

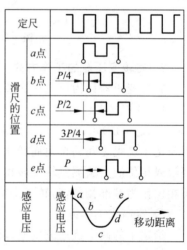

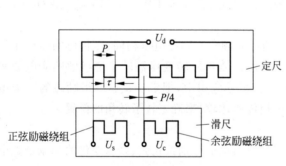

图 5-31　直线感应同步器结构示意图　　　　　图 5-32　感应同步器的工作原理

5.4　位　置　控　制

　　位置控制和速度控制是数控机床进给伺服系统的重要环节。位置控制装置根据计算机插补运算得到的位置指令,与位置检测装置反馈来的机床坐标轴的实际位置相比较,形成位置偏差,经变换得到速度给定电压。速度控制装置根据位置控制装置输出的速度电压信号和速度检测装置反馈的实际转速对伺服电动机进行控制,以驱动机床传动部件。因为速度控制装置是伺服系统中的功率放大部分,所以也称速度控制装置为驱动装置或伺服放大器。

5.4.1　位置控制的基本原理

　　位置控制是一个闭环或半闭环系统。移动部件的位置可由检测元件检测到,并送给计算机作比较,因而机床移动部件的定位精度较高。

图 5-33 所示是位置控制系统示意图,由位置控制、速度控制和位置检测三部分组成。位置控制装置的作用是将插补计算得出的瞬时位置指令值 P_s 和检测出的实际位置相比较,产生位置偏移量 ΔP,再把 ΔP 变换为瞬时速度指令电压 U_{sn};速度控制装置的作用是将瞬时速度指令电压 U_{sn} 和检测的速度电压 U_{fn} 比较后放大为驱动伺服电动机的电枢电压;位置检测装置的作用是把位置检测元件检测到的信号转换为与指令位置量级相同的数字量 P_f,供位置控制环节比较使用。

实现位置比较的方法有脉冲比较法、相位比较法和幅值比较法。

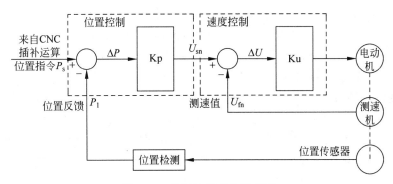

图 5-33　位置控制系统示意图

5.4.2　脉冲比较法

脉冲比较器由可加减的可逆计数器和脉冲分离器组成,如图 5-34 所示。它用于将脉冲信号 P_c 与反馈的脉冲信号 P_f 相比较,得到脉冲偏差信号 ΔP。能产生脉冲信号的位置检测装置有光栅尺、光电编码器等。

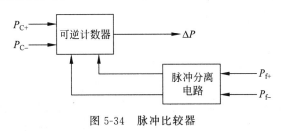

图 5-34　脉冲比较器

P_{C+}、P_{C-}、P_{f+}、P_{f-} 的加减定义见表 5-2。

表 5-2　P_c、P_f 的定义

位置指令	含　义	可逆计数器计数	位置反馈	含　义	可逆计数器计数
P_{C+}	正向运动指令	＋	P_{f+}	正向位置反馈	－
P_{C-}	反向运动指令	－	P_{f-}	反向位置反馈	＋

当数控系统要求工作台向一个方向进给时,经插补运算得到一系列进给脉冲作为指令脉冲,其数量代表工作台的指令进给量,频率代表工作台的进给速度,方向代表工作台的进给方向。以增量式光电编码器为例,当光电编码器与伺服电动机及滚珠丝杠直连时,随着伺服

电动机的转动,光电编码器产生序列脉冲输出,脉冲的频率将随着电动机转速的快慢而升降。

现设工作台的初始状态为静止,若指令脉冲 $P_C=0$,这时反馈信号 $P_f=0$,偏差信号 $\Delta P=0$,则伺服电动机的速度给定值为零,工作台继续保持静止状态。若给定一正向指令脉冲 $P_{C+}=2$,可逆计数器加 2,在工作台尚未移动之前,反馈信号 $P_{f+}=0$,可逆计数器输出 $\Delta P=P_C-P_f=2$,经位置/速度变换,得到正的速度指令,伺服电动机正转,工作台正向进给。工作台正向运动,即有反馈信号 P_{f+} 产生,当 $P_{f+}=1$,可逆计数器减 1,此时 $\Delta P=P_C-P_f=1>0$,伺服电动机仍正转,工作台继续正向进给。当 $P_{f+}=2$ 时,$\Delta P=P_C-P_f=0$,则速度指令为零,伺服电动机停转,工台停止在位置指令所要求的位置。当指令脉冲为反向 P_{C-} 时,控制过程与正向时相同,只是 $\Delta P<0$,工作台反向运动。

脉冲比较过程中值得注意的问题:指令脉冲和反馈脉冲分别来自插补器和光电编码器,虽然经过一定的整形和同步处理,但两种脉冲源有一定的独立性,脉冲的频率随运转速度的不同而不断变化,脉冲到来的时刻两脉冲源互相可能错开或重叠。在进给控制的过程中,可逆计数器要随时接受加法或减法两路计数脉冲。当这两路计数脉冲先后到来并有一定的时间间隔时,则该计数器无论先加后减,或先减后加,都能可靠地工作。但是,如果两路脉冲同时进入计数脉冲输入端,则计数器的内部操作可能会因脉冲的"竞争"而产生误操作,影响脉冲比较的可靠性。为此,必须在指令脉冲与反馈脉冲进入可逆计数器之前,进行脉冲分离处理。

当采用绝对式光电编码器时,通常情况下,先将位置检测的代码反馈信号经数码-数字转换,变成数字脉冲信号,再进行比较。

5.4.3 相位比较法

在相位比较法中,常用旋转变压器、感应同步器或磁栅作为位置检测装置。相位比较法实质是脉冲相位的比较,而不是脉冲数量上的比较。实现相位比较的比较器称为鉴相器。感应同步器相位比较控制原理框图如图 6-35 所示。

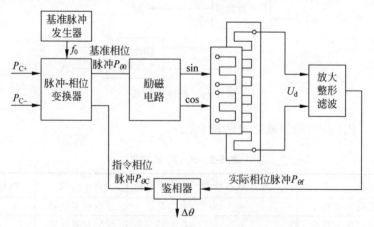

图 5-35 感应同步器相位比较控制原理框图

图 5-35 中,基准脉冲发生器通过脉冲-相位变换器进行分频,产生基准相位脉冲 $P_{\theta 0}$,该脉冲经过励磁电路,形成与基准相位脉冲 $P_{\theta 0}$ 同频率的正、余弦励磁电压加在感应同步器的正、余弦励磁绕组上。由感应同步器工作原理可知,感应同步器在鉴相工作方式时,定尺绕

组中的感应电压为 $U_d = kU_m \sin(\omega t - \theta) = kU_m \sin\left(\omega t - \dfrac{2\pi X}{\tau}\right)$。感应同步器的感应电压 U_d
的相位 θ 随着工作台的移动而发生变化,相对于基准相位 θ_0 有超前或滞后。感应电压 U_d
经放大、整形、滤波产生实际相位脉冲 $P_{\theta f}$。进给指令脉冲 P_C 经过脉冲-相位变换器的加、
减,再通过分频产生超前或滞后于 $P_{\theta 0}$ 的指令相位脉冲 $P_{\theta C}$。由于指令相位脉冲 $P_{\theta C}$ 的相
位 θ_C 和实际相位脉冲 $P_{\theta f}$ 的相位 θ_f 均以基准相位脉冲 $P_{\theta 0}$ 的相位 θ_0 为基准,因此,θ_C 和 θ_f
通过相位比较器即鉴相器可获得信号。鉴相器的输出信号经低通滤波,变换成为平滑的电
压信号,作为速度控制信号。同时,鉴相器还必须对超前或滞后作出判别,使得速度控制信
号在正向指令时为正,反向指令时为负。

当无进给指令时,即 $P_{C+}=0$,工作台静止,指令脉冲的相位 θ_C 与基准脉冲相位 θ_0 同相
位。同时,因工作台静止无反馈,故实际相位 θ_f 也与基准脉冲相位 θ_0 同相位,经鉴相器得
$\Delta\theta = \theta_C - \theta_f$,即速度控制信号为零,伺服电动机不转,工作台静止,如图 5-36(a)所示。

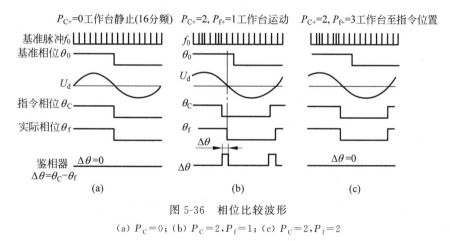

图 5-36　相位比较波形

(a) $P_C = 0$；(b) $P_C = 2, P_f = 1$；(c) $P_C = 2, P_f = 2$

当有正向进给指令时,$P_{C+}=2$,在指令获得的瞬时,工作台仍静止,指令脉冲的相位 θ_C
超前基准脉冲相位 θ_0,实际位置相位 θ_f 为初始状态。经鉴相器得 $\Delta\theta > 0$,速度控制信号大于
零,伺服电动机正转,工作台正向移动。随着工作台的正向移动,感应同步器检测出工作台
位移所对应的电压 U_d,由此产生的实际相位 θ_f 超前基准相位 θ_0,但始终是跟随指令相位
θ_C,力图使 $\Delta\theta = \theta_C - \theta_f$ 不断减小并趋于零,如图 5-36(b)所示。

随着工作台的继续正向移动,实际相位 θ_f 超前基准相位 θ_0 的数值增加,当 $\theta_C = \theta_f$ 时,
经鉴相器得 $\Delta\theta = 0$,速度控制信号为零,伺服电动机停转,工作台停止在指令所要求的位置
上,如图 5-36(c)所示。

当进给为反向指令时,相位比较和控制过程与正向进给类似,所不同的是指令脉冲相对
于基准脉冲为减脉冲,故指令相位 θ_C 相对于基准相位 θ_0 为滞后;同时,实际相位 θ_f 相对于
基准相位 θ_0 也为滞后,经鉴相器比较后所得的速度指令信号为负,伺服电动机反转,工作台
反向移动至指令位置。

至于一个脉冲相当于多少相位增量,取决于脉冲-相位变换器中的分频系数 N 和脉冲
当量。如感应同步器一个节距 $\tau = 2\text{mm}$(相当于 $360°$),分频系数 $N = 2000$,则脉冲当量 $\delta = \tau/N = 2/2000 = 0.001\text{mm}$/脉冲,相位增量为 $\delta/\tau \times 360° = 0.001/2 \times 360° = 0.18°$/脉冲,即

一个脉冲有 0.18°的相位移。

在感应同步器中,相位角 θ 与直线位移 x 成正比。当采用旋转变压器时,相位角 θ 即为角位移本身。

5.4.4　幅值比较法

幅值比较是以位置检测信号的幅值大小来反映机械位移的数值,并以此为位置反馈信号,与指令信号进行比较得到位置偏差信号。位置检测装置可采用旋转变压器或感应同步器的幅值工作状态。图 5-37 所示为感应同步器幅值比较控制原理框图。

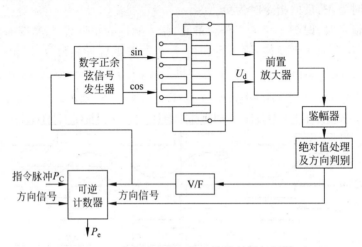

图 5-37　感应同步器幅值比较控制原理框图

由感应同步器工作原理可知,感应同步器在幅值工作方式时,定尺绕组的感应电压 $U_d = KU_m \sin\omega t \sin(\theta_1 - \theta) = KU_m \sin\omega t \sin\Delta\theta$,当 $\Delta\theta$ 很小时,$U_d = kU_m \dfrac{2\pi}{\tau}\Delta X \sin\omega t$。在幅值工作方式中,每当改变一个 x 的位移增量,就有感应电压 U_d 产生,当 U_d 超过某一预先设定的门槛电平时,就产生脉冲信号,该脉冲作为反馈检测脉冲 P_f 与指令脉冲 P_C 比较得到偏差脉冲 P_e,经转换变为速度控制信号。同时,为了使电气设定角 θ_1 跟随相位角 θ 的变化,脉冲信号 P_f 还用来修正(正弦、余弦)励磁信号 u_s、u_c。使感应电压重新降低到门槛电平以下。通过不断地修正、比较,实现对位置的控制。因此幅值比较的实质仍是脉冲比较,只不过反馈脉冲是通过门槛电平获得的。

反馈信号由感应同步器定尺绕组输出的感应电压 U_d 经前置放大器整形放大后,送鉴相器,产生正比于幅值的门槛电平信号,该电平信号同时又反映了工作台移动的方向,正向移动为正,反向移动为负。鉴幅器输出的电平信号经绝对值及方向判别电路处理后,将正、反方向移动的信号统一为正信号,正、反移动方向用高、低电平来表示。电压-频率(V/F)变换器的任务是把门槛电平变换成相应的脉冲序列,该脉冲序列的重复频率与门槛电平的高、低成正比。幅值比较控制的信号变换如图 5-38(a)所示。

为了使 θ_1 跟随 θ 的变化,通过数字正、余弦信号发生器产生正、余弦励磁电压。所谓数字正、余弦信号发生器是指供给滑尺的正、余弦的励磁信号不是正弦电压,而是如图 5-38(b)所示的脉宽可调的方波脉冲,它将电气设定角 θ_1 与励磁脉冲的宽度联系起来。

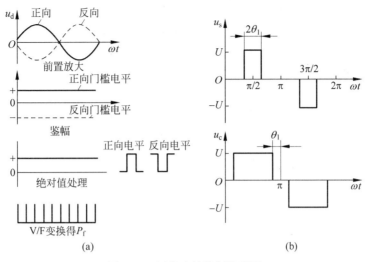

图 5-38　幅值比较控制波形图

(a) 信号变换波形；(b) 数字正、余弦励磁信号波形

对于这样一组方波信号，根据傅里叶级数可以由一组波形组成，其中基波信号 $u_s = 4U/(\pi\sin\theta_1\sin\omega t)$，$u_c = 4U/(\pi\cos\theta_1\sin\omega t)$。如果设定 $U_m = 4U/\pi$，则 u_s、u_c 等同于幅值工作方式时励磁电压。

　　总之，对感应同步器而言，在幅值比较时，每移动一个位移量 Δx，通过变换即产生一定的反馈脉冲 P_f。工作台不断移动，P_f 不断产生，经脉冲比较得到偏差脉冲 P_e，直至指令脉冲 P_c 等于反馈脉冲 P_f，P_e 为零，工作台停止在指令要求的位置上。

5.5　速　度　控　制

　　速度控制装置也称驱动装置，数控机床中的驱动装置因驱动电动机的不同而不同。步进电动机的驱动装置有高低压切换、恒流斩波等。直流伺服电动机的驱动装置有脉宽调制（PWM）、晶闸管（SCR）控制，交流伺服电动机的驱动装置有它控变频控制和自控变频控制。直流主轴电动机的驱动装置有交流晶闸管控制，交流主轴电动机的驱动装置有通用变频控制和矢量控制。驱动装置中常用的功率器件有大功率晶体管、功率场效应晶体管、绝缘门极晶体管、普通晶闸管和可关断晶闸管等，这些功率器件在驱动装置中的作用就是将控制信号进行功率放大。

　　驱动装置涉及微电子技术、功率半导体技术、微处理器、自动控制技术和数字信号处理器等各种技术的综合，需要较深的专业基础知识，因此现在各类驱动装置绝大多数都已经制成成型产品，并且提供数字化接口，方便用户使用。

5.5.1　步进电动机驱动装置

　　步进电动机驱动装置（步进驱动器）是一种将电脉冲转化为角位移的执行机构，它主要完成两个方面的功能：环形分配以及功率放大，其基本原理框图如图 5-39 所示。环形分配器的主要功能是把来源于控制环节的时钟脉冲串按一定的规律分配给步进电动机驱动器的各相输入端。环形分配器既可以硬件实现,也可以软件实现。当步进驱动器接收到一个脉冲信号时,通过环形分配电路产生按一定规律对各相绕组轮流通电的控制信号,驱动步进电动机按设定的方向转动一个固定的角度(步距角),它的旋转是以固定的角度一步一步运行的。通过控制步进电动机指令脉冲的数量来控制角位移量,从而达到准确定位的目的;同时可以通过控制脉冲频率来控制电动机转动的速度和加速度,从而达到调速和定位的目的。图 5-40 所示为具有电流、细分设定等的步进电动机驱动器实物图。

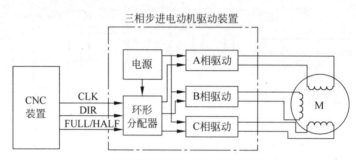

图 5-39　硬件环形分配驱动与数控装置的连接

图 5-40　步进电动机驱动器

5.5.2　直流伺服电动机驱动装置

目前,直流速度控制单元多采用晶闸管(即可控硅 SCR)调速系统和晶体管脉宽调制(PWM)调速系统。晶闸管调速系统中,多采用三相全控桥式整流电路作为直流速度控制单元的主回路,通过对晶闸管触发角的控制,达到控制电动机电枢电压的目的。而脉宽调速系统是利用脉宽调制器对大功率晶体管的开关时间进行控制,将直流电压转换成某一频率的方波电压,加到电动机电枢的两端,通过对方波脉冲宽度的控制,改变电枢的平均电压,从而达到控制电动机转速的目的。

脉宽调制(PWM)系统与晶闸管控制方式(SCR)相比具有开关频率高、电枢电流脉动小、调速范围宽以及动态特性好的特点,目前驱动系统大多采用 PWM 调速系统。

PWM 调速系统主要由脉宽调制电路以及功率转换电路两部分组成。随着微处理器技术的发展,越来越多的微处理器都具有脉宽调制电路,因此以微处理器为核心,增加适当的外围器件构成的驱动电路成为当前伺服驱动器的主流。图 5-41 所示是一个以微处理器为核心的直流伺服电动机驱动电路原理图。图中,TMS320LF2407A DSP 是处理器核心,其中包含 PWM 生成电路、脉冲编码器接口电路等适合直流电动机驱动的特定电路。Si9979 是专用的单片三相无刷直流电动机控制器,编码器作为位置、速度反馈元件。

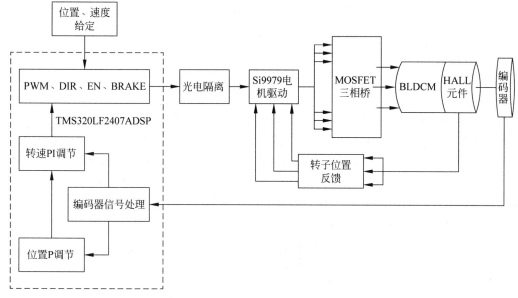

图 5-41   直流伺服电动机驱动电路原理图

5.5.3 交流伺服电动机驱动装置

进给用交流伺服电动机多采用三相交流永磁同步电动机。调速方法常采用变频调速,变频调速系统可以分为它控变频和自控变频两大类。它控变频调速系统是用独立的变频装置给电动机提供变压变频电源,自控变频调速系统是用电动机轴上所带的转子位置检测器来控制变频的装置。

1. 频率调制原理

工业用电的频率是固定的 50Hz,必须采用变频的方法改变电动机供电频率,常用的方法有两种:直接的交-交变频和间接的交-直-交变频。交-交变频是用晶闸管整流器把工频交流电直接变成频率较低的脉动交流电,正组输出正电压脉波,反组输出负电压脉波,这个脉动交流电的基波电压就是所需变频电压。但这种方法得到的交流电波动较大。

交-直-交变频(见图 5-42)是先把交流电整流成直流电,然后把直流电压变成矩形脉冲波电压,这个矩形脉冲波的基波就是所要的变频电压。因交-直-交变频所得交流电波动小、调频范围宽、调节线性度好,所以数控机床上经常采用这种方法。在交-直-交变频中,可分为中间直流电压可调式 PWM 逆变器和中间直流电压固定的 PWM 逆变器,根据中间直流电路上的储能元件是大电容或大电感分为电压型 PWM 逆变器和电流型 PWM 逆变器。电压固定的 PWM 逆变器是典型的交-直-交逆变器。

2. SPWM 波调制原理

正弦波脉宽调制称为 SPWM,是 PWM 调制的一种。SPWM 波调制变频器不仅适用于交流永磁式伺服电动机,也适用于交流感应式伺服电动机。SPWM 采用正弦规律脉宽调制原理,具有功率因数高、输出波形好等优点,因而在交流调速系统中获得广泛应用。

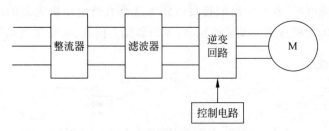

图 5-42　交-直-交变频器的组成

图 5-43 所示是模拟式单相 SPWM 波调制原理。在 SPWM 中,输出电压是由三角载波调制的正弦电压得到。SPWM 的输出电压 U_0 是一个幅值相等、宽度不等的方波信号。其各脉冲的面积与正弦波下的面积成比例,所以脉宽基本上按正弦分布,其基波是等效正弦波。用这个输出脉冲信号经功率放大后作为交流伺服电动机的相电压(电流),改变正弦基波的频率就可改变电动机相电压(电流)的频率,实现调频调速的目的。

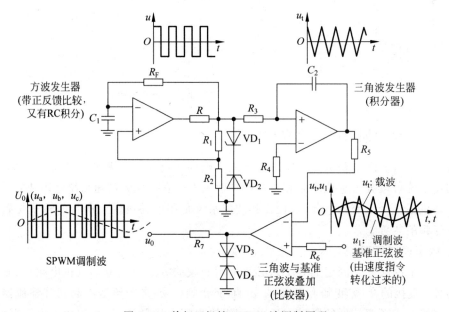

图 5-43　单相双极性 SPWM 波调制原理

除了模拟式 SPWM 波形控制方法外,数字控制 SPWM 应用越来越广泛,其通常采用的方法有:①微机存储事先算好的 SPWM 数据表格,由指令调出,或通过软件实时生成;②专用集成芯片;③单片机微处理器直接带有 SPWM 信号产生功能。

思考与练习

5-1　数控机床驱动电动机有哪些种类?

5-2　步进电动机的结构有哪些特点?

5-3　何谓步距角?步距角的大小与哪些参数有关?

5-4　步进电动机的转向和转速是如何控制的?

5-5　何谓反应式步进电动机的运行矩频特性和启动矩频特性?

5-6　某五相步进电动机转子有 48 个齿,计算其单拍制和双拍制的步距角。

5-7　为什么经济型数控系统采用以步进电动机为驱动元件的开环伺服系统?

5-8　步进电动机有 80 个齿,采用三相六拍工作方式,丝杠导程为 5mm,工作台最大移动速度为 10mm/s。试求:

(1) 步进电动机的步距角 θ。

(2) 脉冲当量 Δ。

(3) 步进电动机的最高工作频率 f_{max}。

5-9　同步电动机是如何实现同步转速的? 与异步电动机有何不同?

5-10　常用的交流伺服电动机有哪几种?

5-11　交流伺服电动机与步进电动机的性能有何差异?

5-12　直流电动机有哪些主要部件? 结构和作用如何?

5-13　什么是绝对式测量和增量式测量? 什么是间接测量和直接测量?

5-14　增量式编码器的结构有何特点? 怎么确定它的旋转方向?

5-15　通常感应同步器的节距为 2mm,为什么它可测到 0.01mm 或更微小的位移量?

5-16　鉴相型和鉴幅型感应同步器测量系统中,对滑尺的正、余弦绕组的激磁电压各有何要求?

5-17　磁栅由哪些部件组成? 被测位移量与感应电压的关系是怎样的? 方向判别是怎样实现的?

第6章 数控机床的机械结构

6.1 数控机床的结构特点

数控机床的主体结构包括：①主传动系统部件；②进给传动系统部件，即工作台、拖板等进给运动的执行部件，滚珠丝杠螺母副等传动部件，以及床身、立柱等支承部件；③冷却、润滑、转位和夹紧等辅助装置；④对于加工中心类的数控机床，还有刀库、自动换刀装置等附加装置。

数控机床与普通机床相比，具有高柔性、高精度、高生产率、低强度和高经济效益的特点。数控机床的机械结构较之普通机床相对简化，但制造精度要求更高；而主轴的结构、刀库及换刀机械手的机械结构则相对复杂。数控机床结构具有如下特点。

1. 模块化的设计

数控机床把各个部件的基本单元，按不同功能、规格、价格设计成多种模块，用户按需要选择最合理的功能模块配置成整机。这样不仅能降低数控机床的设计和制造成本，而且能缩短设计和制造周期，使数控机床能够以足够多的功能和相对低廉的价格推向市场并赢得市场。

2. 静、动刚度高

通常数控机床的刚度系数比同类普通机床高 50%。数控机床常在高速和重负荷条件下工作，以最大限度地提高切削效率。这就要求数控机床须具有良好的刚度、抗振能力和承载能力，以便把移动部件的质量和切削力所引起的弹性变形控制在最小限度之内，保证所要求的加工精度和表面质量。为此，数控机床在结构设计上采用了以下措施：

(1) 合理选择基础件的截面形状和尺寸。通过合理地设计基础件的截面形状和尺寸、筋板形状及布置等来保证基础件的整体刚度(包括抗弯刚度和抗扭刚度)。

(2) 采用合理的结构布局，改善机床受力状态。在切削力、自重等外力相同的情况下，如果能改善机床的受力状态，减小变形，则能达到提高刚度的目的。在图 6-1 所示的卧式加工中心的几种布局形式中，(a)、(b)、(c)这 3 种方案的主轴箱是单面悬挂在立柱侧面，主轴箱的自重将使立柱产生弯曲变形，切削力将使立柱产生弯曲扭转变形，这些变形将影响到加工精度。方案(d)的主轴箱中心位于立柱的对称面内，主轴箱的自重不再引起立柱的变形，相同的切削力所引起的立柱弯曲和扭转变形均大为减小，这就相当于提高了机床的刚度。

(3) 提高机床各部件的接触刚度。影响接触刚度的根本因素是接触面积大小，任何增大实际接触面积的方法都能有效地提高接触刚度。如机床导轨通过刮研，能增加单位面积上的接触点，并使接触点分布均匀，从而增加导轨副接合面的实际接触面积，提高接触刚度。在接合面之间施加足够大的预加载荷也能达到提高接触刚度的目的。

(4) 采取补偿构件变形的结构。当能够测出着力点的相对变形大小和方向，或者预知构件的变形规律时，便可以采取相应的措施来补偿变形以消除其影响，补偿的结果相当于提

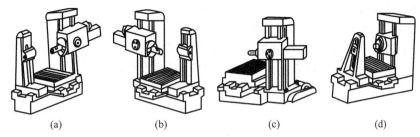

图 6-1　卧式加工中心的几种布局形式

(a),(b),(c)单面悬挂主轴箱；(d)主轴箱位于立柱对面内

高了机床的刚度。如图 6-2(a)所示的大型龙门铣床,当主轴部件移到中部时,横梁弯曲变形最大。为此,可将横梁导轨制成拱形,即中部为凸起抛物线形,使其变形得到补偿。或者通过在横梁内部安装辅助横梁和预校正螺钉对主导轨进行预校正。也可以用加平衡重的办法,减小横梁同主轴箱自重而产生的变形,如图 6-2(b)所示。

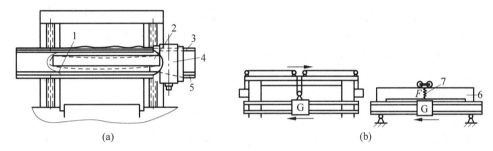

图 6-2　采用平衡装置补偿部件变形

1—预校正螺钉；2—铁块；3—横梁上导轨；4—主轴箱；5—下导轨；6—辅助梁；7—拉力弹簧

(5)选用合理材料。长期以来,机床基础件主要采用铸铁件。近年来,机床床身、立柱等支承件采用钢板或型钢焊接而成,具有减轻质量、提高刚度的显著特点。将型砂或混凝土等阻尼材料填充在支承件的夹壁中,可以有效地提高阻尼特性,增加支承件的动刚度。人造大理石由于具有很高的热稳定性、良好的吸振性,并能根据需要制作最合理的机床结构,近年来应用广泛。

3. 抗振性好

机床在切削加工时可能产生两种形态的振动:强迫振动和自激振动(或称颤振)。机床的抗振性是指机床抵抗这两种振动的能力。

机床的振动不仅直接影响工件的加工精度和表面质量,还会降低刀具寿命,严重时甚至使加工无法继续进行。数控机床常在高速重载情况下切削,容易产生强迫振动和自激振动,切削过程的自动化使得振动难以由人工进行控制和消除,因此对数控机床的抗振性提出更高的要求。

提高数控机床抗振性的主要方法有:提高系统的静刚度以提高自激振动的稳定性极限;增加阻尼以提高自激振动的稳定性,也有利于振动的衰减;通过调整机床质量改变系统的自振频率,使它远离工作范围内所存在的强迫振动源的频率;旋转零部件尽可能进行良好的动平衡,以减少强迫振动源;用弹性材料将振源隔离,减小振源对数控机床的影响。

4．低速进给运动的平稳性和运动精度高

数控机床各坐标轴进给运动精度极大地影响着零件的加工精度。在开环进给系统中运动精度取决于系统各组成环节，特别是机械传动部件的精度；在闭环和半闭环进给系统中，位置检测装置的分辨率和分辨精度对运动精度有决定性的影响，但是机械传动部件的特性对运动精度也有一定的影响。在进给系统中，当指令进给系统作单步进给时，通常开始一两个单步指令，进给部件并不动作，到第三个单步指令时才突跳一段距离，以后又如此重复。这些现象都是因为进给系统的低速爬行现象引起的，而低速爬行现象又取决于机械传动部件的特性。为提高进给运动的低速运动平稳性和运动精度，数控机床结构设计采用了如下措施：

（1）减小动、静摩擦系数之差。执行部件所受的摩擦阻力主要来自导轨副，一般的滑动导轨副不仅静、动摩擦系数大，而且二者的差值也大。因此，现代数控机床上广泛采用滚动导轨、卸荷导轨、静压导轨、塑料导轨。精度要求特高的数控机床，如数控三坐标测量机床，则多采用气浮导轨。采用具有防爬行作用的导轨润滑油，也是一种措施。另外，在进给传动系统中，广泛采用滚珠丝杠螺母副或静压丝杠螺母副也是为了减小动、静摩擦系数之差。

（2）提高传动系统的传动刚度。进给系统中从伺服驱动装置到执行部件之间必定要经过由滚珠丝杠螺母副或蜗轮蜗杆副等组成的传动链，为提高其刚度，应尽可能缩短传动链，适当加大传动轴直径，加强支承座刚度。此外，对轴承、丝杠螺母副和丝杠本身进行预紧也可以提高传动刚度。

（3）近年来，在高速机床中建立的零传动理论，即取消从电动机到工作部件之间的一切传动环节，使电动机和机床的工作部件合二为一，从而使传动链的长度等于零。电主轴是实现高速机床主运动系统零传动的典型结构，而直线电动机高速进给单元则是高速机床进给运动系统实现零传动的典型代表。零传动是现代高速机床的基本特征，它不但大大简化了机床的传动与结构，更重要的是提高了机床的动态灵敏度、加工精度和工作可靠性。

5．热稳定性好

数控机床的热变形是影响加工精度的重要因素。引起机床热变形的热源主要是机床内部热源，如主电动机、进给电动机发热，摩擦以及切削热等。热变形影响加工精度的原因主要是由于热源分布不均匀、热源产生的热量不等、各处零部件质量不均，形成各部位的温升不一致，从而产生不均匀的温度场和不均匀的热膨胀变形，以致影响刀具与工件的正确相对位置。数控机床为减小热变形及其影响采取了如下措施：

（1）减少机床内部热源和发热源。主运动采用直流或交流调速电动机，减少传动轴与传动齿轮；采用低摩擦系数的导轨和轴承；液压系统中采用变量泵，以减少摩擦和能耗发热。

（2）改善散热和隔热条件。主轴箱或主轴部件采用强制润滑冷却，甚至采用制冷后的润滑油进行循环冷却；液压系统尤其是液压油泵站是一个热源，放置在机床之外，若必须放在机床上时，也采取隔热或散热措施；切削过程中发热量最大，要进行强制冷却，并且要自动及时排屑，对于发热量大的部位，应加大散热面积。

（3）合理设计机床的结构及布局。设计热传导对称的结构，如图 6-1（d）所示。进行结构设计时，设法使热量从热量比较大的部位向热量小的部位传导或流动，使结构部件的各部位能够均热。

（4）进行热变形补偿。预测热变形的规律，建立变形数学模型，或测定其变形的具体数值，存入数控装置的内存中，用以进行实时补偿校正。如传动丝杠的热伸长误差以及导轨平行度和平面度的热变形误差等，都可以采用软件实时补偿来消除其影响。一些高精度的机床，安装在恒温车间，并在使用前进行预热，使机床达到热稳定后再进行加工，这是在使用时防止热变形影响的一种措施。

6. 自动化程度高，操作方便

数控机床是一种自动化程度很高的加工设备，许多数控机床采用了多主轴、多刀架以及带刀库的自动换刀装置等，以减少换刀时间。有的具有工作台交换装置，进一步缩短辅助时间。在机床的操作性方面充分注意机床各部分运动的互锁能力，以防止事故的发生。同时，最大限度地改善操作者的观察、操作和维护条件，设有紧急停车装置，避免发生意外事故。此外，数控机床上还留有最便于装卸的工件装夹位置。对于切屑量较大的数控机床，其床身结构设计成有利于排屑的结构，或者设有自动工件分离和排屑装置。

6.2　数控机床的主传动系统

6.2.1　数控机床主传动系统的特点

数控机床主传动系统与普通机床相比具有以下特点：

（1）采用调速电机驱动。数控机床主传动系统的驱动电动机多采用直流调速电动机或交流调速电动机，而不再采用交流异步电动机，以满足主轴根据数控指令进行自动变速的需要。

（2）传动路线短。由于数控机床主传动系统由调速电机驱动，主轴的多种转速可通过调速电动机调速获得，省去了普通机床的中间多级变速机构，缩短了传动路线，简化了主传动系统机械结构。

（3）转速高，功率大。为了提高数控加工的经济性，数控机床往往要进行大功率强力高速切削，因而它的主传动系统比普通机床有更高的转速和更大的功率。

（4）变速范围大。数控机床的主传动系统要求有较大的变速范围，以满足数控加工的多种需要。根据机床的工艺范围，一般变速范围在 1∶200 左右，高的可达 1∶500 以上。

（5）变速迅速可靠。由于数控机床主传动系统的变速是通过电气调速系统来实现的宽范围无级变速，并按数控指令自动进行，变速时无须停机，因而变速既快又准。个别数控机床因需设有一到两级的有级变速，但由于其采用液压拨叉或电磁离合器变速，因而仍比普通机床拨叉变速要迅速得多。

6.2.2　数控机床主轴的变速方式

数控机床主轴变速方式主要有无级变速、分段无级变速和内置电机变速等几种，如图 6-3 所示。

1. 无级变速

如图 6-3(a)所示，这种传动系统由主轴电机通过 V 型皮带或同步齿形带将运动直接传给主轴，主轴变速由电机变速来实现，它主要用在数控机床和小型加工中心上。这种传动方

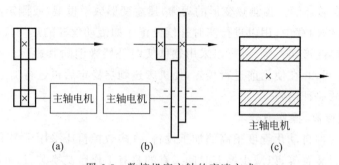

图 6-3　数控机床主轴的变速方式

(a) 无级变速；(b) 分段无级变速；(c) 内置电机变速

式可以避免齿轮传动时引起的振动和噪声,结构简单,调整和维护方便,但主轴特性完全由主轴电机的输出特性决定,这就对主轴电机提出了较高的要求。

2. 分段无级变速

在实际生产中,数控机床尤其是大中型数控机床并不需要在整个变速范围内均为恒功率。一般要求在中、高速段为恒功率传动,低速段则要求恒转矩传动,为了确保数控机床主轴低速时有较大的转矩和主轴的变速范围尽可能大,在交流或直流电动机无级变速的基础上配以齿轮变速,使之成为分段无级变速(见图 6-3(b))。在该变速系统中,主轴的正、反启动与制动停止通过直接控制电动机来实现,主轴的变速由电动机的无级变速与齿轮有级变速配合实现。为了使主轴变速迅速可靠、适应自动操作和高生产率的要求,其中的齿轮有级变速常采用液压拨叉和电磁离合器等变速机构。分段无级变速除用齿轮分级变速外,也有采用带传动来实现分级变速的,其主要方式是采用宝塔轮更换皮带位置,或干脆更换皮带轮。

3. 内置电机的主轴变速

这种变速方式将调速电机与机床主轴箱合为一体,电机转子即为机床主轴(见图 6-3(c))。其优点是主轴组件结构紧凑、质量轻、惯量小,可提高启动、停止响应特性,并利于控制振动、噪声,以及提高主轴刚度。但电机运转时产生热量易使主轴产生热变形,故必须采取可靠的冷却措施来控制电机主轴的温升。

6.2.3 主轴部件

1. 数控机床对主轴部件的要求

(1) 足够高的刚度。数控机床工作时,通常采用高速强力切削,这就需要主轴部件有很高的刚度,否则,主轴在外力作用下产生较大的弹性变形而引起振动,影响加工零件的精度和表面粗糙度。

(2) 较高的回转精度。数控机床主轴部件的回转精度是指在空载低速时,在主轴前端安装工件、夹具或刀具的定位面上,用千分表测得的径向跳动量和轴向跳动量。它的高低直接影响被加工零件的几何精度和表面质量。所以,数控机床主轴部件必须有较高的回转精度。

(3) 较好的抗振性。数控机床主轴部件的抗振性是指在数控加工中,主轴部件抵抗振动并保持平衡运转的能力。数控机床主轴若发生振动,就会影响工件的表面质量、刀具的耐用度和主轴轴承的寿命,还会产生噪声从而影响工作环境。

（4）热稳定性强。主轴部件的热稳定性是指主轴部件抵抗因受热而发生形位变化的能力。数控机床在工作时会因摩擦、搅油或其他原因产生热量，导致主轴部件温度不平衡，使主轴部件发生形状和位置上的畸变，从而影响加工精度。

（5）精度保持性长。主轴部件的精度保持性是指主轴部件长期保持其原来的制造精度的能力。数控机床设备昂贵，为了加快数控机床设备投资的回收，必须使数控机床保持很高的开动率。同时，又希望延长使用期，减少维修次数，这就要求数控机床主轴部件必须有很好的精度保持性。

（6）定位可靠准确。数控机床主轴部件结构应保证有可靠的径向定位精度和轴向定位精度，以保证工件或刀具装夹可靠，定位准确，减小装夹误差和定位误差对加工质量的影响。

（7）其他要求。对需自动换刀的数控机床，其主轴部件往往还要求有自动刀具装卸、吹屑和主轴定向准停等功能，以满足数控机床提高自动化水平和缩短辅助时间的要求。

2. 主轴部件的组成和轴承选型

主轴组件包括主轴、轴承、传动件和相应紧固件。主轴端部是标准的，传动件如齿轮、带轮等与一般机械零件相同。因此，研究主轴组件，主要是研究主轴支承形式和轴承选型。如图 6-4 所示，数控机床的主轴轴承配置主要有 3 种形式。

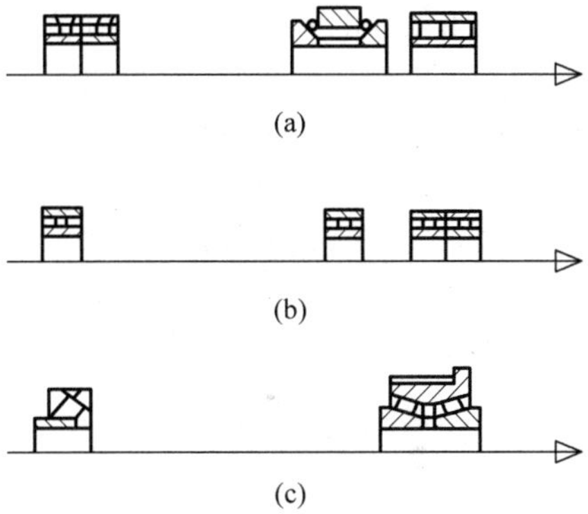

（1）前支承采用圆锥孔双列圆柱滚子轴承和双向推力角接触轴承组合，后支承采用成对角接触球轴承（见图 6-4（a））。这种配置形式使主轴的综合刚度大幅度提高，可以满足强力切削的要求，目前各类数控机床的主轴普遍采用这种配置形式。

（2）前支承采用高精度双列向心推力球轴承

图 6-4　数控机床主轴轴承配置形式

和角接触球轴承组合（见图 6-4（b））。这种配置方式高速性能较好，主轴最高转速达 4000r/min，但是轴承的承载能力小，适于高速、轻载和精密的数控机床主轴。

（3）前后支承采用双列圆锥滚子轴承和圆锥滚子轴承（见图 6-4（c））。这种轴承径向、轴向刚度高，能承受重载荷，尤其能承受较大的动载荷，安装与调整性能好。但是这种轴承配置方式限制了主轴的最高转速和精度，仅适用于中等精度、低速与重载的数控机床主轴。

主轴的传动件，可位于前后支承之间，也可以位于后支承之后的主轴后悬伸端。目前传动件位于后悬伸端的越来越多，这样可以实现分离传动和模块化设计，主轴组件和变速箱可以制作成独立的功能部件，二者之间可用齿轮副或带传动连接。如果后悬伸端过长，可在主轴后部加辅助支承。辅助支承可为深沟球轴承，保持游隙。传动件位于后悬伸端还有利于使前后轴承的距离（称为跨距）保持最佳值。

轴承在很大程度上决定主轴组件的性能，主轴轴承必须具有高精度、内部游隙能够消除、高极限转速、低温升、高刚度、抗振性好、工作可靠等特性。

数控机床上的主轴轴承主要采用滚动轴承，常用的有双列圆柱滚子轴承、双列推力角接触球轴承、角接触球轴承，为了提高刚度和承载能力，常用多联组配的办法。如图 6-5（a）、（b）、（c）所示为 3 种基本组配方式，分别为背靠背、面对面和同向组配，代号分别为 DB、DF 和 DT。这 3 种组配方式两个轴承共同承受径向载荷，背靠背和面对面组配都能承受双向轴向载荷,同向组配则只能承受单向轴向载荷。背靠背与面对面相比,支承点(接触线与轴线的交点)间的距离 AB 前者比后者大,因而能产生一个较大的抗弯力矩,即支承刚度较大。主轴受有弯矩,又处于高速运转时,主轴轴承必须采用背靠背组配。面对面组配常用于丝杠轴承。

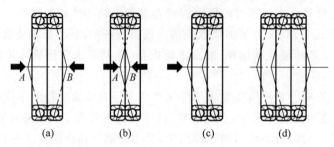

图 6-5　角接触球轴承的组配

在上述三类组配的基础上,可派生出各种三联、四联甚至五联组配。例如,图 6-5(d)所示是三联组配,相当于一对同向与第三个背靠背组配,代号为 TBT。

随着主轴转速的提高,常规的轴承已满足不了要求,国内外开发了超高速轴承,研究较多的是陶瓷球轴承。陶瓷球轴承主要有两种形式:一种是混合式陶瓷球轴承,即滚珠(球)为陶瓷、内外圈为轴承钢;另一种是滚珠及内外圈均为陶瓷,称为全陶瓷球轴承。目前研究较成熟的是混合式陶瓷球轴承。

6.2.4　典型主轴部件

机床的主轴部件是机床的重要部件之一,它带动工件或刀具执行机床的切削运动,因此数控机床主轴部件的精度、抗振性和热变形对加工质量有直接的影响。由于数控机床在加工过程中不进行人工调整,这些影响就更为严重。主轴在结构上要处理好卡盘或刀具的装卡、主轴的卸荷、主轴轴承的定位和间隙调整、主轴部件的润滑和密封等一系列问题。对于数控镗铣床的主轴,为实现刀具的快速或自动装卸,主轴上还必须设计有刀具的自动装卸、主轴定向停止和主轴孔内的切屑清除装置。

1. 数控车床的主轴部件

数控车床的主轴部件主要指主轴及轴上的支承轴承,某些数控车床还配有液压动力卡盘,数控车削中心往往还有 C 轴控制功能结构。图 6-6 所示为 TND360 型数控车床主轴部件结构,它具有以下特点。

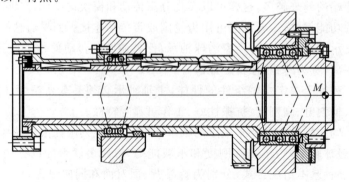

图 6-6　TND360 型数控车床主轴部件

1）主轴结构及支承形式

主轴采用空心结构,可通过直径达 60mm 的棒料,也可用于通过气动、液压夹紧装置。主轴前端的短圆锥面及端面用于安装卡盘或拨盘。主轴前端采用三个推力角接触球轴承构成前支承。其中,前两个轴承大口朝向主轴前端,接触角为 25°,后面一个轴承大口朝向箱体里面,轴承的内外圈由主轴的轴肩和箱体的台阶孔来轴向固定,这种支承结构能承受较大的径向力和轴向力。主轴后端由两个背对背的角接触球轴承构成后支承,因而不会使主轴轴向过定位。

2）液压动力卡盘

数控车床工件夹紧装置可采用三爪自定心卡盘、四爪单动卡盘等。为了减少装夹工件的辅助时间、减轻劳动强度并适应自动化和半自动化加工的需要,数控车床广泛采用液压或气动动力自定心卡盘,这种卡盘主要由固定在主轴后端的缸体和固定在主轴前端的卡盘两部分组成。图 6-7 和图 6-8 所示分别为某液压动力卡盘的缸体结构和卡盘结构。

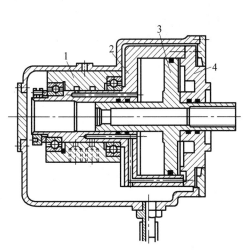

图 6-7　液压动力卡盘的缸体结构

1—引油导管；2—液压缸；3—活塞；4—法兰盘

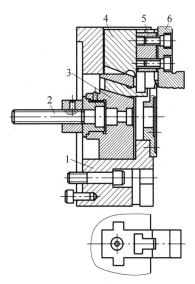

图 6-8　液压动力卡盘的卡盘结构

1—盘体；2—拉杆；3—滑体；4—卡爪滑座；
5—T 形滑块；6—卡爪

该液压卡盘安装使用时,先将液压缸体通过过渡装置和法兰盘固定在主轴尾端,随主轴一起旋转。卡盘安装在主轴前端,由轴上的短锥面定位,并用螺钉固定在主轴上。当数控装置发出夹紧和松开指令时,直接由电磁阀控制压力油通过不旋转的引油导套将压力油送入缸体的左腔或右腔,使活塞向左或向右移动,并由拉杆通过主轴通孔拉动主轴前端卡盘上的滑体,滑体又与三个可在盘体上 T 形槽内作径向移动的卡爪滑座(图中仅画出一个)以斜楔连接。这样,主轴尾部缸体内活塞的左右移动就转变为卡爪滑座的径向移动,再由装在滑座上的卡爪将工件夹紧和松开,又因三个卡爪滑座径向移动是同步的,故装夹时能实现自动定心。

这种液压动力卡盘夹紧力的大小可通过调整液压系统的油压进行控制,以适应棒料零件和薄壁套筒零件的装夹。另外,该种卡盘还具有结构紧凑、动作灵敏、能实现较大压紧力的特点。

3）车削中心主轴的 C 轴功能

车削中心是数控车床功能的扩充，它不但能完成数控车床对回转型面的加工，还能完成回转零件上各表面加工，如在圆柱面或端面上铣槽或平面等（见图 6-9）。这就要求主轴除了能承受切削力的作用和实现变速控制外，主轴还能绕 Z 轴作插补运动或者分度运动，车削中心主轴的这种功能称为 C 轴功能。

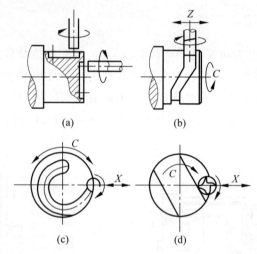

图 6-9　车削中心主轴的 C 轴功能

(a) C 轴定向时，在圆柱面或端面上铣槽；(b) C 轴、Z 轴进给插补，在圆柱面上铣螺旋槽；

(c) C 轴、X 轴进给插补，在端面上铣螺旋槽；(d) C 轴、X 轴进给插补，铣直线或平面

实现主轴 C 轴功能的方法有以下几种：

（1）采用伺服电机通过可啮合和脱开的蜗轮蜗杆副直接驱动主轴。C 轴的分度精度由主轴上的脉冲编码器来保证。

（2）C 轴传动系统由主轴箱和 C 轴控制箱两部分组成，分别由主轴电动机和伺服电动机驱动。在一般工作状态时，主轴接主轴箱，当需 C 轴定向控制时通过液压拨叉将主轴运动换接到 C 轴控制箱。

（3）C 轴传动由带 C 轴功能的主轴电动机直接驱动，以实现主轴的进给和分度。

2. 镗铣加工中心的主轴部件

镗铣加工中心具有自动换刀、自动分度等功能，一次装夹可完成多个型面上的钻、铰、镗、铣等工序加工。这些工序有的是粗加工，有较大的切削力作用；有的是精加工，要保证一定的加工精度。因此主轴部件既要有足够的刚度，又要有一定的精度。同时，为了能实现自动换刀，主轴上还要设有刀具自动装卸、主轴准停和主轴孔内切屑清除等装置。

图 6-10 所示为青海第一机床厂生产的 XH754 型加工中心主轴部件的结构。

1）主轴结构及支承

XH754 型加工中心的主轴前端设有 7∶24 锥孔，用于装夹锥柄刀，7∶24 锥度的锥柄既有利于定心，也便于刀柄松开退出。主轴前端面还设有端面键，用于刀具定位和传递扭矩。主轴采用双支承结构，前支承采用三个一组的角接触轴承，其结构与 TND360 型数控车床主轴前支承相同，后支承采用双列向心短圆柱滚子轴承。主轴能承受较大的径向力和轴向力。

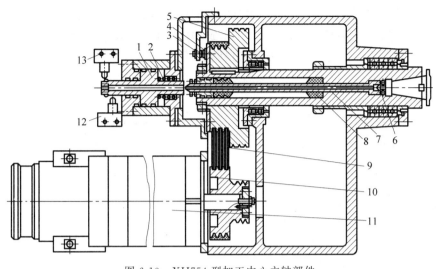

图 6-10　XH754 型加工中心主轴部件

1—活塞；2,8—弹簧；3—传感器；4—永久磁铁；5,10—带轮；

6—钢球；7—拉杆；9—皮带；11—电动机；12,13—行程开关

2）刀具自动装卸装置

如图 6-10 所示，XH754 型加工中心的刀具自动装卸是通过碟形弹簧 8 和液压装置控制拉杆 7 来实现的。当需夹紧刀具时，液压缸左右腔均无油压，活塞 1 在螺旋弹簧 2 的作用下退到最左端，拉杆 7 在碟形弹簧 8 的作用下向左移动，使钢球 6 在拉杆 7 前端的作用下向轴心收缩，拉住刀具锥柄尾部的球头，碟形弹簧能产生 10kN 的拉力，将刀具锥柄紧压在主轴锥孔内，行程开关 13 随即被压合，发出刀具夹紧信号，此时主轴才能启动。当需松开刀具时，控制压力油进入液压缸左腔，使活塞右移顶到拉杆 7 后带动拉杆继续右移，压缩碟形弹簧 8。当钢球进入主轴内孔右面直径较大处时，刀柄被松开，行程开关 12 被压合，发出松开信号，用机械手取出刀具。

3）吹屑装置

在换刀动作过程中，如果主轴锥孔中掉进了切屑或其他物体，轴锥孔表面和刀杆锥柄表面就会被划伤，破坏刀具定位准确性，影响零件加工精度，甚至使工件报废。为了保持主轴锥孔的清洁，在活塞的心部开有通孔，并连通压缩空气，在刀具取出后，压缩空气流过活塞经拉杆孔喷出来，将主轴锥孔等处的切屑或其他污油清理干净。

4）主轴准停装置

为了保证每次换刀时刀柄上的键槽对准主轴上的端面键，主轴上还设有以磁性传感器为检测元件的电气准停装置，控制主轴准确地停在指定位置。主轴准停功能又称主轴定位功能，即主轴停止时必须停于某固定位置，以适用于刀具交换和切削加工时的需要。

自动换刀的数控机床，切削转矩通常通过主轴上的端面键和刀柄上的键槽来传递。在每次自动换刀时，都必须使刀柄上的键槽对准主轴端面键（见图 6-11），为此主轴必须要有准确的周向旋转定位功能。刀具在刀库中存放也利用刀座上的端面键对刀具刀柄进行周向限位，这样机械手在换刀过程中只要保证动作准确就能保证刀具准确插入主轴。同样，从主轴上卸下的刀具也能准确地存放到刀库刀座上，为下次换刀做好准备。

在镗削背孔或刮削平面等加工中,主轴应在同向准确定位,以保证加工精度与质量。以图 6-12 为例,利用镗刀背镗 D_1、D_2 孔。在完成 D_2 孔加工后退刀时,为防止刀具与小阶梯孔碰撞,要先径向让刀再退刀,而让刀时,刀具就必须在同向停于固定位置。

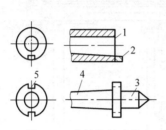

图 6-11　主轴旋转准停

1—主轴锥孔；2—键；3—刀具；4—刀具柄；5—键槽

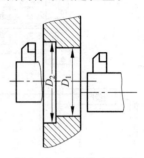

图 6-12　主轴轴向准停

主轴准停的实现方法主要有电气方法和机械方法两种,下面以主轴旋转准停为例来分析其原理。

图 6-13 所示为一种设在主轴尾部的机械准停装置,它由粗定位盘 2、精定位盘 1、液压控制回路及定向活塞 6 等组成。其中粗定位盘上设有磁性感应块,精定位盘上开有 V 形槽定位槽,粗定位盘用螺钉紧固在精定位盘上。准停前定向活塞处于下位,滚轮 7 离开精定位盘,无触点开关 4 不工作。当接到主轴准停指令后,主轴以低速旋转,延时继电器延时一段时间后,接通无触点开关 4 的电源,开关 4 开始工作。当粗定位盘上磁性感应块触发无触点开关 4 时,主轴电机电源关断,换向阀 CT 换向,活塞杆在油压作用下上移。此时主轴因惯性继续转动,当精定位盘上的 V 形槽转到活塞杆位置时,滚轮 7 落入 V 形槽中,主轴停转,行程开关 2XK 发出准停完成信号,换刀装置便可以开始工作了。当换刀完毕后,由换刀装置

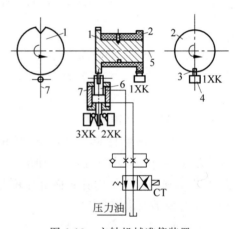

图 6-13　主轴机械准停装置

1—精定位盘；2—粗定位盘；3—感应块；
4—无触点开关；5—主轴；6—定向活塞；
7—滚轮

发出信号,电磁换向阀左移,定位活塞下移,到位后,行程开关 3XK 发出主轴定位取消信号,此时主轴可启动工作。机械准停装置比较准确可靠,但它需要机、电、液动作的密切配合,结构复杂,调整不便,因而影响了它的推广使用。

图 6-14 所示是一种电气准停装置示意图。其主轴上安装一个磁性元件,它与主轴一起旋转。在磁性元件的旋转轨迹处固定一个磁性传感器,磁性传感器经过放大器与主轴控制单元连接。主轴需要定向时,首先切断主轴电动机电源,待主轴转动速度降至某转速时,磁性传感器开始工作,当主轴上的磁性元件与磁性传感器对准时,此时传感器发出信号最强,该信号经放大后控制制动器,使主轴立即停止,完成定向功能。这种方式结构简单,但是定位精度不高,只能满足一般换刀要求。

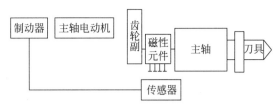

图 6-14　主轴电气准停装置

另外一种电气准停是通过测量主轴上的光电脉冲发生器上的同步信号,经反馈比较,再来控制主轴旋转,使主轴停于某指定位置。这种准停方法精度较高,但主轴电动机必须是伺服电动机。

6.3　数控机床的进给传动系统

6.3.1　进给传动的要求

数控机床的进给机构主要是指将进给伺服电动机的旋转运动转变为工作台或刀架的直线运动的机械传动装置。它包括减速装置、丝杠螺母副以及与运动精度有关的导轨等部分。

数控机床工作时,数控装置本身运算精度很高,运算速度也很快,被加工工件的最后尺寸精度和轮廓精度主要取决于进给机构的刚度、传动精度、响应速度等,因此,进给传动机构应满足以下要求。

(1) 高的刚度和传动精度。进给传动机构的刚度主要取决于其机械结构本身刚度、运动件刚度以及轴承支承件刚度。机构刚度不足,在工作中会因载荷的变化而产生形位变化,直接影响加工精度;还会导致工作台(或拖板刀架)产生爬行和振动。进给机构的传动精度主要取决于传动件的传动间隙和支承件的支承精度。传动间隙主要来自传动齿轮副、蜗轮蜗杆副、丝杠螺母副等,这些间隙在进给运动启动和反向时会丢失脉动指令,造成失步,从而影响加工精度。

(2) 高的系统灵敏度和稳定性。数控加工定位精度和轮廓精度在一定程度上依赖伺服进给机构的灵敏度。灵敏度高,工作台(或拖板刀架)就能在一定速度范围内准确地跟踪数控指令,进行单步或连续移动,精密地再现程序指令的轮廓;相反,灵敏度低,数控指令就不能被准确地跟踪执行,出现多步或失步,导致加工出来的工件轮廓尺寸精度与程序指定的轮廓尺寸精度不符。

(3) 使用期限长,便于维护保养。数控机床的进给机构必须有较长的使用期限,应能长时间地保持其原有的传动精度和定位精度,以减少维修次数,提高机床的利用率。同时也要求进给机构维护保养方便,减小维修的工作量。

6.3.2　滚珠丝杠螺母副

1. 滚珠丝杠螺母副的工作原理及特点

为了提高数控机床的传动精度和灵敏度,在需要将回转运动转换为直线运动的场合,常常采用滚珠丝杠螺母副。它是将丝杠螺母的螺旋槽加工成弧形,并放入适当的滚珠,当丝杠相对于螺母旋转时,滚珠便在由丝杠和螺母的两个弧形螺旋槽所构成的滚道中滚动,使螺旋传动由滑动摩擦变为滚动摩擦。为防止滚珠沿滚道滑出,在螺母上设有滚珠的返回装置(反向器),使滚珠在丝杠上滚过数圈后又自动地返回入口处,并继续参加工作。

滚珠丝杠螺母副具有以下优点:①传动效率高。滚珠丝杠螺母副的传动效率为0.92~0.96,比常规滑动丝杠高3~4倍,使用它可降低伺服进给电动机的驱动功率。②灵敏度高,随动性能好。滚动摩擦的静摩擦系数与动摩擦系数由于相差极小,故无论是在静止、低速还是高速,其摩擦阻力几乎不变,因而传动平衡,随动精度高。③使用寿命长。滚珠丝杠由专门厂家生产,其材料接触面的粗糙度及硬度都有一定的要求,再加上滚动摩擦本身磨损较小,因而精度保持性好,使用寿命长。④无反向死区。滚珠丝杠螺母副都配有轴向间隙消除装置,故反向无空程误差并能提高轴的刚度和反向精度。⑤运动具有可逆性。由于摩擦很小,故除了能将旋转运动转换为直线运动外,还能将直线运动转换成旋转运动,增加了滚珠丝杠螺母副的使用灵活性。

滚珠丝杠螺母也有结构工艺复杂、成本较高、不能自锁等不利的方面。

2. 滚珠丝杠螺母副的结构

滚珠丝杠螺母副的结构可按螺旋滚道法向截面形状和滚珠的循环方式来分类。

(1) 按螺旋滚道法向的形状可分为单圆弧式和双圆弧式两种,如图6-15所示。

单圆弧式如图6-15(a)所示,其滚道的圆弧半径比滚珠半径略大,通常为1.04~1.11倍,这样可保证滚珠与滚道槽间为点接触,减小摩擦阻力。同时,若滚珠丝杠螺母副受到较大载荷作用而使滚珠发生微小变形时,可以由此微小变形使点接触变为较小的面接触,及时增

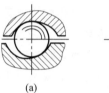

图6-15　螺旋滚道截面
(a) 单圆弧;(b) 双圆弧

加其接触刚度。这种滚道具有结构工艺简单、便于制造等优点;但滚道间隙的大小对滚珠丝杠螺母副的性能影响很大,需严格控制。

双圆弧式如图6-15(b)所示,这种滚珠对径向间隙大小不敏感,而圆弧交接处有一小空隙,可容纳一些润滑油或其他脏物,有利于滚珠滚动流畅。双圆弧式性能较好,但双圆弧面制造比单圆弧要复杂。

(2) 按滚珠的循环方式可以分为外循环和内循环两种,如图6-16和图6-17所示。

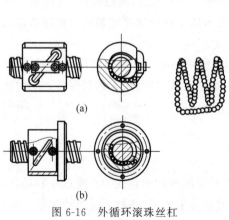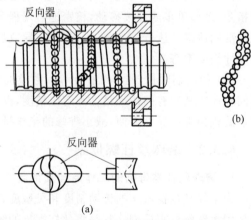

图6-16　外循环滚珠丝杠
(a) 插管式;(b) 螺旋槽式

图6-17　内循环滚珠丝杠

外循环滚珠丝杠中,滚珠在返回过程中与丝杠脱离接触,如图 6-16 所示。外循环滚珠丝杠还可细分为插管式和螺旋槽式。图 6-16(a)所示为插管式,它用弯管作为返回管道,结构简单、工艺性好、承载能力强、运动平稳,可用于重载传动、高速驱动及需精密定位等场合。其不足是径向尺寸较大,这种结构目前应用最为广泛。图 6-16(b)所示为螺旋槽式,它是在螺母外圆上铣出螺旋槽,槽两端钻出回珠通孔并与螺纹滚道相接,形成返回通道。这种结构径向尺寸比插管式结构要小,但因螺母上的回珠螺旋槽与两端回珠通孔不易光滑连接,传动不够平衡,且磨损较大,故这种结构不宜用于高刚度、高精度和高速场合。

内循环滚珠丝杠中,滚珠在循环过程中始终与丝杠保持接触,如图 6-17 所示。它在螺母内装有一个接通相邻滚道的反向器,迫使滚珠翻越丝杠的齿顶而进入相邻滚道,实现循环。一般在螺母内装有 2~4 个反向器(即 2~4 列滚珠)。反向器沿螺母圆周等分交错布置,内循环每列只有一圈滚珠,工作滚珠数目少,返回滚道短,因此容易滚动,摩擦损失小,传动效率高。其缺点是反向器数目多,且加工困难。

3. 滚珠丝杠螺母副轴向间隙的调整

数控机床通过进给系统进行轮廓控制时,可能随时要求滚珠丝杠螺母副正反传动。为了提高传动精度,消除反向空程误差,必须严格控制其轴向间隙。

滚珠丝杠螺母副的轴向间隙由滚珠与滚道面间原有间隙和负载时滚珠与滚道型面的弹性变形量两部分组成。因此除了要消除原有的间隙外,还要控制弹性变形量。目前常采用双螺母施加预紧力的方法来解决这个问题。即利用两个螺母相对轴向位移,使两个滚珠螺母中的滚珠在预紧力作用下,分别紧贴在螺旋滚道两个相反的侧面上,并产生一定的预变形。不过,通过预紧产生预变形来减小弹性变形量时,要注意预紧力不宜过大,否则会使空载力矩增加,降低传动效率和缩短使用寿命。此外,还要消除丝杠安装部分和驱动部分的间隙。

常用双螺母消除丝杠轴向间隙的方法有以下几种。

1) 垫片调隙法

如图 6-18 所示,当需调整轴向间隙时,可先松开螺钉,分别取下上下两块半圆垫片,将半圆垫片磨去一定厚度后装回两螺母之间,再用螺钉预紧,使左右两螺母在轴向更靠近,从而消除间隙并产生预紧力。这种方法构造简单,可靠性高,刚度好且装卸方便;但每次调整时,垫片厚度须经数次装配试验才能确定,比较费时,且在工作中途不能随意调整。

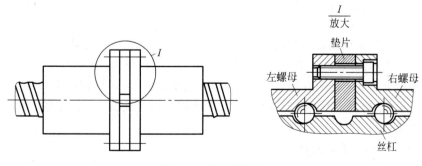

图 6-18　垫片调整法

2）螺纹调隙法

如图 6-19 所示，右螺母 4 外端有凸缘，左螺母 1 制有螺纹，由调整圆螺母 3 和锁紧螺母 2 通过圆环固定在螺母座上。当要调整时，先松开螺母 2，拧动螺母 3，螺母 3 推动圆环和螺母座，使螺母 1、4 分别向左、右移动，消除轴向间隙，并产生预紧力，调好后锁紧螺母 2。为防止调整中左、右螺母跟随转动，结构中还设置了平键。这种方法结构简单、工作可靠，能在工作中途随时调整，必要时还可通过测力装置测量调整螺母 3 的旋转力矩，用以控制预紧力的大小，因此，应用较为广泛。

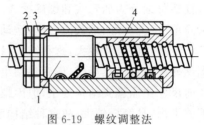

图 6-19 螺纹调整法
1,2,3,4—螺母

3）齿差调隙法

如图 6-20 所示，将两个螺母的凸缘制成齿轮，分别与紧固在螺母座两端的内齿圈相啮合，其齿数分别为 Z_1 和 Z_2，并相差一个齿。调整时先取下内齿圈，让两个螺牙向相同方向都转过一个齿，然后再插入内齿圈，则两个螺母便产生相对角位移，并产生轴向相对位移。这种方法结构形式复杂，尺寸较大，但能精确调整轴向位移量和预紧力，多用于高精度传动中。

4）单螺母变导程法

滚珠丝杠螺母副除了上述 3 种双螺母施加预紧力的方式外，还有单螺母变导程自预紧及单螺母钢球过盈预紧等方式。图 6-21 所示为单螺母变导程自预紧滚珠丝杠螺母副的结构原理，它是将滚珠丝杠螺母副螺母体内的两列循环滚珠链之间的导程增加 ΔL_0 的轴向突变，使两列螺母滚道与丝杠滚道在轴向发生错位，从而使滚珠被自预紧在滚道内。预紧力的大小取决于 ΔL_0 和单列滚珠的径向间隙。

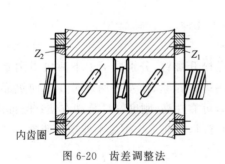

图 6-20 齿差调整法

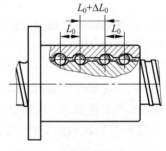

图 6-21 单螺母变导程法

另一种单螺母钢球过盈预紧法是将直径略大若干微米的钢珠用温差法（将钢珠冷冻，或将滚道放在油中加热）装入滚道内，利用其过盈量来产生预紧力。

以上两种方法既不使用双螺母，也无须附加预紧装置，因而结构简单、尺寸紧凑。但预紧力须预先设定，使用中不能随时调整，所以常常用在中等载荷、对预紧力要求不高且无须经常调整的场合。

4. 滚珠丝杠螺母副的安装

1）支承方式

数控机床的进给系统中滚珠丝杠支承方式有以下几种，如图 6-22 所示。

图 6-22(a) 中仅一端安装推力轴承，这种安装方式只适用于行程小的短丝杠。因承载能

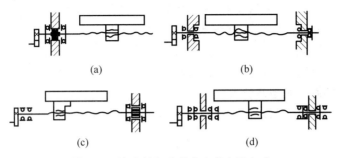

图 6-22　滚珠丝杠在机床上的支承方式

（a）仅一端安装推力轴承；（b）一端安装推力轴承，另一端安装向心球轴承；

（c）两端安装推力轴承；（d）两端安装推力轴承和向心球轴承

力小、轴向刚度低，一般用于数控机床的调节环节。

图 6-22（b）中一端安装推力轴承，另一端安装向心球轴承，其中向心球轴承端能作微量轴向浮动，以满足丝杠受热变形的需要。该种方式适用于丝杠较长的情况，但在安装时应注意使丝杠常用段远离推力轴承端，以减小摩擦对丝杠热变形的影响。

图 6-22（c）中两端安装推力轴承，并施加一定的预紧力。这种方式丝杠工作时只承受拉力，因而轴向刚度较好，但它对热变形比较敏感。

图 6-22（d）中两端安装推力轴承及向心球轴承，并施加一定的预紧力。这种方式可使丝杠的温度变形转化为推力轴承的预紧力，因而具有较大刚度，但设计时要注意提高推力轴承的承载能力和支架刚度。

2）制动装置

由于滚珠丝杠螺母副传动效率高，无自锁作用，因此在垂直升降传动或水平大惯量传动中，必须装有制动装置。丝杠螺母副的制动可以由超越离合器和电磁摩擦离合器等元件完成，也可以使用具有制动装置的伺服驱动电机。

5. 滚珠丝杠螺母副的润滑与防护

滚珠丝杠螺母副也需要用润滑剂来提高其耐磨性及传动效率。润滑剂可分为润滑油和润滑脂两大类。润滑油为一般机油或 140 号主轴油，可通过壳体上的油孔注入螺母的空间孔内；润滑脂常采用锂基油脂，可直接加在螺纹滚道和安装螺母的壳体内。为避免硬质灰尘和切屑等污物进入，滚珠丝杠螺母副必须有防护装置，常采用的防护装置有螺旋弹簧钢带、钢质伸缩套管及塑料或皮革制成的折叠式防护罩等。防护罩的材料必须具有防腐蚀及耐油的性能。

6.3.3　导轨

1. 数控机床对导轨的要求

（1）导向精度高。导向精度主要是指动导轨沿支承导轨运动轨迹的准确程度。影响导向精度的主要因素有导轨几何精度、导轨刚度、导轨和床身的热变形等。

（2）精度保持性好。导轨的精度保持性是指导轨在长期使用中保持一定导向精度的能力。它主要由导轨的耐磨性决定，与导轨的摩擦性、导轨材料、制造导轨的工艺方法以及受力情况等有关。

（3）低速运动平衡。低速运动中，动导轨易产生爬行，影响被加工零件质量。因此要合理选择导轨的结构和润滑方式，提高驱动导轨的传动机构的刚度，保证导轨低速运动或微量位移时不出现爬行现象。

（4）制造工艺简单。导轨结构要简单，便于制造、调整和维修。

2. 常用导轨的基本类型及特点

数控机床常用导轨有滚动导轨、塑料滑动导轨和静压导轨等几种。

1）滚动导轨

（1）滚动导轨的特点

在导轨面之间放置滚珠、滚针或滚柱等滚动体，使导轨面之间的摩擦为滚动摩擦性质，这种导轨称为滚动导轨，它广泛应用于各种数控机床中。与普通滑动导轨相比，滚动导轨有以下一些优点：①运动灵敏度高。这是因为滚动导轨摩擦系数小（f 为 0.0025～0.005），动、静摩擦系数很接近。在启动、低速和高速运动中摩擦系数基本不变，因而运动轻便、平稳灵活。②精度保持性好。滚动摩擦磨损小，寿命较长。③定位准确。滚动导轨低速运动平衡、无爬行现象，可用较低的低速趋近速度来获得较高的定位精度。

滚动导轨的缺点：结构复杂，制造困难，成本较高，抗振性差，导轨接触面小，刚度低于滑动导轨；对脏物比较敏感，要有良好的防护装置。

（2）滚动导轨的结构形式

滚动导轨常见形式有滚珠导轨、滚柱导轨、滚针导轨等，最常用的是滚柱导轨。图 6-23(a)所示是"V＋平"组合滚柱导轨，其结构简单、制造安装方便，但抵抗颠覆能力差。图 6-23(b)所示是燕尾平型滚柱导轨，其尺寸紧凑、调节方便，但制造装配麻烦，适用于需承受颠覆力矩的机床。图 6-23(c)所示是十字交叉滚柱导轨，前后相邻滚柱的轴线交叉成 90°，可以承受任何方向的载荷。十字交叉滚柱导轨精度高、动作灵敏、刚度高、抗振能力强，但制造装配较困难。

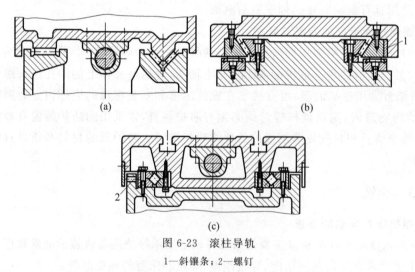

图 6-23　滚柱导轨

1—斜镶条；2—螺钉

（3）滚动导轨的预紧

一般来说，有预紧的滚动导轨比没有预紧的滚动导轨刚度可提高 3 倍以上。另外，对高精度机床还可通过预紧来提高接触刚度和消除间隙，对立式导轨则必须通过预紧来防止滚动体脱落和歪斜。

预紧方式常用过盈配合和调整元件等方法。

过盈配合是在装配导轨前，根据滚动体的实际尺寸量出相应尺寸 A（见图 6-24），然后再刮削压板与溜板的接合面，或通过改变垫片的厚度，由此形成包容尺寸 A-δ，装配后的 δ 就是过盈量，其大小由实际情况决定。

图 6-23（b）、(c)中是采用调整元件施加预紧力的方法，图 6-23（b）是利用斜镶条 1 来预紧的，图 6-23（c）是利用螺钉 2 来预紧的，它们在调整时都要先松开锁紧滑块的螺钉，待调整好后再拧紧。

2）塑料滑动导轨

滑动导轨在数控机床中应用比较普遍。为了克服滑动导轨摩擦系数大、磨损快、使用寿命短等缺陷，现代数控机床常使用塑料滑动导轨。它是在滑动导轨上粘贴动静摩擦系数基本相同、耐磨、吸振的塑料软带，或者在定动导轨之间采用注塑的方法制成塑料导轨，习惯上把前者称为贴塑导轨，而把后者称为注塑导轨。

贴塑导轨所用的塑料软带材料是以聚四氟乙烯为基体，加入青铜粉和石墨等填充物混合烧结并制成软带状。贴塑导轨具有耐磨性好，抗振性强，导热性能佳，工作温度范围广（－200～＋280℃），动静摩擦系数非常低且差别小，制造装配工艺简单等优点。

注塑导轨所用的塑料材料是以环氧树脂和硫化钼为基体，加入增塑剂混合而成的膏状物。这种导轨主要适用于重型数控机床和不能用塑料软带的复杂型面的地方，有时也适用于机床导轨的维修。

3）静压导轨

静压导轨在两相对运动的导轨滑动面之间开设油腔，通入压力油，使运动部件浮起。工作中，导轨滑动面上的油腔中的油压能随着外加载荷的变化自动调节，保证了导轨面间始终保持纯液体摩擦。静压导轨摩擦系数极小、功率消耗少、导轨不会磨损、刚度高、油液有吸振作用，不足之处是供油系统复杂，主要用于重型、大型机床。按静压导轨的结构形式可分为开式静压导轨和闭式静压导轨两类，按供油方式可分为恒压供油和恒流供油两类。

开式静压导轨是指不能限制工作台从导轨上分离的静压导轨，如图 6-25 所示。这种导轨的载荷总是指向导轨，不能承受相反方向的载荷，并且不易达到很高的刚度。开式静压导轨用于运动速度比较低的重型机床。

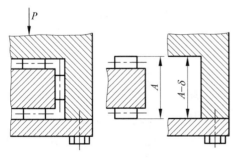

图 6-24　滚动导轨过盈预紧

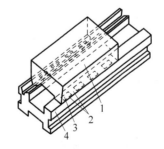

图 6-25　开式静压导轨

1—工作台；2—油封面；3—油腔；4—导轨座

闭式静压导执是指导轨设置在机座的几个面上，能够限制工作台从导轨上分离，如图 6-26 所示。其工作原理与开式静压导轨相同。虽然闭式导轨承受载荷的能力小于开式导轨,但闭式静压导轨具有较高的刚度并能够承受反向载荷,因此闭式静压导轨常用于要求承受倾覆力矩的场合。

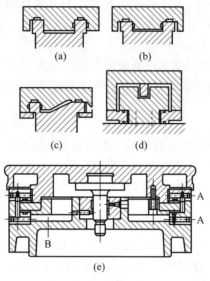

图 6-26 闭式静压导轨

(a) 在床身一条导轨两侧;(b) 在床身两导轨内侧;(c) 在床身两条导轨上下和一条导轨两侧;
(d) 在床身呈三个方向分布;(e) 回转运动闭式静压导轨结构(A—进油;B—出油)

6.4 数控机床的床身

6.4.1 床身设计要求

1. 刚度

为了提高数控机床床身刚度一般采取以下措施:合理选择床身的结构形式,主要做法是合理设计截面和设置隔板;采用刮研方法增加单位面积上的接触点,在接合面之间施加 2MPa 左右的预加压应力来增加接触面积等措施,以提高机床各接触件的接触刚度;合理选择床身材料,数控机床常用的床身材料有铸铁、钢、混凝土和 AG(人造花岗石)等。

如图 6-27 所示,AG 床身的结构形式一般可以分为以下 3 种:

(1) 整体结构(见图 6-27(a))。该结构除了一些金属预埋件外,其余部分均为 AG 材质。这种结构适用于形状较简单的中、小型机床床身。其中,导轨部分可以是金属预埋件,直接浇铸在床身;也可以导轨本身是 AG 材质,而采用耐磨的非金属材质作为导轨面。

(2) 框架结构(见图 6-27(b))。这种结构的特点是四周边缘为金属型材质焊接而成,其内浇铸 AG 材质。

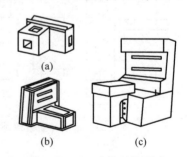

图 6-27 AG 床身结构形式

(a) 整体结构;(b) 框架结构;(c) 分块结构

这是因为 AG 材质较脆,防止边角受到冲撞而破坏。它适合于结构简单的大、中型机床床身。

(3) 分块结构(见图 6-27(c))。对于结构形状较复杂的大型床身构件,可以把它分成几个形状简单、便于浇铸的部分,分别浇铸后,再用粘结剂或其他形式连接起来,这样可使浇铸模具的结构设计简化。

AG 床身和其他金属零部件的连接一般是通过和预埋件的机械连接来实现。多块金属预埋件经过加工后,通过一定的连接方式固定其他零部件(如导轨等)。

2. 抗振性

床身抗振性是指床身抵抗受迫振动和自激振动的能力。数控机床床身上安装着主轴箱、刀架或工作台等部件,它的振动将直接影响其上的工作部件,从而影响数控加工的质量。因此,一般采取提高床身静刚度、增加阻尼、减小激振力、避免自激振动等措施来提高数控机床的抗振性。

3. 抗热变形

数控机床在工作时,有许多热源,例如传动件、轴承、丝杠、导轨等运动件的摩擦热,刀具切削工件所产生的切削热,液压气动系统和冷却系统所散发的热等。这些热的变化会引起机床床身及其他支承件的温度升高,导致机床床身直线伸长以及因床身上下面或左右面温度差而变形,破坏了部件之间的相对位置,使工件与刀具之间的相对运动关系发生变化,引起数控机床加工精度下降。而数控机床按程序自动加工,操作者往往不在现场,加工过程中也不直接对加工结果进行测量,不可能通过人工修正热变形误差。因此,数控机床床身及其他支承件的热变形是影响机床加工精度的主要因素之一,必须采取措施来减小热变形对精度的影响。

4. 内应力

数控机床的床身在铸造和加工时,在其材料内部不可避免地产生内应力。这些内应力若不加以消除,在使用中会因内应力重新分布或逐渐消失而引起床身变形,从而影响机床的精度,因此,要采取措施减小床身材料的内应力。例如,避免截面突变,从结构上减小内应力;在制造时进行足够的时效处理等。

5. 其他

数控机床床身在设计制造时要考虑一定的热工艺性和冷工艺性,以便于制造装配、调整及维修;再次要考虑机床附件、夹具、电动机、液压气动装置等有关零部件的安装;还要考虑能够顺利地排屑和容屑、吊运方便以及造型美观等。

6.4.2　床身的结构

根据数控机床的类型不同,床身的结构有各种各样的形式,常见的有平床身、斜床身、平床身斜导轨和直立床身 4 种类型。加工中心的床身有固定立柱式和移动立柱式两种,而后者又分为整体 T 形床身和前后床身分开组装的 T 形床身。所谓 T 形床身是指床身是由横置的前床身(也叫横床身)和与它垂直的后床身(也叫纵床身)组成。整体式床身的刚度和精度保持性都比较好,但是却给铸造和加工带来很大不便,尤其是大、中型机床的整体床身,制造时非得大型设备不可。分离式 T 形床身的铸造工艺性和加工工艺性都大大改善,前后床身连接处要刮研,连接时用定位键和专用定位销定位,然后沿截面四周用大螺栓紧固,这样连接的床身,在刚度和精度保持性方面基本能满足使用要求。分离式 T 形床身适用于大、中型卧式加工中心。

也有带辅助导轨的床身结构,如图 6-28 所示。由于床身导轨的跨距比较窄,致使工作台在横溜板上移动到达行程的两端时容易出现翘曲,如图 6-28(a)所示,这将影响加工精度。为了避免工作台翘曲,有些立式加工中心增设了辅助导轨,如图 6-28(b)所示。

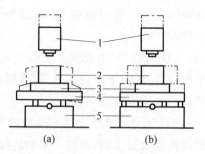

图 6-28 立式加工中心床身导轨

(a) 有翘曲现象;(b) 有辅助导轨

1—主轴箱;2—工件;3—工作台;

4—溜板;5—床身

6.4.3 床身的截面形状

数控机床的床身通常为箱体结构,合理设计床身的截面形状及尺寸、采用合理布置的筋板结构可以在较小质量的前提下获得较高的静刚度和适当的固有频率。床身中常用的几种截面筋板布置如图 6-29 所示。

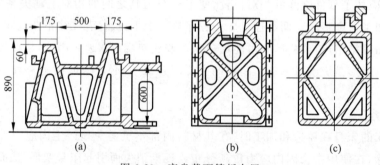

图 6-29 床身截面筋板布置

(a) V 形筋;(b) 斜方筋;(c) 对角筋

此外,还有纵向筋板和横向筋板,分别对抗弯刚度和抗扭刚度有显著效果;米字形筋板和井字形筋板的抗弯刚度也较高,尤其是米字形筋板更高。

床身筋板一般根据床身结构和载荷分布情况进行设计,满足床身刚度和抗振性要求。V 形筋有利于加强导轨支承部分的刚度,斜方筋和对角筋结构可明显增强床身的扭转刚度,并且便于设计成全封闭的箱形结构。

6.5 数控机床的工作台

工作台是数控机床的重要部件,主要有完成分度运动的分度工作台,能实现绕 X、Y、Z 轴作圆周进给运动的回转工作台,以及在柔性制造单元(FMC)中用于更换已加工零件和待加工零件的交换工作台。此外,在 FMS 中还有工件缓冲台、工件上下料台、工件运输台等。本节主要介绍在数控单机中常用的分度工作台、回转工作台以及交换工作台。

6.5.1　分度工作台

分度工作台可按照数控系统指定的要求进行自动分度。当接到分度信号时,工作台及其工件便回转一定角度,从而改变工件相对主轴的位置。由于结构上的原因,分度工作台只能完成分度运动,而不能实现圆周进给运动,并且分度运动也只限于某些规定的角度(如45°、60°、90°等)。

按定位机构的不同,分度工作台可分为插销定位和齿盘定位两种类型。

1. 插销定位分度工作台

图 6-30 所示为 THK 6380 型自动换刀数控卧式镗铣床的插销式分度工作台的结构。

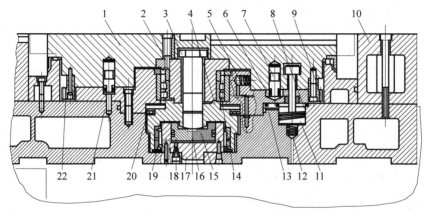

图 6-30　插销式分度工作台

1—分度工作台;2—锥套;3—螺钉;4—支座;5—间隙液压缸;6—定位衬套;7—定位销;
8—锁紧液压缸;9—齿轮;10—固定工作台;11—锁紧缸活塞;12—弹簧;13—油槽;
14,19,20—轴承;15—螺栓;16—活塞;17—中央液压缸;18—油管;21—底座;22—挡块

1) 结构组成

图 6-30 中,分度工作台 1 的台面上加工有装夹工件的 T 形槽,T 形槽呈放射状分布。分度工作台面两侧的长方形固定工作台 10 在不分度时可与分度工作台作为一个整体使用。

在分度工作台的底部固定有 8 个均匀分布的圆柱定位销 7,底座 21 上有与圆柱定位销 7 对应位置的环形槽,槽中有一个定位衬套 6,在定位时,只有一个定位销插入定位衬套孔中,其他 7 个定位销则都在环形槽中。由于 8 个定位销之间的分布角度为 45°,工作台转动角度只能为 45°的倍数,因此,该工作台只能实现二、四、八等分的分度运动。

分度工作台的回转部分支承在加长型双列圆柱滚子轴承 14 和滚针轴承 19 中,轴承 14 的内孔带有 1∶12 的锥度,用来调整径向间隙。轴承内环固定在锥套 2 和支座 4 之间,并可带着滚柱在加长的外环内作 15mm 的轴向移动。滚针轴承 19 安装在支座 4 内,能随支座 4 作上下运动。支座 4 内的推力圆柱滚子轴承 20 可使分度工作台便于转动。

2) 分度准备

当需要分度时,首先由机床数控系统发出指令,电磁阀动作,使 6 个均布的锁紧液压缸 8(图中只画出一个)上腔中的压力油流回油箱,在弹簧 12 的作用下,活塞 11 向上移动,与活塞相连的拉钉松开分度工作台,与此同时,间隙液压缸 5(用于消除工作台转轴中的径向间隙,提高工作台的分度定位精度)也卸荷,这样分度工作台便处于松开状态。

当上述工作完成后,油管 18 通入压力油,进入中央液压缸 17,使活塞 16 上升,并通过螺栓 15、支座 4 把推力圆柱滚子轴承 20 向上抬起 15mm,顶在底座 21 上。由于分度工作台与锥套 2 通过 4 个螺钉相连在一起,这样,支座 4 在上升的同时,通过锥套 2 将分度工作台也上移 15mm,使得定位销 7 从定位衬套中拔出,这样分度工作台便可以转动了。

3) 分度动作

当分度前准备工作完成后便发出指令,使液压马达回转,并通过一减速齿轮副(图中未示出),带动与分度工作台固定在一起的大齿轮 9 转动,进行分度运动。分度工作台的回转速度由液压马达和液压系统中单向节流阀来控制。为了缩短分度时所消耗的辅助时间,分度运动速度较高,但速度过高会影响定位准确性,因此系统又设置了减速趋近控制系统,即分度开始时以高速运动,当快要达到规定位置前,大齿轮 9 上的挡块 22(共 8 个周向均匀分布)碰撞第一个限位开关,发出减速信号,使分度工作台以很低转速继续转动。当挡块 22 碰撞到第二个限位开关时,分度工作台立即停止转动。此时,相应的定位销 7 正好对准在定位衬套 6 中,准备定位。由于分度工作台的回转部分径向有滚柱轴承 14 和滚针轴承 19,轴向又有推力圆柱滚子轴承 20,因而运动比较灵活。

4) 定位夹紧

当分度工作台停止转动时,即已完成了 45° 的分度运动,系统发出指令,中央液压缸 17卸荷,油液经油管 18 流回油箱,分度工作台靠自重下降,定位销 7 插入定位衬套 6 中,完成定位。接着,间隙液压缸 5 和锁紧液压缸 8 分别通入压力油,液压缸 5 进油后,活塞顶向工作台,消除径向间隙。液压缸 8 上腔进油后,推动活塞杆 11 下降,再通过活塞杆 11 上的 T形头将工作台锁紧。至此,分度工作完成,可以进入下一步加工任务。

5) 精度分析

插销定位式分度工作台的分度和定位精度主要取决于定位销和定位孔的精度,因而对定位销定位衬套的制造精度和装配精度都有很严格的要求,而且硬度要求也较高,以提高其耐磨性,延长使用期限。该种分度方法可分角度少,无累积误差,故分度精度较高,最高时可达 ±5°,可满足一般分度精度的要求。

2. 齿盘定位分度工作台

齿盘定位分度工作台也称多齿盘式分度工作台或鼠牙盘式分度工作台,它是目前应用较多的一种可精密分度的工作台。图 6-31 所示为某齿盘定位分度工作台的结构。

1) 结构组成

该工作台主要有工作台 9、夹紧液压缸 12、分度液压马达 ZM16、蜗轮蜗杆副 4 和 3、齿轮副 5 和 6 以及一对用于定位的齿盘 13 和 14。其中齿盘是保证分度定位的关键零件,每个齿盘的端面均加工有相同数目的三角形齿,齿数一般为 120 个或 180 个。当两齿盘啮合时,能自动确定周向和径向的相对位置。

2) 分度准备

分度准备工作主要是让工作台 9 抬起,齿盘 13、14 脱开啮合,使工作台能够进行分度转动。当需要分度时控制系统发出分度指令(也可人工控制),使电磁阀动作,让压力油从图中左边管道进入夹紧液压缸 12(在分度工作台中央)的下腔,上腔压力油通过右边管道回油槽,活塞 8 向上移动,通过推力球轴承 10 和 11 带动工作台向上抬起,齿盘 13、14 相互脱离啮合。这样工作台被完全松开,完成了分度前的准备工作。

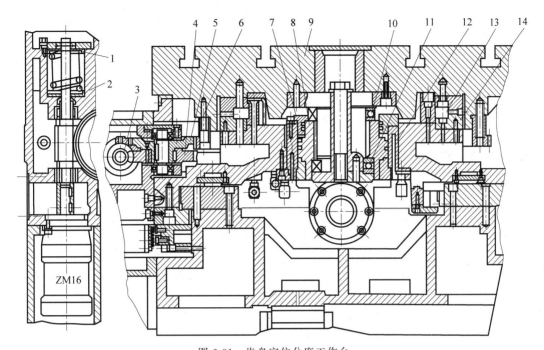

图 6-31　齿盘定位分度工作台

1—弹簧；2—轴承；3—蜗杆；4—蜗轮；5,6—齿轮；7—管道；
8—活塞；9—工作台；10,11—轴承；12—液压缸；13,14—齿盘

3）分度动作

当工作台被完全拾起，完成准备工作时，行程微动开关（图中未示出）被触动，电磁阀动作，压力油被送入 ZM16 液压马达，使其转动，再通过蜗轮蜗杆副 4、3 和齿轮副 5、6 带动工作台进行回转运动。由于齿盘式分度工作台采用多齿重复定位，从理论上讲，只要分度数能除尽齿盘齿数，都能分度。比如齿盘齿数 $Z=120$，分度数为 n，那么只要 n 能使 Z/n 的值为整数，就可用来分度。但在实际使用时，为了保证分度不出错，提高自动化水平，往往也只能完成二、四、八等分的分度运动。

工作台固定有 8 个均布的挡块，当工作台旋转角度接近所要分度时，挡块触动第一个微动开关，发出减速信号，液压马达进油速度下降，转速变缓，为工作台准停创造工作条件。当工作台的回转角度达到所要求的角度时，挡块触动第二个微动开关，发出准停信号，液压马达进出油路被封，停止转动，工作台便完成了准停动作。

4）定位夹紧

在发出工作台准停信号的同时，电磁换向阀动作，夹紧液压缸上腔进入压力油、下腔接通油槽，活塞 8 带着工作台下降，于是上下齿盘重新啮合，完成定位夹紧。

值得注意的是，当工作台下降，上、下齿盘重新啮合而导致再定位时，上齿盘 13 将会通过齿轮 6 带动齿轮 5 使蜗轮 4 产生微小转动，此微小转动不能通过蜗轮传给蜗杆，而是通过压缩蜗杆端部的弹簧 1 使蜗杆作微量的轴向移动来实现。

工作台下降到位后，压合另一个行程微动开关，发出分度完成信号，机床可进入下一步动作。

5）精度分析

齿盘式分度工作台和其他分度工作台相比，具有重复精度高、定位刚性好、结构简单、齿

盘接触面大、磨损小、寿命长等优点。由于齿盘啮合脱开相当于两齿盘对研的过程,因此,随着时间的推延,定位精度还有进一步提高的趋势。此外,齿盘分度机构的向心多齿啮合应用了误差平均的原理,这也是它能获得较高分度精度和定心精度的原因。齿盘定位分度工作台其分度精度一般为±3″,最高可达±0.5″。

齿盘定位式分度工作台,既可以作为机床标准附件,用 T 形螺栓紧固在机床工作台上使用;也可以和数控机床的工作台设计成为一个整体,实现数控机床分度辅助运动。

6.5.2　回转工作台

数控回转工作台也称数控转台,主要用于数控镗铣床等数控单机上实现圆周进给运动,配合机床进行各种圆弧加工,或与直线进给联动,进行曲面加工。此外,它还可以实现精确的自动分度,这给箱体零件的加工带来了便利。比如某箱体零件的一个平面上各工步都加工完毕后,工件就自动回转一定角度,再进行另一个平面各工步的加工,而无须重新装夹。

数控回转工作台多采用电动机驱动,通过蜗轮蜗杆传动降速。为了保证圆周进给运动的精度,传动机构中需设有间隙消除装置。另外,为使回转工作台在静止状态时能保持较高刚度和稳定性,还设置了蜗轮夹紧装置。对闭环控制的回转台,还设有光栅等测量装置。

1. 开环数控回转工作台

图 6-32 所示为某开环数控回转工作台的结构。它由步进电动机 3 驱动,通过齿轮 2 与齿轮 6 啮合,齿轮 6 又与蜗杆 4 用花键连接,再通过蜗杆 4、蜗轮 15 将运动传至工作台。由于数控回转工作台分度定位无其他定位元件,只是按控制系统所指定的脉冲数来决定转位角度,因此,对开环数控转台的传动精度要求很高,传动间隙也应尽量小。

图 6-32 中,齿轮 2 与齿轮 6 通过调整偏心环 1 改变两齿轮中心距来消除齿侧间隙,齿轮 6 与蜗杆 4 采用齿侧定位的花键配合,蜗杆 4 采用双导程蜗杆,可以用轴向移动蜗杆的办法来消除蜗杆 4 和蜗轮 15 的啮合间隙。具体方法是:将两个半圆调整环 7 卸下磨去一定厚度,后再重新装入,便可使蜗杆沿轴向向左移动一段距离。蜗杆 4 轴向采用一端双向固定、另一端游离的支承方法,其左端为自由端,可以伸缩,右端装有两个角接触球轴承受蜗杆的轴向力,蜗杆的径向力由其两端的滚针轴承承担。

该数控转台的底座 21 上和固定支座 24 内均布 6 个液压缸 14,蜗轮 15 下部的内外两面装有夹紧瓦 18 和 19。工作台静止时,液压缸 14 上端进压力油,柱塞 16 下行,通过钢球 17 推动夹紧瓦 18 和 19 将蜗轮夹紧,实现定位。当数控回转台需实现圆周进给运动或分度运动时,控制系统首先发出指令,阀体动作,使液压缸 14 上腔接通回油槽,在弹簧 20 的作用下,把钢球 17 抬起,夹紧瓦 18 和 19 就松开蜗轮 15。柱塞 16 到达上位后又发出信号,步进电动机 3 启动,并按指令脉冲的要求驱动数控回转台实现圆周进给运动或分度运动。当进给运动或分度运动完成后,夹紧装置重新锁住蜗轮 15,以保证定位可靠和提高承载能力。

为了保证传动准确性,该数控回转台设有零点,必要时可返零,然后从零开始回转。当它作返零控制时,先由挡块 11 压合微动开关 10,步进电动机减速,工作台由快速回转变为慢速回转,然后再由挡块 9 压合微动开关 8,发出准停信导,步进电动机停止,回转台便准确地停在零点位置上。

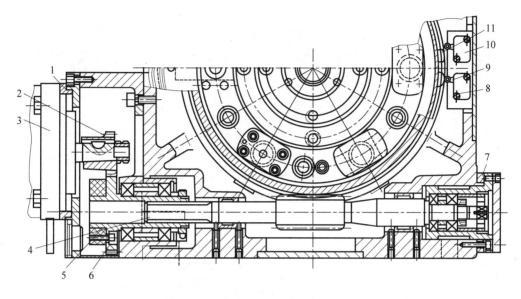

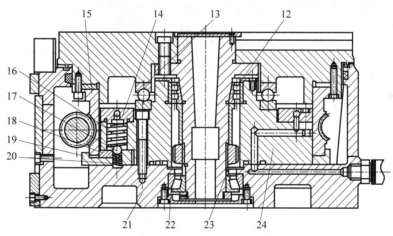

图 6-32　开环数控回转工作台

1—偏心环；2,6—齿轮；3—电动机；4—蜗杆；5—橡胶套；7—调整环；8,10—微动开关；
9,11—挡块；12,13—轴承；14—液压缸；15—蜗轮；16—柱塞；17—钢球；18,19—夹紧瓦；
20—弹簧；21—底座；22—圆锥滚子轴承；23—调整套；24—支座

2. 闭环数控回转工作台

图 6-33 所示为某卧式镗铣床上使用的闭环数控回转工作台的结构。

从其结构来看，与开环数控回转台大致相同，由电动机 15 通过齿轮 14、16，经蜗杆 12、蜗轮 13 传至工作台；并且也是由液压缸 5（共 8 个）通过钢球 8、夹紧瓦 3 和 4，来松紧蜗轮 13，实现工作台的回转与锁定。所不同的是闭环数控回转工作台的下方装有测量工作台 1 转角位置的圆光栅 9。测量结果经反馈与指令值进行比较，如果有偏差，则将此正负偏差值经放大后控制伺服电动机朝消除偏差的方向转动，使工作台进给或分度准确。为了便于实现闭环控制，驱动电动机 15 常采用直流伺服电动机而不采用步进电动机。

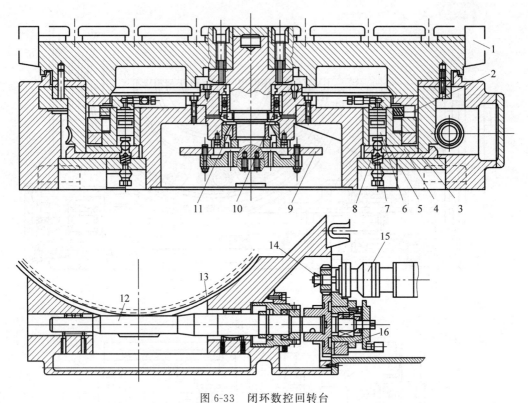

图 6-33　闭环数控回转台

1—工作台；2,13—蜗轮；3,4—夹紧瓦；5—液压缸；6—活塞；7—弹簧；8—钢球；
9—光栅；10,11—轴承；12—蜗杆；14,16—齿轮；15—电动机

6.5.3　交换工作台

在一些自动换刀的数控镗铣床上，为了节省辅助时间，提高机床使用率，采用了可自动交换的双工作台，两工作台功能完全一样，工作中可轮流使用，当其中一个交换工作台夹持工件被送到机床上加工时，另一个交换工作台则送出到机床加工部位外，进行工件装卸。

在有的加工中心和柔性制造单元(FMC)中，还配有 3 个甚至更多的交换工作台。配置多个工作台除了可用于装卸工件外，还可用于对相同工件的相同工序进行归类加工，以提高加工质量和保证尺寸一致性。具体做法是先将相同的待加工工件分别装到交换工作台上，先轮流将工件上相同的工序加工好，再进入下一步，轮流将下一道相同工序加工好，以此类推。这样做可明显减少换刀次数，缩短换刀时间(换刀动作可在工作台交换的同时进行)。

在柔性制造系统(FMS)中，也使用交换工作台，它是将多台不同功用的数控机床排列在一起(见图 6-34)，每台机床有一个可暂放交换工作台的工作台站，各机床的工作台站通过传送导轨相连。传送导轨上支承着数十个交换工作台(也称工件托盘)，这些交换工作台上装夹着工件，由传送导轨上的驱动机构驱动它在导轨上循环移动，当到达某台机床前，由可编程控制器借助光电识别器(也称光眼)来控制，决定它是进入该机床的交换工件台站，还是继续前进。

从图 6-34 所示的 FMS 运行示意图可以看出，排在传送导轨旁的数控机床，可以是加工

不同工序的不同机床,也可以是加工同一工序的相同机床,还可以是检测设备,但它们均使用同一型号交换台,并且交换台在它们之间传递是完全自动的,这就大大地缩短了加工中的辅助时间,提高了生产效率。

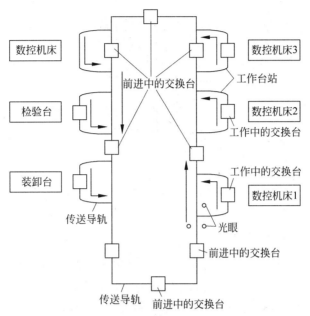

图 6-34　FMS 中工作台自动交换系统示意图

6.6　数控机床的自动换刀装置

自动换刀装置的功能就是储备一定数量的刀具并完成刀具的自动交换。它应当满足换刀时间短、刀具重复定位精度高、刀具储存量足够、结构紧凑及安全可靠等要求。常用的形式有回转刀架换刀、更换主轴换刀、更换主轴箱换刀和带刀库的自动换刀系统 4 种。

6.6.1　回转刀架换刀

回转刀架是一种简单的自动换刀装置,常用于数控车床。根据加工要求可设计成四方、六方刀架或圆盘式轴向装刀刀架,并相应地安装四把、六把或更多的刀具。其动作根据数控指令进行,有的由液压系统通过电磁换向阀和顺序阀进行控制完成刀架抬起、刀架转位、刀架压紧和转位油缸复位等动作,有的采用电机-马氏机构转位、鼠齿盘定位以及其他转位和定位机构。CK7815 型数控车床的自动回转刀架的 12 位和 8 位刀盘的布置如图 6-35 所示。

6.6.2　更换主轴换刀

更换主轴换刀机床的主轴头就是一个转塔刀库,主轴头有卧式和立式两种。根据工序的要求按顺序自动地将装有所需刀具的主轴转到工作位置,实现自动换刀,同时接通主传动,不处在工作位置的主轴便与主传动脱开。转塔头的转位由槽轮机构来实现。图 6-36 所示是 TK5525 型数控转塔式镗铣床的外观,其中八方形主轴头上装有 8 根主轴,每根主轴上装有一把刀具。

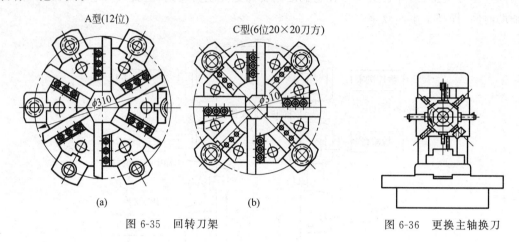

图 6-35　回转刀架　　　　　　　　图 6-36　更换主轴换刀

6.6.3　更换主轴箱换刀

更换主轴箱换刀数控机床像组合机床一样,采用多主轴的主轴箱,利用更换主轴箱来达到换刀的目的,如图 6-37 所示。机床立柱后面的主轴箱库 8 吊着几个备用的主轴箱 2~7,主轴箱库两侧的导轨上装有同步运行的小车 I 和 II,它们在主轴箱库与机床动力头之间进行主轴箱的运输。其中,小车 I 负责运输下道工序需要的主轴箱,小车 II 负责运输上道工序用完的主轴箱。图 6-37 中,机床还可以通过机械手 10,在刀库 9 与主轴箱 1 之间进行刀具交换,这种形式换刀,对于加工箱体类零件,可以提高生产率。

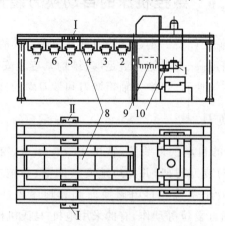

图 6-37　更换主轴箱换刀

1—主轴箱;2,3,4,5,6,7—主轴箱(备用);8—主轴箱库;
9—刀库;10—机械手;I,II—小车

6.6.4　带刀库的自动换刀系统

带刀库的自动换刀换刀装置由刀库、选刀机构、刀具交换机构及刀具在主轴上的自动装卸机构 4 部分组成,应用最广泛,如图 6-38 和图 6-39 所示。刀库可以装在机床的立柱、主轴箱或工作台上。当刀库容量大及刀具较重时,也可以装在机床之外,作为一个独立部件,如图 6-40 和图 6-41 所示。

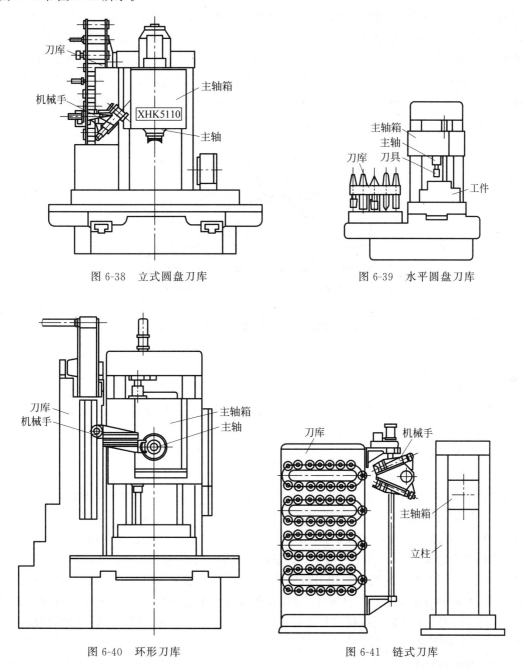

图 6-38　立式圆盘刀库

图 6-39　水平圆盘刀库

图 6-40　环形刀库

图 6-41　链式刀库

带刀库的自动换刀系统的整个换刀过程比较复杂,首先要把加工过程中所用的全部刀具分别安装在标准的刀柄上,在机外进行尺寸预调整后,插入刀库中。换刀时,根据选刀指令在刀库上选刀,由刀具交换机构从刀库和主轴上取出刀具,进行刀具交换,然后将新刀具装入主轴,将用过的刀具放回刀库。这种换刀装置和转塔主轴头相比,由于机床主轴箱内只有一根主轴,在结构上可以增加主轴的刚度,有利于精密加工和重切削,可以采用大容量的刀库。

为了缩短换刀时间,可以采用带刀库的双主轴或者多主轴换刀系统,如图 6-42 所示。该机床转塔头上待更换刀具的主轴与转塔刀库回转轴线成 45°,当水平方向的主轴在加工位置时,待更换刀具的主轴处于换刀位置,由刀具交换装置预先换刀,待本工序加工完毕后,转塔头回转并交换主轴(即换刀)。这种换刀方式,换刀时间大部分和机加工时间重合,只需要转塔头转位的时间,所用换刀时间短;转塔头上的主轴数目较少,有利于提高主轴的结构刚度;刀库上刀具数目也可以增加,对多工序加工有利。但是这种换刀方式也难以保证精镗加工所需要的主轴精度。因此,这种换刀方式主要用于钻床,也可以用于铣镗床和数控组合机床。

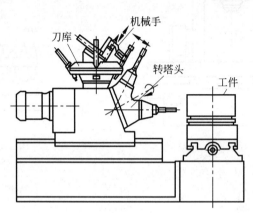

图 6-42　带刀库的双主轴换刀系统

1. 刀库

刀库是加工中心换刀装置中最主要部件之一,其容量、布局及具体结构对数控机床的性能有很大影响。

1) 刀库容量

加工中心功能较为齐全,可承担多个工件切削任务。一般情况下,配备的刀具越多,机床能加工工件的比率也越高,但它们并不是成比例关系。在加工过程中经常使用的刀具数目并不很多。钻削加工,用 14 把不同规格的刀具就可完成 80% 的工件加工,用 20 把刀可完成约 90% 的工件加工;车削加工,用 8 把不同规格的车刀可完成 85% 以上的工件车削,用 10 把刀可完成近 95% 的工件加工;铣削加工,用 4 把不同规格的铣刀就能完成约 90% 的工件加工,用 5 把不同规格的铣刀可完成 95% 的工件加工。因此,从使用和经济效率角度来看,刀库的容量应有一个合理的范围,不能盲目追求大容量。通常,数控车床的刀具在 8 把左右,加工中心的钻、镗、铣刀具总量为 20～40 把较为合适,多的可达 60 把刀,超过 60 把刀具的为数不多。

2) 刀库的形式

刀库的容量和取刀方式不同,刀库的形式也不一样,图 6-43 所示为常见的刀库形式。

(1) 直线刀库。图 6-43(a)所示为直线刀库,其刀具在刀库中呈直线排列,结构比较简单,但存放刀具数量不多,一般为 8～12 把,多用于简易型加工中心。

(2) 圆盘刀库。圆盘刀库比较常见,种类也比较多,存刀量少则 6～8 把,多则 20～30 把。刀具放置方式有径向放置、轴向放置和斜向放置等多种方法,如图 6-43(b)、(c)、(d)所示。

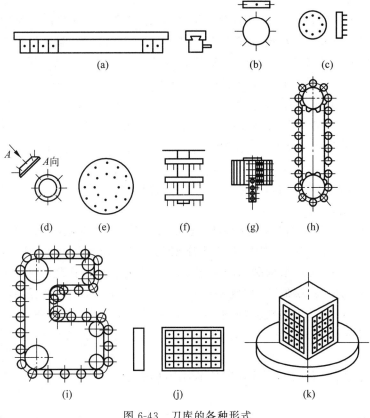

图 6-43 刀库的各种形式

（3）大容量圆盘刀库。前述的圆盘刀库结构简单,取刀也较方便,但由于受圆盘尺寸限制,刀库容量较小(不超过 30 把)。为了存放更多的刀具,可采用多层式的圆盘刀库结构,如图 6-43(e)所示的多圈圆盘刀库、图 6-43(f)所示的多层圆盘刀库和图 6-43(g)所示的多排圆盘刀库(也称鼓筒弹夹式刀库)等。

（4）链式刀库。由于大容量圆盘刀库结构较为复杂,取刀也不方便,因此大容量刀库实际使用较多的是链式刀库结构(见图 6-43(h)、(i))。这种刀库的刀座固定在链节上,并可由链轮驱动其转动选刀。图 6-43(h)所示为单排链式刀库,一般存刀量小于 30 把,也有多的可达 60 把。若需进一步增加存刀量,可使用加长链条的链式刀库(见图 6-43(i)),并将链条折叠回绕,以提高空间利用率。

（5）格子式刀库。为了进一步增加刀库容量和减小刀库体积,有的加工中心还使用如图 6-43(j)、(k)所示的格子式刀库。这种刀库具有纵横排列十分整齐的很多格子,每个格子中均有一个刀座,可储存一把刀具。这种刀库可将其单独安置于机床外,由机械手进行选刀及换刀。它可制作成单面式(见图 6-43(j))和多面式(见图 6-43(k))两种。由于选刀及取刀动作复杂,应用并不多。

2. 选刀

从刀库中自动挑选各工序所需刀具的操作称为自动选刀,简称选刀。目前选刀的方法主要有顺序选择法和任意选择法两种。

1）顺序选择法

将刀具按加工顺序，依次放入刀库每个刀座内，刀具顺序不能搞错。每次换刀时，刀库按顺序转动一刀座位置。采用此方式选刀，不需要刀具识别装置，驱动控制比较简单，成本较低。但刀库中的刀具必须严格按工序顺序放置，否则就会造成设备或质量事故。另外，刀库中的刀具在同一工件的不同工序中不能重复使用，因而必须相应地增加刀具数量和刀库容量，降低了刀具和刀库的利用率。此外，一种顺序的刀具排列仅能加工一种零件，一旦更换加工零件，刀具在刀库上的排列顺序也要改变，这就在一定程度上限制了机床的加工能力。所以，顺序选刀主要用于经济型数控机床或使用刀具不多的数控机床上。

2）任意选择法

任意选择法又分为刀座编码选择法、刀具编码选择法和无编码选刀法3种。

（1）刀座编码选择法

刀座编码选择法又称固定地址选择法，它是对刀库的刀座进行编码，并将与刀座编码相同的刀具一一放入指定刀座中，然后根据刀座编码写程序和选择刀具。这种方式省去了对刀具的编码识别，因而刀柄结构简单，刀具也可制作得短些。由于能识别刀座，故各刀具可以在加工中重复使用，更换加工工件也无须调整刀具的顺序。但这种方法，操作者若把刀具误放入编码不符的刀座内，仍然会造成事故。另外，刀具在自动交换过程中必须将用过的刀具放回原来的刀座，这就增加了刀库动作的复杂性。刀座编码方式可分为永久性编码和临时性编码两种。

永久性编码是将一种与刀座编号相对应的刀座编码板安装在每个刀座的侧面，其编码固定不变。

临时性编码也称为钥匙编码，它采用一种专用的代码钥匙，如图6-44（a）所示。编码时先按加工程序的规定给每一把刀具系上表示该刀具号码的代码钥匙，在刀具任意放入刀座的同时，将对应的代码钥匙插入该刀座旁的钥匙孔内，通过钥匙把刀具的代码转记到刀座上，从而给刀座编上了代码。

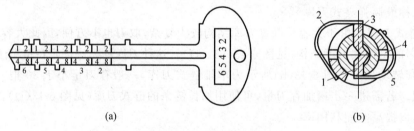

(a)　　　　　　　　　　　　(b)

图6-44　钥匙编码结构图

1—钥匙；2,5—接触片；3—钥匙有齿部分；4—水平槽

这种代码钥匙的两边最多可带有22个方齿，前20个齿组成了一个5位的十进制代码，4个二进制代码表示一位十进制数，以便于操作者识别。这样，代码钥匙就可以给出1～99 999之间的任何一个号码，并将对应的号码打印在钥匙的正面。采用这种方法可以给大量的刀具编号。每把钥匙都带有最后两个方齿，只要钥匙插入刀座，就发出信号表示刀座已编上了代码。编码钥匙孔座的结构如图6-44（b）所示，钥匙1对准键槽和水平槽4插入钥匙孔座，然后顺时针方向旋转90°，处于钥匙有齿部分3的接触片2被撑起，表示代码1，处于

无齿部分的接触片 5 保持原状,表示代码 0。刀库上装有数码读取装置,它由两排成180°分布的炭刷组成。当刀库转动选刀时,钥匙孔座的两排接触片依次地通过炭刷,依次读出刀座的代码,直到寻找到所需要的刀具。

这种编码方式称为临时性编码是因为在更换加工对象,取出刀库中的刀具之后,刀座原来的编码随着编码钥匙的取出而消失。因此,这种方式具有更大的灵活性,各个工厂可以对大量刀具中的每一种用统一的固定编码,对于程序编制和刀具管理都十分有利。而且在刀具放入刀库时,不容易发生人为的差错。但钥匙编码方式仍然必须把用过的刀具放回原来的刀座中,这是它的主要缺点。

(2) 刀具编码选择法

刀具编码选择法是采用一种特殊的刀柄结构,对每把刀具进行编码,换刀时通过编码识别装置,按选刀指令代码,在刀库中选择所需的刀具。由于每把刀具都有自己的代码,因而刀具可以放入刀库中的任何一个刀座内,这样不仅刀库中的刀具可以在不同的工序中重复使用,而且换下的刀具不必放入原来的刀座,这对装刀和选刀都十分有利。例如,换刀时,可把卸下的刀具就近装入刚取走刀具的刀座中,简化了换刀的动作;选刀时只认刀具,与刀座无关,减少了选刀失误的可能性。

刀具的编码与识别方式有两种,一种为接触式,另一种为非接触式。

接触式是通过在刀具刀柄上或刀具夹头上不同直径的编码环来识别的,如图 6-45 所示。它在刀柄尾部的拉紧螺杆上套装着一组等间隔的编码环 1,并由锁紧螺母 2 将它们固定。编码环的外径有大小两种不同规格,每个大小编码环分别表示二进制数 1 和 0,通过对两种圆环的不同排列,可得到一系列代码。例如,图 6-45 中的 7 个编码环,能够区别出 $2^7 - 1 = 127$ 种刀具,其中减 1 是因为全部为 0 的代码不允许使用,以免和没有刀具的状况相混淆。当刀库中带有编码的刀具依次通过编码识别装置时,大编码环触动了对应的微动开关,发出 1 信号,这样就可读出每把刀具的代码(见图 6-46)。如果读出的代码与程序中所选择的刀具代码一致时,则发出信号,使刀库停止回转,等待换刀。

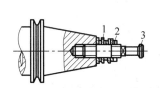

图 6-45　编码刀柄示意图

1—编码环;2—锁紧螺母;3—拉紧螺杆

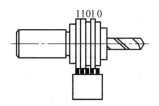

图 6-46　接触式刀具识别码

接触式编码识别装置结构简单,编码直观。但是,由于微动开关动作需要一定时间,故不能实现快速选刀;而且微动开关的触针易磨损,故寿命短、可靠性差。

非接触式是采用磁性或光电方式对刀具进行编码识别的。图 6-47 所示是非接触式磁性刀具编码识别装置示意图。编码环用直径相等的导磁材料(如软钢)和非导磁材料(如黄铜、塑料)制成,分别表示二进制数 1 和 0,将这些编码环按

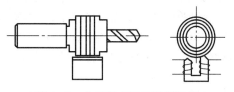

图 6-47　非接触式刀具识别装置

特定的顺序排列,构成刀具的编码。识别装置由一组感应线圈组成,刀库中刀具通过识别装置时,对应软钢编码环的线圈感应出高电位,其余线圈则输出低电位,然后再对这些高、低电位进行整形,并通过识别电路选出所需要的刀具。磁性识别装置由于没有机械接触和磨损,故可以快速选刀,且结构简单、工作可靠、寿命长、没有噪声。

光电式刀具编码装置是在刀柄或刀夹的磨光部位按二进制规律涂黑(表示 0)或不涂黑(表示 1)给刀具编码。识别装置是一组光电对管,光电对管由发光管和光敏管组成。发光管发出的光通到磨光未涂黑部位,光线反射到光敏管,光敏管电阻下降,电路中产生高电位;发光管发出的光遇到涂黑部位,光线被吸收,光敏管无光线照射,电路中维持原来低电位。将这些高、低电位整形为 1、0 后,即可得出刀具编码。

(3) 无编码选刀法

近来又出现了无编码选刀方法。其中一种是通过光学系统或摄像机直接记录刀具的形状,选刀时再通过对识别位置的刀具图像与记录刀具的形状相比较来确定。这种方法选刀准确,但图像识别选刀系统价格昂贵,故应用并不多。另一种是利用计算机软件来选择刀具,它代替了传统的刀具编码和识别装置,将主轴上的新刀号和还回刀库中的旧刀号均记忆在计算机的存储器或可编程控制器的存储器中,不论刀具存放在哪个地址,都能跟踪记忆。这样刀具可任意取出、任意送回,刀具本身不必设置编码元件,因而结构大为简化,控制也简单得多,基本消除了由于识刀装置的稳定性和可靠性所带来的选刀失误。这种选刀方法已在新研制的数控机床中得到广泛应用。

3. 刀具交换机构

实现刀库与机床主轴之间装卸与传递刀具的装置称为刀具交换结构。交换结构的形式很多,一般分为两大类:无机械手换刀和有机械手换刀。

1) 无机械手换刀

无机械手换刀是由刀架和机床主轴的相对运动实现刀具交换的,它在换刀时必须首先将用过的刀具送回刀库,然后再从刀库中取出新刀具。图 6-48 所示为 XH754 型卧式加工中心无机械手换刀过程示意图。换刀动作主要由主轴的上下移动、刀库的转位和刀库轴向移动等组成。当接到换刀指令时,主轴首先准停,主轴箱连同主轴和刀具沿 Y 轴上升(见图 6-48(a));这时刀库上刀位的空当位置正好处于交换位置,装夹刀具的卡爪打开,准备接刀,主轴箱上升到极限位置时,被更换的刀具刀杆进入刀库的空刀位(见图 6-48(b));卡爪钳紧刀具,同时,主轴内刀杆自动夹紧装置松开刀具;刀库轴向右移,将刀具从主轴锥孔中拔出(见图 6-48(c));刀库转位,按程序指令要求将选好的刀具转到最下面与主轴箱对齐(见图 6-48(d));吹屑装置同时将主轴锥孔吹净;刀库向左退回,将所选新刀插入主轴锥孔(见图 6-48(e));主轴内刀具夹紧装置将刀杆拉紧,主轴下降到加工位置后起动,开始下步加工(见图 6-48(f));刀库锁定,保护空刀位处在交换位置不变,等待下次换刀。

该刀库有 30 个装刀位置,最多可装 30 把刀具。每把刀具在刀库上的位置是固定的,从哪个刀位取下的刀具,用完后仍然送回到哪个刀位上。

这种换刀机构不需要机械手,结构简单、紧凑。在变换刀具时,主轴箱需上下移动,刀库旋转与卸刀、装刀等动作不能同时进行,因此换刀时间较长,影响机床的生产率。另外,因刀库尺寸限制,装刀量不能太多,否则会影响换刀动作。所以,这种换刀方式常用于小型加工中心。

2) 机械手换刀

采用机械手进行刀具交换的方式应用最多,这是因为:机械手换刀时对刀库布置要求

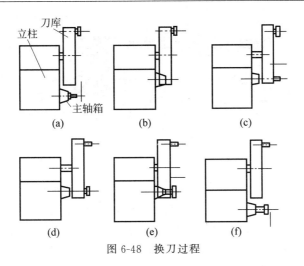

图 6-48　换刀过程

不严,换刀前的刀库运动和刀具选择不占用换刀时间;机械手动作灵活,主轴与工件在换刀时相对位置不变,不影响加工精度。机械手的结构多种多样,其中以双臂机械手居多。图 6-49 所示为几种常见的双臂机械手的结构,它们分别是钩手(见图 6-49(a))、抱手(见图 6-49(b))、伸缩手(见图 6-49(c))和叉手(见图 6-49(d)),这几种机械手能够完成抓刀、拔刀、回转、插刀以及返回等全部动作。

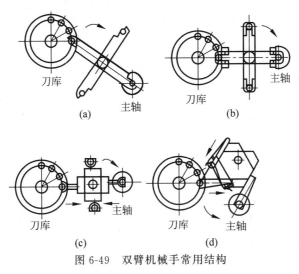

图 6-49　双臂机械手常用结构

　　为防止刀具脱落,各种机械手的活动爪都必须带有自锁机构。图 6-50 所示为钩手式机械手的手臂和手爪部分构造。它有两个固定手爪 5,每个手爪上还有一个活动销 4,它依靠后面的弹簧 1 在抓刀后顶住刀具。为了保证机械手在运动时刀具不被甩出,有一个锁紧销 2,当活动销 4 顶住刀具时,锁紧销 2 就被弹簧 3 弹起,将活动销 4 锁住,再不能后退。当机械手处在上升位置要完成插、拔刀动作时,销 6 被挡块压下使锁紧销 2 也退下,故可以自由地抓放刀具。

　　机械手爪的内侧为 V 形结构,在抓取刀具时,能刚好和标准刀具刀柄上的 V 形槽相吻合,使刀具能保持准确的轴向和径向定位精度。另外,每个手爪中部还有一个键,在抓取刀具时,该键正好插入刀柄的键槽中,用于防止刀具在手爪中旋转,以保证刀具准确地插入主轴和刀库的带端面键的锥孔中。

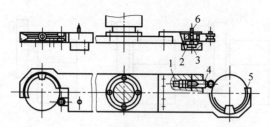

图 6-50　机械手臂和手爪

1,3—弹簧；2—锁紧销；4—活动销；5—手爪；6—销

下面以 TH5632 型立式加工中心为例，分析机械手换刀装置的结构原理及换刀过程。TH5632 型立式加工中心的刀库在立柱左侧，刀具轴线为水平放置，所以换刀之前应将刀具轴线转到与主轴平行，然后再由机械手动作。其过程是：先根据选刀指令 Txx 将待换刀具转到刀库的最下位置（见图 6-51），当接到换刀指令 M06 后，将带有刀具的刀套朝下旋转 90°与主轴平行，然后机械手顺时针转 75°，同时抓住主轴上的刀具和刀库上的刀具；这时，主轴刀杆的夹紧装置松开，机械手下伸，拔出主轴和刀库上的刀具，转位 180°交换刀具，再缩回装到主轴和刀库上；完成后机械手反转 75°离开，以保护主轴和刀库的正常动作。从换刀过程来看，换刀动作主要由刀库的回转，刀库上刀具的翻转，及机械手的顺转、抓刀、拔刀、转位、装刀和逆转复位等动作构成，而这些动作均由特定的机构来实现。

图 6-52 所示是圆盘式刀库的结构。当接收到数控系统发出的数控指令后，直流伺服电动机 1 经过十字滑块联轴节 2 和蜗杆 3、蜗轮 4 带动圆盘 12 旋转，圆盘上有 16 个刀套。当待换刀具转到换刀位置时，气缸 5 下腔通气，活塞杆 9 带动拨叉 8 上移，拨动待换刀具所在刀套尾部的滚子 10，使刀具向下旋转 90°，使刀具轴线与主轴轴线平行。行程开关 6、7 用于限位和锁定，以防止机构误动作。

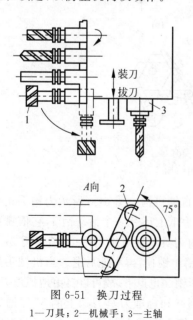

图 6-51　换刀过程

1—刀具；2—机械手；3—主轴

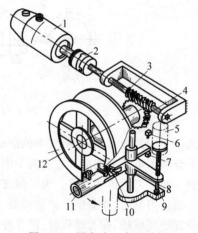

图 6-52　圆盘式刀库的结构

1—伺服电动机；2—联轴节；3—蜗杆；4—蜗轮；
5—气缸；6,7—行程开关；8—拨叉；9—活塞杆；
10—滚子；11—刀套；12—圆盘

刀套(见图 6-53)的内锥孔尾部有两个球头销钉 3,后面有弹簧,可以夹住刀具,使它不至落下。刀套 1 顶部的滚子 2 则是用来在水平位置时支承刀套。

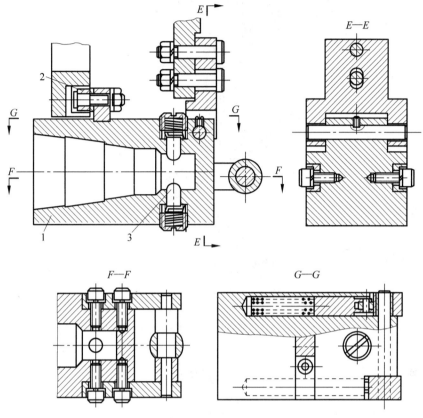

图 6-53 刀套
1—刀套;2—滚子;3—球头销钉

图 6-54 所示为该换刀装置机械手传动机构,其抓刀、拔刀及交换刀具的动力分别来源于液压缸 4、气缸 1 和气缸 6。当接到换刀指令 M06 后,液压缸 4 首先动作,其右腔注入压力油,齿条轴 3 驱动齿轮 15 旋转,此时,因气缸 1 尚未动作,机械手处于上位,传动盘 14 的上插销插在齿轮 15 端面上的销孔内,故传动盘 14 连同活塞杆 2 和机械手臂 7 一起跟随齿轮 15 旋转。机械手臂 7 旋转 75°,便完成抓刀动作,此时行程开关 17 被压下,液压缸 4 停止工作,气缸 1 上腔开始进气,活塞杆 2 连同机械手臂下移,进行拔刀。传动盘 14 也同时下移,并最终将其下插销 13 插入齿轮 10 端面上的孔内。当活塞杆 2 连同机械手臂下降到终点时,行程开关 8 被压下,气缸 1 停止工作,气缸 6 的右腔开始进气,齿条轴 5 驱动齿轮 10,再通过传动盘下插销驱动杆 2 及机械手臂旋转 180°进行换刀。换刀结束后,行程开关 12 被压下,气缸 6 停止工作,气缸 1 下腔进气,机械手臂上移插刀。插刀完成后,压下行程开关 9,气缸 1 复位完成,液压缸 4 左腔进油,机械手臂 7 反转 75°复位,手臂复位完成时,压下行程开关 16,液压缸 4 停止工作,气缸 6 左腔进气进行复位,气缸 6 复位完成后,压下行程开关 11,发出主轴启动信号使机床开始加工。

从上述动作可知,整个换刀过程是个顺序控制的过程,第一个动作结束,即为另一个动作的开始,一环扣一环自动完成,无须人工参与。

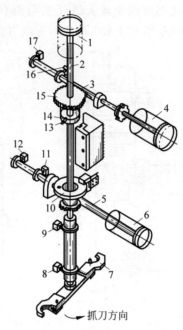

← 抓刀方向

图 6-54　机械手传动机构

1,6—气缸；2—活塞杆；3,5—齿条轴；4—液压缸；7—机械手臂；
8,9,11,12,16,17—行程开关；10,15—齿轮；13—插销；14—传动盘

思考与练习

6-1　数控机床在进行结构设计时要满足哪些要求？

6-2　数控机床的主传动有什么特点？主传动变速有哪几种方式？

6-3　说明主轴部件常用的轴承类型。

6-4　说明主轴准停的意义和实现方法。

6-5　滚珠丝杠螺母副传动有什么特点？滚珠循环方式有哪两类？

6-6　说明滚珠常用丝杠轴向间隙调整和预紧的结构形式。

6-7　简述数控机床常用导轨的类型、特点。

6-8　简述数控机床工作台的类型及其应用场合。

6-9　数控机床的自动换刀装置有哪几种？常用的刀具交换机构是什么？

6-10　说明数控机床刀具的选择方法并简述各自的选刀原理。

第7章　数控技术与制造自动化系统

7.1　概　　述

制造业是将可用资源与能源,通过制造过程转化为可供人们使用或利用的工业品的行业。制造过程可定义为将制造资源(原材料、劳动力、能源等)转变为有形财富或产品的过程。制造过程是在制造系统中实现的。机械加工系统是一种典型的制造系统,它由机床、夹具、刀具、操作人员、加工工艺等组成。一个制造产品的机床、生产线、车间和整个工厂可看作是不同层次的制造系统,数控机床、加工中心、柔性制造系统、计算机集成制造系统均是典型的制造系统。制造系统在运行过程中,无时无刻不伴随着"三流"的运动,即总是伴随着物料流、信息流和能量流的运动。机械加工系统的物料包括原材料、半成品及相应的刀具、量具、夹具、润滑油、切削液和其他辅助物料等,整个机械加工系统中的运动称为物料流。在机械加工系统中,必须集成各方面的信息,以保证机械加工过程的正常运行。这些信息主要包括加工任务、加工工序、加工方法、刀具状态、工件要求、质量指标、切削参数等。这些信息在机械加工系统中的作用过程称为信息流。能量是一切物质运动的基础,机械加工过程中的各种运动过程,特别是物料的运动,均需要能量来维持。来自机械加工系统外部的能量(一般是电能),多数转变为机械能,一部分机械能用以维持系统中的各种运动,另一部分通过传递而到达机械加工的切削区域,这种在机械加工过程中的能量运动称为能量流。

制造自动化技术的发展大致经历了 5 个阶段。

(1) 刚性自动化。包括刚性自动线和自动单机。应用传统的机械设计与制造工艺方法,采用专用机床和组合机床、自动单机或自动化生产线进行大批量生产。其特征是高生产率和刚性结构,很难实现生产产品的改变。

(2) 数控加工。包括数控(numerical control,NC)和计算机数控(computer numerical control,CNC)。NC 技术在 20 世纪 50—70 年代发展迅速并已成熟,但到了七八十年代,由于计算机技术的迅速发展,它迅速被 CNC 技术取代。数控加工设备包括数控机床、加工中心等。数控加工的特点是柔性好、加工质量高,适应于多品种、中小批量(包括单件产品)的生产。引入的新技术包括数控技术、计算机编程技术等。

(3) 柔性制造。包括计算机直接数控或分布式数控(direct numerical control 或 distributed numerical control,DNC)、柔性制造单元(flexible manufacturing cell,FMC)、柔性制造系统(flexible manufacturing system,FMS)等。其特征是强调制造过程的柔性和高效率,适应于多品种、中小批量的生产。涉及的主要技术包括成组技术(GT)、DNC、FMC、FMS、离散系统理论和方法、仿真技术、车间计划与控制、制造过程监控技术、计算机控制与通信网络等。

(4) 计算机集成制造系统(computer integrated manufacturing system,CIMS)。既可看作是制造自动化发展的一个新阶段,又可看作是包含制造自动化系统的一个更高层次的系统。CIMS 自从 20 世纪 90 年代以来得到迅速发展。其特征是强调制造全过程的系统性和集成性,以解决现代企业生存与竞争的 TQCS 问题,即产品上市快(time)、质量好(quality)、成本低(cost)和服务好(service)。

(5) 智能制造系统(intelligent manufacturing system,IMS)。智能制造将是未来制造自动化发展的重要方向之一。智能制造系统是一种由智能机器和人类专家共同组成的人机一体化智能系统,它在制造过程中能进行智能活动,诸如分析、推理、判断、构思和决策等。智能制造技术的宗旨在于通过人与智能机器的合作共事,去扩大、延伸和部分地取代人类专家在制造过程中的脑力劳动。

机械制造业的技术发展进程是一个不断提高和完善自动化水平的过程。数控技术与机械制造业的关系愈密切,机械制造业自动化的进程就愈加深化。实现机械制造业的自动化,数控技术是重要的基础技术之一。这不仅是因为数控机床及相关数控设备是工厂自动化的基本设备,而且其他自动化设备也渗透着数控技术。例如,在 CAD/CAM 中,对工件参数和刀具参数的处理,对零件程序的自动描述,是以数控为基础的;在管理和决策中,制造数据库和工艺参数,也是以数控为基础的;在工业机器人技术中,90%以上的内容离不开数控技术。人们在规划和发展机械制造业的自动化时,都要衡量一下本身的数控技术基础。美国是最早研究 CIMS 的国家,它的 CIMS 技术发展分为三个阶段:第一阶段就是从 NC 机床入手,研究生产企业中如何将制造技术与计算机技术和自动化技术进行综合;第二阶段是研究和开发 CAD/CAM、制造资源计划(MRP)和 FMS;第三阶段是开发 CIMS。由此可以看出,数控技术不仅是当前自动化的基础,而且也与未来制造业的发展密切相关。

某一特定的制造过程而言,选择哪一种加工制造系统,取决于所选择的生产对象、生产手段和生产方法,而这些又与产品的质量、数量、价格及交货期有关。一般而言,少品种大批量生产适宜采用刚性生产线的制造系统,中品种中批量生产适宜采用柔性生产线,而多品种小批量生产则适宜采用通用 NC 机床进行加工。

在制造自动化技术总的发展历程中,技术的特征总是由简单到复杂。如上所述,制造自动化技术的发展大致经历了从刚性自动化、数控加工技术、DNC、FMC、FMS 到 CIMS 与 IMS 的过程。自动化技术发展的基础是数控技术,通过前面章节的学习,已较全面地了解了数控技术,下面主要对 DNC、FMS 和 IMS 等进行介绍,以便深入了解数控技术在制造自动化系统中的应用和发展趋势等。

7.2　分布式数控 DNC

7.2.1　DNC 系统概述

DNC 最早的含义是直接数字控制,其研究始于 20 世纪 60 年代。它指的是将若干台数控设备直接连接在一台中央计算机上,由中央计算机负责 NC 程序的管理和传送。当时的研究目的主要是为了解决早期数控设备因使用纸带输入数控加工程序而引起的一系列问题和早期数控设备的高计算成本等问题。

20 世纪 70 年代以后,随着 CNC 技术的不断发展,数控系统的存储容量和计算速度都大为提高,DNC 的含义由简单的直接数控发展到分布式数控。它不但具有直接数控的所有功能,而且具有系统信息收集、系统状态监视以及系统控制等功能。

20 世纪 80 年代以后,随着计算机技术、通信技术和 CIMS 技术的发展,DNC 的内涵和功能不断扩大,与 70 年代的 DNC 相比已有很大区别,它开始着眼于车间的信息集成,针对车间的生产计划、技术准备、加工操作等基本作业进行集中监控与分散控制,把生产任务通过局域网分配给各个加工单元,并使之信息相互交换。而对物流等系统可以在条件成熟时再扩充,既适用于现有的生产环境,提高生产率,又节省了成本。

后来,又出现了很多新的 DNC 概念。如美国计算机集成制造公司副总裁 D. L. Firm提出的 Broad Scope DNC,认为在 CIMS 的推动下,DNC 已不仅仅作为编程系统(DNC 主机)和 CNC 机床的一种连接方式,而是可以扩充到支持车间级数据的人工采集(通过键盘录入)、半自动采集(使用条形码)和全自动采集(通过全闭环系统的离散信号采集)。

7.2.2 DNC 系统的结构与组成

DNC 的结构形式有多种,用户需根据其工厂所需的自动化程度、加工零件的工艺要求、系统应达到的目标等情况,确定 DNC 的结构形式。一般来说,DNC 系统最重要的组成部分有中央计算机、外设、通信接口、机床控制器、机床。DNC 系统的一般结构如图 7-1 所示。中央计算机执行与数控有关的三项任务:它从大容量的存储器中取回零件程序并把这个信息传递给机床;然后在这两个方向上控制信息的流动,以便使数控指令的请求立即得到执行;最后由计算机监视并处理机床的反馈。DNC 的一般结构具有比较明显的“群控”概念,是机械加工向更大范围自动化发展的基础。

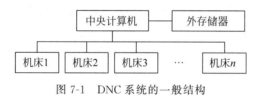

图 7-1 DNC 系统的一般结构

DNC 系统的组成包括硬件部分和软件部分,其中软件部分涉及通信、生产管理、零件加工程序自动编制等多方面。制造系统的生产管理就是指对制造过程的管理,其目标是通过对制造过程中物料流的合理计划、调度与控制,缩短产品的制造周期,减少工件在制造系统中的“空闲时间”,提高数控机床的利用率,保证制造系统按产品品种、质量、数量、生产成本和交货期要求,全面完成计划规定的生产任务,最终达到提高生产率的目的。

DNC 系统的硬件由以下几部分组成:

(1)计算机部分。计算机完成数据管理、数控程序管理、生产计划与调度以及机床控制等任务。

(2)数控机床部分。一般的数控系统如 FANUC、SIEMENS 等均具有 RS-232 串行接口,这些接口设施为计算机直接控制数控机床提供了必要的硬件环境。

(3)通信线路。通常计算机控制数控机床的连接分两种情况:第一种是不加调制解调器(MODEM)的通信方法,一般传输距离在 50m 以内,不同的数控系统的传输距离不完全一样,要根据实际情况而定,目前采用此种方式的较多;第二种是加 MODEM 的通信方式,这种方式适合于长距离的数据通信。

DNC 是用一台或多台计算机对多台数控机床实施综合数字控制。DNC 属于自动化制造系统的一种模式。与单机数控相比,DNC 增加了多台数控机床间的协调控制功能,改善了管理,提高了数控机床的利用率。在 DNC 系统中,可实现所有数控程序的统一管理,主控计算机可随时采集各台数控机床的状态信息,并可根据这些信息作出相应的控制动作,如启动某一加工程序、停机等。此外,在 DNC 系统中,容易实现系统的生产管理,DNC 运行管理的核心是生产计划与调度理论和技术,可在每日(或每班次)开始加工之前作出生产调度计划,保证 DNC 能以最优或次优的方式完成当天(或本班次)的任务,也可在加工过程中根据系统当前的实时状态,对生产活动进行动态优化控制。DNC 的这些特点,对于那些资金和技术力量尚不足的许多中小企业来说,是很有吸引力的。随着计算机技术的发展和数控机床的普遍使用,国内许多企业在所用数控技术比较成熟的情况下,纷纷提出改造生产线建立 DNC 系统的要求。

在 DNC 系统中,如何将计算机与数控机床连接起来实现可靠的 DNC,是个非常重要的问题。制造业从单机自动化发展到 DNC,在技术上首先要解决数控机床与计算机之间的信息交换和互联问题,这也是实现 DNC 的核心问题。如何将计算机与数控机床相连并实现DNC 控制,是实现 CAD/CAM 一体化技术的关键问题,也是向更高一级 FMS 或 CIMS 发展需要解决的一个关键性问题。DNC 是机械加工车间自动化的另一种方式,相对 FMS 来说,它是投资小、见效快,可大量介入人机交互,并具有较好柔性的多数控加工设备的集成控制系统。

7.2.3　DNC 的发展趋势

国外 DNC 技术的发展方向主要表现在 DNC 与 CIMS 的集成、DNC 系统的模块化和商品化、基于现场总线和计算机局域网的 DNC 产品开发以及 DNC 产品与数控系统的配套开发与生产等方面。我国由于起步较晚,有关 DNC 的研究与欧美日等国相比,还有较大的差距。除以上发展方向外,还应加强以下几方面的研究。

1. DNC 集成技术

现有 DNC 系统只能集成一种或有限的两三种数控系统,要使 DNC 系统具有推广应用价值,应加强各种典型数控系统的 DNC 集成方法研究。当前对异构数控系统集成化控制,有以下几条途径:

(1) 世界各国数控系统制造商正在积极寻找一条解决通信协议标准化问题的途径或研究开发平台产品,企图用一个平台来面对各种采用不同通信协议的数控设备,以一个共同的数据结构和人机界面来面对用户。20 世纪 90 年代初,国外许多大公司如 HP、DEC 及 IBM公司均推出了自己的平台产品。我国"八五"期间国家科委就开始立项研制具有自主知识产权的 DNC 开发平台。

(2) 在通信协议实现标准化之前,很多机械加工车间的数控机床集成控制问题是靠研制专门的 DNC 装置来实现诸如 FANUC 和 SIEMENS 等异构系统的通信。从可查得的资料上表明,现阶段国内外 DNC 装置的研究重点是开发硬件设备及接口标准,主要依靠硬件装置实现异构系统的通信。

(3) 以软件为主要技术手段,基于微机平台来实现异构系统的集成化管理。在 DNC 集成技术的研究中,具体做法是:在借鉴前人研究成果的基础上,改变传统的研究思路,采用工控领域内现场仪表与控制室系统之间的通信研究成果,舍去数据采集与模/数转换等功能,借用其通信控制结构,以软插件技术为指导,研制包括各种不同的数控系统通信协议的软插件库,从而完成异构数控系统的集成。今天微型计算机硬件性能越来越好,接口扩展方便,价格越来越低。对于异构数控系统的通信及集成的研究,可以以微型计算机为支撑,选用不同的连接标准(如 RS-232C、RS-485、RS-422、RS-511 等),以软插件技术为基础,集中精力研究异构数控系统的集成软件。"九五"期间我国"863"计划已立项研制这种 DNC 软插件系统。这种 DNC 软插件系统的应用必将大大推动我国 CAD/CAM 和 CAPMS 的集成化发展,对机械加工车间的自动化及集成化生产管理方面有重要的理论意义和实用价值。

2. DNC 系统重构技术

机械制造企业面对的是一个多变的需求环境,因此机加工车间面对的加工任务也是多变的。由于加工任务的不同,其加工工艺路线也会变化,所需的设备资源也会不同。这样就会造成某些设备负荷过重,传统的将设备资源固定在一个制造单元的组织模式存在一些问题。为了克服以上缺点,FMS 的研究者们早在 20 世纪 80 年代初就提出了动态重构单元的概念,即在某个时间区间内,为了完成某项具体的生产任务,根据单元重构的原则和算法,确定车间内哪些工作站属于哪个单元。一旦任务完成,旧单元即解体,并根据新任务的要求重构新的单元。在重构单元思想的基础上,可进一步提出设备组重构技术,即将车间作为一个设备池,由车间控制器计算机统一管理。在某一时间区间内,根据生产任务的不同将设备分组,以便高效率地完成生产任务,任务一旦完成,设备将重新分组以适应新的需求。

在对基于 DNC 环境下的集成化生产管理系统的研究中,发现其与数控机床的构成及工艺计划相关性较大,可将多年来在柔性制造系统(FMS)生产管理方面的大量研究成果及实用经验应用于异构数控机床 DNC 集成系统中。这种技术路线也可以为那些过去长期从事 FMS 研究的研究者们,利用 DNC 系统实现自动化机械加工车间集成化生产管理,提供一条快捷有效的途径。

3. 现场总线式和局域网式通信结构

现场总线(feild bus)是于 20 世纪 80 年代末 90 年代初发展起来的在制造现场与安装在控制室中的计算机之间的一种数字通信链路,能同时满足过程控制自动化和制造自动化的需要。由于现场总线是基于数字通信的,因此在现场与控制室之间能进行多变量双向通信。现阶段最具代表性的现场总线有 LON(local operating network)、BitBus 和 CAN(computer area network)。制造自动化协议(manufacturing automation protocol,MAP)是道存取方式为 TOKEN-BUS 的宽带 LAN,它符合 IEEE 802.4 标准。所有智能化了的设备可以通过一个统一的接口与该网络连接,以避免不同控制系统与计算机系统之间信息交换而造成的耗费。MAP 网是国外应用非常广泛的工业网,它是以开放式系统和 ISO 七层参考模型为基础的宽带系统通信网络。MAP 是将宽带技术、总线技术和无源工作站耦合融为一体,从而高度保证了信息无错传输。从技术的角度来说,MAP 通过国际标准的制定把工业控制中的数据通信向前推进了一步。尽管 MAP 不能够完全覆盖工业控制领域中的整个通信要求,从现场层上的应用来说,MAP 的网络存取费用很高;但由于国内 DNC 系统的通信结构多为点到点式,只有少数为局域网式。即使为局域网式,也只是 DNC 主机连到局域网上,DNC 主机与机床数控系统的连接仍为点到点式;目前我国大力推广 Internet+,因此应大力推广使用 Internet/Intranet 和物联网技术。因为它能容易地将车间中的机器人、NC 机床及其他数控设备连接到工厂网络中,实现信息的集成与信息管理的自动化。另外,为解决数据大量高速传输、实时性、通信距离长等问题,发展高速化数据通信技术及大量使用现场总线就成为必然,未来的 DNC 集成系统将是现场总线时代。

4. 具有 DNC 接口功能的高档数控系统

虽然国外已有这类商品化系统,但在国内还没有得到实际应用,因此有必要进行研究以便推广应用。

研究重点从通信技术向生产管理软件技术转移,开发 DNC 系统与 CAD/CAPP/CAM 和 MRP 等系统的接口,并加强 DNC 扩充功能的研究。

世界各著名数控系统制造商纷纷投资研制 DNC 通信接口,提供符合 MAP 标准的 DNC 网络接口选件及通信软件。因此,今后人们对 DNC 集成系统的研究重点将由过去的通信技术转向 DNC 集成化生产管理软件系统技术。其关键技术将主要围绕提高 NC 机床利用率,缩短加工辅助时间,提高整个 DNC 系统的柔性,提高可靠性,降低工人劳动强度等方面。而现阶段国内大部分 DNC 系统只能实现数控加工程序的传送,少数具有机床状态采集功能,具有刀具管理、托盘管理、生产调度等功能的 DNC 系统较少。

7.3 柔性制造系统 FMS

7.3.1 柔性制造单元 FMC

FMC 是在制造单元的基础上发展起来、具有柔性制造系统部分特点的一种单元。通常由 1～3 台具有零件缓冲区、刀具换刀及托板自动更换装置的数控机床或加工中心与工件储存、运输装置组成,具有适应加工多品种产品的灵活性和柔性,可以作为 FMS 中的基本单元,也可将其视为一个规模最小的 FMS,是 FMS 向廉价化及小型化方向发展的一种产物。柔性制造单元适合多品种零件的加工,品种数一般为几十种。根据零件工时和组成 FMC 的机床数量,年产量从几千件到几万件,也可达十万件以上。FMC 的自动化程度虽略低于 FMS,但其投资比 FMS 少得多而经济效益接近,更适用于财力有限的中小型企业。目前国内外众多厂家都将 FMC 列为发展的重点。

FMC 的特点:

(1) 在单元计算机控制下,可在不同或同一机床上进行不同零件的加工。

(2) 在单元计算机控制下,可组成柔性制造系统并进行通信。

(3) 在机床加工过程中,可自动进行刀具的更换和工件的自动传输。

(4) 在机床加工过程中,可实现加工过程监控。

FMC 可以作为 FMS 中的基本单元,若干个 FMC 可以发展组成 FMS,因此 FMC 可以看作为企业发展 FMS 历程中的一个阶段。FMC 具有独立自动加工功能,且投资没有 FMS 大,技术上容易实现,因而受到一些企业的欢迎。

FMC 的构成有两大类,一类是加工中心配上托盘交换系统(APC),另一类是数控机床配工业机器人。一般来说,只有具备 5 个以上托盘的加工中心或 1～3 台计算机数控机床,才能称之为 FMC。托盘是实现工件自动上下料的必备部件,在自动化生产线上,待加工的工件首先被安装在托盘上,然后通过运输装置如运输车,将托盘送至托盘架上等待加工,机床加工完毕后,由托盘交换装置从机床的工作台上移出装有工件的托盘,并将装有待加工工件的托盘送到机床的加工位置。因此托盘系统具有存储、运送工件的功能。较多的托盘系统对于实现连续 24 小时自动加工是非常有利的。另外,在柔性自动化制造技术中,工业机器人也是应用广泛的一种设备,目前在很多柔性制造单元和系统中都采用机器人完成物料输送等功能。

采用柔性制造单元(FMC)比采用若干单台的数控机床,有更显著的技术经济效益。首先,由于可以将不同的工件均放置在托盘架上,而这些工件的上下料可自动完成,因而增加了系统的柔性,FMC 可以实现多品种的加工。系统具有多个托盘,多个工件可放置在这些托盘架上,因而 FMC 可实现 24 小时的连续运转。FMC 由于提高了机床的利用率,因此生产利润远比一般的加工中心高。

7.3.2　柔性制造系统 FMS

FMS 是一个由计算机集中管理和控制的制造系统,具有多个独立或半独立工位的一套物料储存运输系统,加工设备主要由数控机床及加工中心等组成,用于高效率地制造中小批量多品种零部件的自动化生产。FMS 与 DNC 系统之间较大的区别在于是否有自动物流系统,可以说缺少物料输送系统的自动化制造系统是 DNC 系统。一般来讲,一个柔性制造系统至少由两台数控机床、一套物料运输系统和一套计算机控制系统所组成,它采用简单地改变软件的方法便能制造出某些部件中的任何零件。

典型的 FMS 主要由以下 3 部分组成:

(1) 加工系统。两台以上的数控机床或加工中心以及其他的加工设备,包括测量机和各种特种加工设备等。

(2) 运储系统。包括刀具的运储和工件及原材料的运储,具体结构有传送带、有轨小车、无轨小车、搬运机器人、上下料托盘、交换工作站等。

(3) 计算机控制系统。控制计算机接收来自工厂主计算机的指令并对整个 FMS 实行监控,对每一个标准的数控机床或制造单元的加工实行控制,对夹具及刀具等实行集中管理和控制,协调各控制装置之间的动作。

FMS 的组成如图 7-2 所示,3 个子系统构成了一个制造系统的物料流(主要指工件流和刀具流)、能量流(通过制造工艺改变工件的形状和尺寸)和信息流(制造过程的信息和数据处理)。

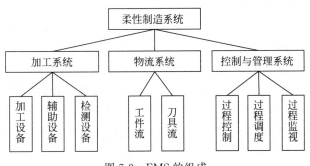

图 7-2　FMS 的组成

FMS 的主要功能:

(1) 能自动管理零件的生产过程,自动控制制造质量,自动故障诊断及处理,自动信息收集及传输。

（2）简单地改变软件或系统参数，便能制造出某一零件族的多种零件。

（3）物料的运输和储存必须是自动的（包括刀具等工装和工件的自动运输）。

（4）能解决多机床条件下零件的混流加工，无须额外增加费用。

（5）具有优化调度管理功能，能实现无人化或少人化加工。

7.3.3　FMS 的关键技术

FMS 的关键技术主要包括单元控制技术、自动化物流技术、生产计划与调度、异构数控系统的集成技术等。

1. 单元控制技术

单元控制系统是 FMS 的大脑及神经中枢，随着计算机技术的进一步发展以及人工智能技术的发展与应用，FMS 控制技术无论是软件还是硬件均有突飞猛进的发展，主要表现在以下几个方面。

1）不断推出新型控制软件

随着 FMS 的发展，特别是 CIMS 的发展，单元控制软件发展很快，无论是制造商还是应用厂商都在不断地推出或引进新的单元控制软件。例如，西屋电气公司的一种用来监督和控制 FMS 制造单元的新型软件 Unicell，这是一种数据驱动的单元控制软件；还有亚瑟·安德森（Arthur Andersen）公司的 CELL-PAC 软件包，它是一种具有开放结构的单元生产活动控制软件包。

2）控制软件的模块化、标准化

为了便于对柔性制造控制软件进行修改、扩展或集成，控制软件模块化、标准化已成为 FMS 控制系统的主要发展趋势，现在美国国家标准局期望这项技术能够吸引美国 3 万个小型生产厂商。

迅速发展新型软件开发已成为控制系统发展的瓶颈，因此一些软件公司不断推出一些称为"平台"的支持开发工具，帮助用户来完成自己的工程项目设计和实施。

3）积极引入设计新方法

为提高控制系统的正确性和有效性，人们在不断开发新型控制软件，发展软件开发工具的同时，还积极引入设计新方法，例如面向对象（OO）方法。

4）发展新型控制体系结构

FMS 控制系统的体系结构早期参照传统的生产管理方式，采用集中式分级递阶控制体系结构。这种结构，控制功能的实现比较困难，顶层控制系统出现故障时 FMS 将全部瘫痪，所以逐渐发展为多级分布控制体系结构。这种控制结构虽然易于实现各种控制功能，可靠性也比较高，但由于控制层数比较多，工作效率和灵敏性则相对比较差，所以又发展出非递阶或自治协商式控制体系结构。这种控制结构虽然还是采用分布式控制，但响应速度快、柔性好。这种控制结构更适合于开始先安装一个或几个小型的易于管理的柔性制造单元，然后再集成单元之间的信息流和物料流的分步实施方法。

5）大力开发应用人工智能技术

单元控制系统功能的增强除了本身控制技术的发展外，还有一个重要原因，那就是人工智能（AI）技术的专家系统在控制、检测监控和仿真等单元控制技术中的广泛应用。

　　单元控制系统的理论和技术涉及的领域很多,它主要包括以下几方面:

　　(1) 生产调度理论与算法的研究,主要涉及数学规划、图论、对策论、排队论、人工神经网络方法、Petri 网理论等应用数学理论及方法。

　　(2) 计算机通信及数据库技术的研究,主要涉及数据通信规范与标准、工程数据库管理技术。

　　(3) 计算机仿真技术的研究,主要涉及系统建模理论、数理统计分析技术、计算机仿真语言等。

　　(4) 生产组织及控制模式理论和技术的研究,主要涉及动态逻辑单元重构理论、多黑板结构模型的智能单元控制理论、系统扰动及再调度理论和技术、JIT 技术、开放式体系结构等。

　　(5) 制造资源控制管理理论和技术的研究,主要涉及刀具管理理论及技术、加工设备的实时调度技术、物料储运系统(如 AGV)、立体仓库等的控制技术。

　　(6) 系统运行性能评价的理论研究,主要涉及系统投资评估理论、调度算法评价指标体系等。

2. 自动化物流技术

　　FMS 的物流系统通常由以下部分组成。

　　1) 加工设备

　　加工设备包含可集成的加工中心和数控机床,以及清洗机等加工辅助设备。为满足自动化的集成控制要求,加工机床一般应遵循如下原则:加工工序集中,一般加工工位数目不超过 10 台;易于控制,可采用计算机数字控制(CNC)或可编程控制器(PLC),用软件的“柔性”尽量代替硬件的“柔性”,减少设备投资;在柔性与生产率之间寻求一种平衡。近几年 FMS 加工设备的自动化发展方向是柔性化的组合机床和模块化的加工中心。

　　2) 工件流支持系统

　　工件流支持系统指能完成工件输送、搬运以及存储功能的工件供给系统,通常包括机器人、小车、托盘缓冲库和装卸站等设备。

　　3) 刀具流支持系统

　　刀具流支持系统包括刀具的输送、交换和存储装置以及刀具的预调和管理系统。通常一个 5~8 个机床或加工中心的 FMS 需要有上千把刀具支持,对如此多的刀具进行自动管理和对刀具流进行控制非常重要,具体内容包括以下几方面。

　　(1) 刀具管理。每把刀具都有两类信息:一类是刀具的描述信息,主要包括刀具的标识代码、几何参数、切刃特性等;另一类是刀具状态信息,主要包括刀具的有效寿命和磨损数据等。另外,为了有效地管理和使用每一把刀具,还必须有系统现有刀具的种类、每类刀具的总数、已破损的刀具数以及每一把刀具所在位置等信息。对刀具的识别采用刀具数据单、条形码、便携式终端、刀具数据集成块等。对刀具的管理一般建立专门的刀具信息数据库。

　　(2) 刀具流动控制。一般 FMS 的刀具系统的组织结构为二段刀库刀具系统。

　　(3) 刀具在各加工单元之间流动有如下形式:人工传递,早期的 FMS 中常使用这种形式;借用工件自动传送系统,利用传送工件的自动搬运小车(AVG)来传送刀具,但是实时性不好,增加调度的难度;专用刀具自动传送系统,采用自动小车成批交换,或采用行车机器人(机械手)实现刀具的单个传送。

3. 生产计划与调度

FMS 是由物料自动储运系统将若干机床连接起来,在系统控制计算机的统一控制下进行加工的自动化系统。由于 FMS 具有投资大、系统运行管理复杂等特点,其生产管理与系统加工资源的协调运行是十分复杂的,以传统的生产管理与调度方法,凭个人的实践经验来管理和组织 FMS 的生产,是不可能充分发挥 FMS 应有的生产能力的,故基于计算机的FMS 生产计划调度十分重要。

为降低 FMS 生产计划调度的复杂性,尽可能地优化生产过程,可采用三阶段的计划调度过程,即单元生产作业计划、静态调度、动态调度,具体包括:

(1) 单元生产作业计划完成的是作业日计划或班次计划,它考虑的对象是所有输入的加工任务,往往包含了数日或数周的订货计划。单元生产作业计划并不是每天都需要进行的,一般是在接收到上级下达的新的生产订货的时候才需执行。

(2) 静态调度对本日或本班的生产进行优化调度,它调度的范围是本日或本班需完成的加工任务,在每天开始加工之前运行。它将这些任务进行分组,确定每个零件的加工路径,对加工资源进行最优负荷分配,并确定零件加工的先后顺序。

(3) 动态调度是在系统加工过程中进行的,每当系统开始加工的时候它就开始工作,直到生产结束它才停止。它的对象局限于系统内在线的和在装夹站前排队等待加工的一组零件以及系统的加工资源。任务是根据系统当前状态动态地安排零件的加工顺序,调度管理系统资源,保证零件加工过程的实现。

4. 异构数控系统的集成技术

现有数控系统由于生产年代和生产厂家不一,存在多种档次和型号,其通信接口和协议也存在差异,给数控系统的集成造成了一定困难。特别在我国,同一机加工车间往往同时拥有经济型数控系统、早期进口的 FANUC 6M 等中低档数控系统以及 20 世纪 90 年代以后进口的 FANUC 0 等高档数控系统。因而 DNC 系统只有具有对各种典型数控系统进行DNC 接口的功能,才具有推广应用价值。

7.3.4　FMS 的效益

FMS 与传统的单一品种自动生产线(刚性自动生产线)的不同之处主要在于它具有柔性和自动化。因此,FMS 具有下列显著的效益。

(1) 机床利用率高。一台普通的数控机床,真正加工时间是不长的,主要的时间被零件的装夹和调整的辅助时间占用,因而单台数控机床利用率不高。采用 FMS 后,可以通过中央监控计算机,把每个工件安排到刚好有空的机床上,当工件在自动物料传送系统中传送时,将适当的数控程序即时输入 CNC,当工件到达机床上时,它已经装夹在随行托盘上,从而减少了机床等待零件安装的时间。组成 FMS 的一套机床完成的加工量是同样机床的单机数控使用下的加工量的 3 倍。

(2) 机床数量减少。由于 FMS 机床利用率高,所以 FMS 中完成同样加工所需的机床台数减少。通常机床数量可减少 2/3。

(3) 工人数量减少。由于控制、管理、传输都是在计算机监控下进行的,使操作工人减少,只是在装夹工位和中央计算机房还需要一些人员。

(4) 在制品压缩。与一般加工车间相比,FMS 的在制品大为减少,有的可减少 80%。

这主要是由于工序合并,所需装夹次数和使用机床数量减少,主要加工设备都集中在同一个系统内,以及计算机软件实现了优化调度等。

(5) 生产具有柔性。当市场需求发生变化时,在 FMS 总的设计能力内,系统具有制造不同产品的特有柔性,而不需要硬件结构的变化。

(6) 生产效率提高。一般来说,生产效率可提高 50%。

(7) 具有自诊断和维持生产的能力。FMS 具有比单机数控更为完善的自诊断系统。当一台或几台机床发生故障时,很多 FMS 系统设计成能继续运行的能力,即通道赋予冗余加工能力,并且物流系统能让工件通过旁路绕过有故障的机床。系统能以降低后的生产效率继续维持生产。

(8) 产品质量提高。由于 FMS 比单机数控自动化水平提高,工件装夹次数和要经过机床的台数减少,夹具的耐久性好,可把注意力更多地放在机床和工件的调整上,故有助于提高工件加工质量。

(9) 占地面积减少。一般来说,FMS 比单机数控的生产过程占地面积减少 40%。

(10) 加工成本降低。一般加工成本可降低 50%。实际上安装大型 FMS 的工厂并不多,世界上目前销路最好的 FMS,是由 5 台加工中心或 5 台以下的数控机床组成的小型FMS。因为投资不大,能很快取得效益,收回投资。FMS 毕竟是一个新兴的系统,使用的数量在逐年增长。

FMS 的缺点是投资高,风险大,开发周期长,管理水平要求高。

7.3.5　FMS 的应用与实施

通常研制和开发 FMS 多以用户(使用厂家)的"FMS 设备计划书"为基础,根据用户的加工对象、加工技术、生产能力、生产计划等,由用户与供应商或制造厂家(大多为设计、制造FMS 有丰富经验和大量实绩的机床企业)的工程技术人员一起承担和实施。需要特别注意的是,FMS 是一种制造系统,因此在制定 FMS 设备计划时,为了解决系统中的加工方法、加工精度、工装夹具、新品种高效切削刀具的应用等问题,必须进行各种加工试验。在此基础上,再决定系统的控制方法、自动化程度以及柔性和规模。

实施 FMS 应遵循下列原则:

(1) 应与企业的经营计划和发展方向挂钩,做到目标明确、资金落实。

(2) 具体地、仔细地分析企业的技术力量和需求,做到技术落实。

(3) 分析引进设备后对生产管理方面的影响,做到组织落实。

(4) 制定与设备引进相关的人才培训计划,做到人员落实。

有些企业在实施了 FMS 后,系统运行并未像当初预计的那样理想。实际上,任何一个性能优良的系统,事先不做充分的准备都不可能良好地运转。对于 FMS 这样庞大的系统,验收和试运行前必须为系统的良好运行做早期准备,验收后运行期间也必须在使用技术上做深入的探讨。

图 7-3 所示是一个典型的柔性制造系统示意图。该系统由 4 台卧式加工中心、3 台立式加工中心、2 台数控磨床、2 台自动导引小车、2 台检验工作站和计算机控制系统组成,另外还包括立体仓库、托盘站和装卸站等。在装卸站,由人工或机器人将工件毛坯安装在托盘夹具上,然后由物料传送系统把毛坯连同托盘夹具输送到第一道工序的数控机床旁边,排队等

候加工；一旦该数控机床空闲，就由自动上下料装置立即将工件送上机床进行加工；当每道工序加工完成后，物料传送系统便将该机床加工完成的半成品取出，并送至执行下一道工序的数控机床等候。如此不停地运行，直至完成最后一道加工工序为止。在整个加工过程中，除了进行切削加工外，如有必要还可进行清洗、检验等工序，最后将加工完成的零件入库储存。

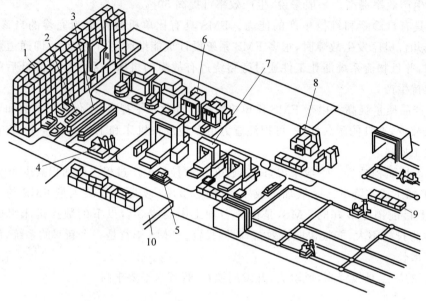

图 7-3 典型的柔性制造系统示意图

1—立体仓库；2—装卸站；3—托盘站；4—检验工作站；

5—自动导引小车；6—卧式加工中心；7—立式加工中心；

8—数控磨床；9—装配工作站；10—计算机控制系统

表 7-1 所列是法国 SNECMA 公司的 FMS 设备配置情况，用于生产罗·罗公司 A320 发动机盘轴叶片零件。该 FMS 主要包括 12 台立车和 4 台加工中心，配有相应的物流运输系统和刀具运输系统，在多台计算机的控制下协调运行。

表 7-1 罗·罗公司盘轴叶片零件 FMS 设备配置

设 备 类 型	设 备 配 置
加工机床	12 台 BERTHIEZ 立车，配 GE2000 CNC； 4 台 OERILIKON 加工中心，配 GE2000 CNC
物料运输	5 台 JEUMONT SCHNEIDER 的 AGV； 4 台装卸站； 工件托盘配磁卡式托盘辨识系统
刀具运输	1 个刀具库、1 个换刀机器人，用于向 4 台加工中心提供换刀服务； 2 个刀具库、2 个换刀机器人，用于向 12 台立车提供换刀服务
计算机	1 台 VAX11/750，用作 FMS 控制机； 3 台 MICRO VAX II，用作加工中心、立车、清洗机的运行控制； 2 台 PDP11/23，用作两个仓库的运行控制； 1 台 PDP11/23，用作运输系统的运行控制
其他设备	1 台清洗机

　　SNECMA 公司的 FMS 能使涡轮盘的单件生产时间从 5～6 个月缩短为两个月,将来可进一步缩短到一个月,使原需 36 台机床才能达到的生产能力,现仅用 16 台机床就能达到了,并仅配置了每班 10 人,远小于原 36 人的人员配置,证明系统的效益是显著的。

7.4　计算机集成制造系统 CIMS

7.4.1　CIMS 基本概念

　　从 20 世纪 80 年代至今,制造自动化系统的主要发展是计算机集成制造系统(CIMS),它被认为是 21 世纪制造业的新模式。

　　CIMS 是由美国人约瑟夫·哈林顿于 1974 年提出的概念,其基本思想是借助于计算机技术、现代系统管理技术、现代制造技术、信息技术、自动化技术和系统工程技术,将制造过程中有关的人、技术和经营管理三要素有机集成,通过信息共享以及信息流与物流的有机集成实现系统的优化运行。它含有两个基本观点:

　　(1) 系统的观点。企业的各个生产环节,即从市场调研、产品规划、产品设计、加工制造、经营管理到售后服务的全部生产活动都是一个不可分割的整体,需要统一考虑。

　　(2) 信息化的观点。将整个制造过程看作是一个信息采集、传递及加工处理的过程。

　　CIMS 是以系统工程理论为指导,强调信息集成和适度自动化,以过程重组和机构精简为手段,在计算机网络和工程数据库系统的支持下,将制造企业的全部要素(人、技术、经营管理)和全部经营活动集成为一个有机的整体,实现以人为中心的柔性化生产,使企业在新产品开发、产品质量、产品成本、相关服务、交货期和环境保护等方面均取得整体最佳的效果。

7.4.2　CIMS 的体系结构

　　美国制造工程师学会(SME)提出了 CIMS 的功能体系结构,用轮式图表示,图 7-4 所示是 SME 1993 年推出的 CIMS 轮图,该轮图考虑了实施自动化之前简化的企业与顾客、供应商之间的交互作用的重要性。该轮图由 6 层组成,分别为:

　　(1) 用户。这是驱动轮子的中心。企业任何活动的最终目的都应该是为用户服务,迅速而圆满地满足用户的愿望和要求。

　　(2) 人、技术和组织。在多变、竞争激烈的市场中,企业中的每一个人都必须具有市场意识,都要了解市场的变化以及企业在市场中的地位、本职工作和市场竞争能力的关系,这是企业成败的关键。

　　(3) 共享的知识和系统。信息是企业的主要资源,现代企业的生产活动是依赖信息和知识来组织的。现代企业一定要建立一个信息和知识共享系统,使信息流动起来,形成一个连续的、不间断的信息流,从而大大提高企业的生产和工作效率。

　　(4) 过程。分为三大部门和 15 个功能区,是企业在市场竞争中必不可少的。

　　(5) 资源和职责。它的功能是合理配置资源,承担企业经营的责任。该层将原料、半成品、资金、设备技术信息和人力资源作为投入,去组织和管理生产,并将产品推广销售。

　　(6) 制造基础结构。也就是企业的外部环境,企业将受到用户、竞争者、合作者和其他市场因素的影响。

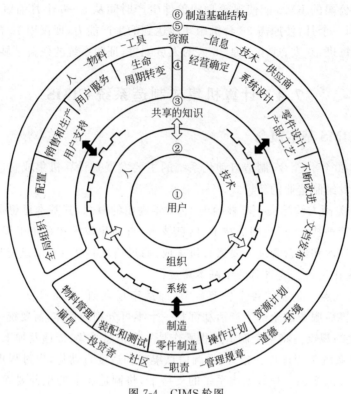

图 7-4　CIMS 轮图

该轮图将用户作为轮图的核心,充分表明要赢得竞争的胜利和占领市场,就必须满足用户不断增长的需求,所以可以说满足用户的需求是成功实施 CIMS 的关键,用户是 CIMS 的核心。

7.4.3　CIMS 的控制结构

在对传统的制造管理系统功能需求进行深入分析的基础上,美国国家标准局所属的 AMRF 提出了 CIMS 的分级控制结构,由 5 级组成,即工厂级、车间级、单元级、工作站级和设备级。每一级又可进一步分解成子级或模块,并都由数据驱动,还可扩展成树状结构。

1. 工厂级控制系统

它是最高一级控制,进行生产管理,履行"厂部"职能。它的规划时间范围(指任何控制级完成任务的时间长度)可以从几个月到几年。这一级按主要功能又可以分为三个子系统:生产管理、信息管理和制造工程。

生产管理是跟踪主要项目,制定长期生产计划,明确生产资源需求,确定所需的追加投资,算出剩余生产能力,汇总质量性能数据。根据生产计划数据,确定交给下一级的生产指令。

2. 车间级控制系统

这一级协调车间作业和资源配置,负责分配单元级进行各项目具体加工时所需的工作站、储存区、托盘、刀具及材料等。它还根据按需原则,把一些工作站分配给特定的虚拟单元,动态地改变 CIMS 的组织结构。

3. 单元级控制系统

这一级负责相似零件分批通过工作站的顺序和管理诸如物料储运、检验及其他有关辅助工作。它的规划时间范围可以从几小时到几周。具体的工作内容是完成任务分解,资源需求分析,向车间级控制系统报告作业进展和系统状态,决定分批零件的动态加工路线,安排工作站的工序,给工作站分配任务以及监控任务的进展情况。

4. 工作站级控制系统

这一级控制系统负责指挥和协调车间中一个设备小组的活动,它的规划时间范围可以从几分钟到几小时。

5. 设备级控制系统

该控制系统是机器人、机床、测量仪、小车、传送装置等各种设备的控制器。采用这种控制是为了加工过程中的改善修正、质量检测等方面的自动计量和自动在线检测、监控。这一级控制系统向上与工作站控制系统接口连接,向下与厂家供应的设备控制器连接。

7.4.4 CIMS 中的主要功能模块

一般情况下,CIMS 由 4 个功能分系统和两个支撑分系统组成,如图 7-5 所示。

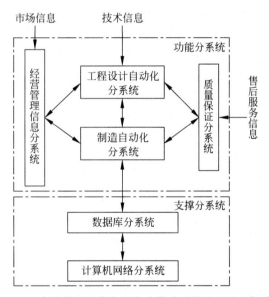

图 7-5 4 个功能分系统与两个支撑分系统之间的逻辑关系

1. 经营管理信息分系统(MIS)

MIS 用来收集、整理及分析各种管理数据,向企业和组织的管理人员提供所需要的各种管理及决策信息,必要时还可以提供决策支持。经营管理信息分系统实现办公自动化、物料管理、经营管理、生产管理、销售管理、人事管理、成本管理和财务管理等功能,它的核心是制造资源计划(MRPII)或企业资源计划(ERP)。

在 CIMS 环境下,建立的 MIS 是以缩短产品生产周期、降低成本、减少流动资金、提高企业经济效益和应变能力为主要目的,并以计划管理为中心,在计算机网络和分布式数据库支撑下,与 CIMS 中其他系统实现集成,其核心是适用于各个进程的决策支持系统。

2. 工程设计自动化分系统（TIS）

根据 MIS 子系统下达的产品设计要求进行产品的技术设计和工艺设计,包括必要的工程分析、优化和绘图,通过工程数据库和产品数据管理（PDM）实现内外部的信息集成。TIS分系统的核心是 CAD/CAPP/CAM 的 3C 一体化。

3. 制造自动化分系统（MAS）

它是 CIMS 中信息流与物流的结合点,是 CIMS 最终产生经济效益的所在。它接受能源、原材料、配套件和技术信息作为输入,完成加工和装配,最后输出合格的产品。提起MAS 分系统,人们很自然地会想到柔性制造系统（FMS）,但这往往是很不全面的。由于FMS 系统投资大、系统结构复杂、对用户的要求高、投资见效慢,所以是否选择 FMS 应根据企业的具体情况而定。目前人们更强调投资规模小的 DNC 系统和柔性制造单元（FMC）,强调以人为中心的、普通机床和数控机床共存的适度自动化制造系统。

4. 质量保证分系统（QIS）

在一个产品的寿命周期中,从市场调研、产品规划、产品设计、工艺准备、材料采购、加上制造、检验、包装、发运到售后服务,都存在很多质量活动,产生大量质量信息,这些质量信息在各阶段内部和各阶段之间都有信息传送和反馈。全面质量管理要求整个企业从最高层决策者,到第一线生产工人,都应参加到质量管理和控制中。因此,企业内部各个部门之间也有大量的质量信息需要交换。上述每个质量活动都会对其他活动产生影响。所以,应从系统工程学的观点去分析所有活动和信息,使全部质量活动构成一个有机的整体,质量系统才能有效地发挥效能。质量保证分系统的功能包括质量计划、质量检测、质量评价、质量控制和质量信息综合管理。

上述 4 个分系统的相互关系及其信息流如图 7-6 所示。

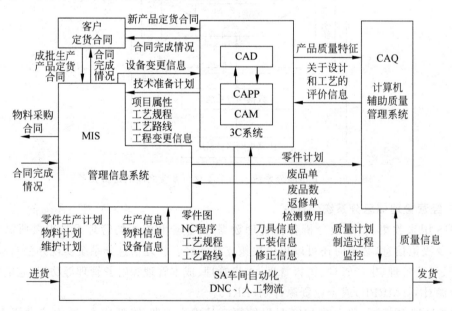

图 7-6 信息流

5. 计算机网络分系统（NES）

在网络硬、软件的支持下,实现各个工作站之间、各个分系统之间的相互通信,以实现信息的共享和集成。计算机网络子系统应做到所谓的 4R(right),即在正确的时间将正确的信息以正确的方式传递给正确的对象。

6. 数据库分系统(DBS)

用来存储和管理企业生产经营活动的各种信息和数据,要保证数据存储的准确一致性、及时性、安全性、完整性,以及使用和维护的方便性。集成的核心是信息共享,对信息共享的最基本要求是数据存储及使用格式的一致性。

7.4.5　CIMS 的关键技术

1. 信息集成

针对设计、管理和加工制造中大量存在的自动化孤岛,实现信息正确、高效的共享和交换,是改善企业技术和管理水平必须首先解决的问题。信息集成的主要内容有以下两方面。

1) 企业建模、系统设计方法、软件工具和规范

没有企业的模型就很难科学地分析和综合企业各部分的功能关系、信息关系以至动态关系。企业建模及设计方法解决了一个制造企业的物流、信息流、价值流(如资金流)、决策流的关系,这是企业信息集成的基础。

2) 异构环境下的信息集成

所谓异构是指系统中包含了不同的操作系统、控制系统、数据库及应用软件。如果各个部分的信息不能自动地交换,则很难保证信息传送和交换的效率和质量。异构信息集成主要解决下面 3 个问题:

(1) 不同通信协议的共存及向 ISO 标准的过渡。

(2) 不同数据库的相互访问。

(3) 不同应用软件之间的接口。

2. 过程集成

企业为了改善产品的 TQCS,除了信息集成这一技术手段外,还可以对过程进行重组(process reengineering)。产品开发设计中的各个串行过程尽可能多地转变为并行过程,在设计时考虑到下游工作中的可制造性、可装配性等,从而减少反复,缩短开发时间。并行工程便是这一思想的一种先进制造模式,其特点是:

(1) 产品设计开发过程中的重构和建模,即通过建模,将原来的串行作业过程尽可能地转变为并行作业。

(2) 支持并行作业的多学科的协同小组、计算机网络支持下的协同工作(CSCW)环境和产品数据管理技术,这些可以支持异地设计人员在同一时间对设计进行评价和修改,进而实现异地互操作。

(3) 并行工程的工具,如基于 CAX 的面向装配的设计、面向制造的设计等。

3. 企业集成

为充分利用全球制造资源,把企业调整成适应全球经济、全球制造的新模式,CIMS 必须解决资源共享、信息服务、虚拟制造、并行工程、资源优化、网络平台等关键技术,以更快、更好、更省地响应市场。敏捷制造的组织形式是企业之间针对某一产品,建立企业动态联盟,即虚拟企业。

从组织角度看,敏捷制造提倡扁平式的企业组织结构,提倡企业动态联盟。产品型企业

应该是"两头大、中间小","两头大"指强大的新产品设计与开发能力和强大的市场开拓能力,"中间小"指加工制造的设备能力可以小。多数零部件可以靠协作解决,这样企业可以在全球采购价格最便宜、质量最好的零部件,这是企业优化经营的体现。

敏捷制造的关键技术有:

(1) 支持敏捷制造的使能技术,包括资源共享、信息服务、虚拟制造、并行工程、建模/仿真和人工智能等。

(2) 资源优化,包括供应链的建模和管理。

(3) 网络平台。

7.4.6 CIMS 应用实例

东方电机股份有限公司是我国大型发电设备开发、设计与制造的三大重要企业之一,在产品设计、制造、生产经营管理方面迫切需要与国际先进水平接轨,参与国际市场竞争,需要运用 CIMS 环境的先进制造技术与生产经营管理思想来指导。针对东方电机产品技术密集、结构复杂、制造周期长的特点,在深入调研和分析的基础上,设计了东方电机计算机集成制造系统(DFEM-CIMS)的体系结构,如图 7-7 所示。

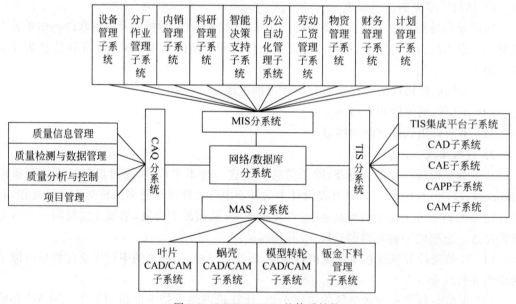

图 7-7 DFEM-CIMS 的体系结构

该系统在计算机网络(NET)和分布式数据库(DB)支持环境下,集成了技术信息分系统(TIS)、管理信息分系统(MIS)、制造自动化分系统(MAS)和计算机辅助质量分系统(CAQ)。各分系统具体内容包括:

(1) 管理信息分系统建立了相关的辅助企业管理的物理平台,包括公司的 Internet 节点(对外互联网)和 Intranet 网络(企业信息网),为建立高效的信息采集、传递、利用提供了可行的渠道;建立了完善的电子信息系统的使用和管理模式,可充分利用 MIS 分系统获取信息,服务于企业的生产,加强企业经营管理。

(2) 技术信息分系统建立在以 19 台图形工作站、250 台计算机、3 个小型机服务器和 5

台子网服务器等构成的硬件平台,以及由各种 CAD/CAE/CAM 一体化软件、PDM 软件、大量自行开发和合作开发的工程应用软件组成的软件平台。在开放式计算机网络和分布式数据库的支持下,建立起贯穿产品设计、分析、工艺和制造过程的开放式 CAD/CAE/CPP/CAM 集成的 TIS 系统。

(3)制造自动化分系统由叶片 CAD/CAM 子系统、模型转轮 CAD/CAM 子系统、蜗壳 CAD/CAM 子系统、焊接分厂下料生产管理子系统、计算机辅助测试子系统组成。

(4)计算机辅助质量分系统由用户权限管理、产品质量信息综合管理、材料质量信息管理、产品工序质量检测信息管理、产品质量信息统计分析管理、计量器具信息管理、系统维护等模块组成。

7.5　智能制造系统 IMS

智能制造是基于新一代信息通信技术与先进制造技术深度融合,贯穿于设计、生产、管理、服务等制造活动的各个环节,具有自感知、自学习、自决策、自执行、自适应等功能的新型生产方式。加快发展智能制造,是培育我国经济增长新动能的必由之路,是抢占未来经济和科技发展制高点的战略选择,对于推动我国制造业供给侧结构性改革,打造我国制造业竞争新优势,实现制造强国战略目标具有重要意义。

7.5.1　IMS 的提出

IMS 是适应以下几个方面的需求而兴起的:

(1)制造信息的爆炸性增长,以及处理信息的工作量猛增,要求制造系统表现出更大的智能。

(2)专业人才的匮乏和专门知识的短缺,严重制约了制造业的发展。

(3)动荡不定的市场和激烈的竞争,要求制造企业在生产活动中表现出更高的机敏性和智能。

(4)CIMS 的实施和制造业全球化的发展,遇到两个重大的障碍,即目前已形成的"自动化孤岛"的连接和全局优化问题,以及各国、各地区的标准、数据和人机接口的统一问题,这些问题的解决有赖于智能制造技术的发展。

7.5.2　IMS 的定义及特征

智能制造包括智能制造技术和智能制造系统两个方面。智能制造系统是一种由智能机器人和人类专家共同组成的人机一体化智能系统,它在制造过程中以一种高度柔性与集成的方式,借助计算机模拟人类专家的智能活动进行分析、推理、判断、构思和决策等,从而取代或延伸制造环境中人的部分脑力劳动,同时,收集、存储、完善、共享、继承和发展人类专家的智能。

与传统的制造系统相比,智能制造系统具有以下特征。

1. 自组织能力

自组织能力是指 IMS 中的各种智能设备,能够按照工作任务的要求,自行集结成一种最合适的结构,并按照最优的方式运行。任务完成以后,该结构随之解散,以备在下一个任务中集结成新的结构。自组织能力是 IMS 的一个重要标志。

2. 自律能力

IMS 能够根据周围环境和自身作业状况信息进行监测和处理,并根据处理结果自行调整控制策略,以采用最佳行动方案。这种自律能力使整个制造系统具备抗干扰、自适应和容错等能力。

3. 自学习和自维护能力

IMS 能以原有专家知识为基础,在实践中不断进行学习,完善系统知识库,并删除库中有误的知识,使知识库趋向最优。同时,还能对系统故障进行自我诊断、排除和修复。

4. 整个制造系统的智能集成

IMS 在强调各生产环节智能化的同时,更注重整个制造环境的智能集成。这是 IMS 与面向制造过程的特定环节、特定问题的"智能化孤岛"的根本区别。IMS 涵盖了产品的市场、开发、制造、服务与管理整个过程,把它们集成为一个整体,系统地加以研究,实现整体的智能化。

7.5.3　IMS 体系结构

智能制造系统架构通过生命周期、系统层级和智能功能三个维度构建完成,主要解决智能制造标准体系结构和框架的建模研究。图 7-8 所示为智能制造系统架构,形成了一个以数字化和自动化为前提、以网络化为基础、以智能化为方向的三层级发展思路。

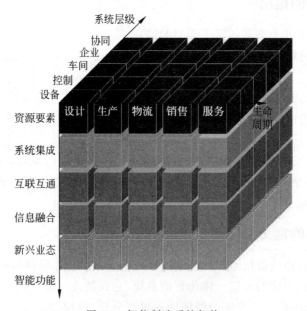

图 7-8　智能制造系统架构

各维度具体内容包括:

(1)生命周期是由设计、生产、物流、销售、服务等一系列相互联系的价值创造活动组成的链式集合。生命周期中各项活动相互关联、相互影响。不同行业的生命周期构成不尽相同。

(2)系统层级自下而上共 5 层,分别为设备层、控制层、车间层、企业层和协同层。智能制造的系统层级体现了装备智能化和互联网协议(IP)化以及网络扁平化趋势。设备层级包括传感器、仪器仪表、条码、射频识别、机器、机械和装置等,是企业进行生产活动的物质技术基础;控制层级包括可编程逻辑控制器(PLC)、数据采集与监视控制系统(SCADA)、分布式控制系统(DCS)和现场总线控制系统(FCS)等;车间层级实现面向工厂/车间的生产管理,包括制造执行系统(MES)等;企业层级实现面向企业的经营管理,包括企业资源计划系统(ERP)、产品生命周期管理系统(PLM)、供应链管理系统(SCM)和客户关系管理系统(CRM)等;协同层级由产业链上不同企业通过互联网络共享信息实现协同研发、智能生产、精准物流和智能服务等。

(3)智能功能包括资源要素、系统集成、互联互通、信息融合和新兴业态等 5 层。资源要素包括设计施工图纸、产品工艺文件、原材料、制造设备、生产车间和工厂等物理实体,也包括电力、燃气等能源。此外,人员也可视为资源的一个组成部分。系统集成是指通过二维码、射频识别、软件等信息技术集成原材料、零部件、能源、设备等各种制造资源。由小到大实现从智能装备到智能生产单元、智能生产线、数字化车间、智能工厂乃至智能制造系统的集成。互联互通是指通过有线、无线等通信技术,实现机器之间、机器与控制系统之间、企业之间的互联互通。信息融合是指在系统集成和通信的基础上,利用云计算、大数据等新一代信息技术,在保障信息安全的前提下,实现信息协同共享。新兴业态包括个性化定制、远程运维和工业云等服务型制造模式。

智能制造系统体系如图 7-9 所示,新一代信息技术贯穿设计、生产、管理、服务等制造活动各个环节,是先进制造过程、系统与模式的总称。智能产品通过独特的形式加以识别,可以在任何时候被定位,并能知道它们自己的历史、当前状态,以及为了实现其目标状态的替代路线。在产品的全生命周期内具有信息深度自感知(全面传感)、智慧优化自决策(优化决策)、精准控制自执行(安全执行)的特点。

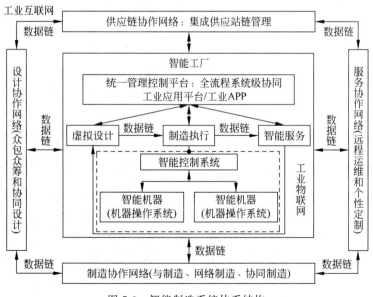

图 7-9 智能制造系统体系结构

IMS 的研究是从人工智能在机械制造中的应用开始的,是面向制造过程中的特定对象的,是以部分取代制造中人的脑力劳动为研究目标,并且要求系统能在一定范围内独立地适

应周围环境,自主开展工作。因此,IMS 需要多学科技术支持,主要包括下列支撑技术:

(1) 智能制造的基础理论和技术。包括认知理论与技术、智能控制与优化理论、设计过程智能化理论、制造过程智能化理论与技术等。围绕信息感知、传送、处理、决策和执行等功能的实现,开发新型传感器原理和工艺、高精度运动控制、高可靠智能控制、工业通信网络安全、先进制造工艺技术,影像、射频识别分析技术,高可靠性新型传感器技术,实时定位系统、信息物理融合系统等技术,形成智能制造的技术体系,引领智能制造技术创新发展。

(2) 工业大数据技术。包括面向生产过程、产品、新业态新模式、企业管理与服务等领域的智能化的数据集成与数据处理技术。重点研发工业数据感知、采集与集成融合技术,数据管理、计算、存储、开放共享和交易等数据管理技术,数据处理、机器学习和基于模型算法的迭代交互分析技术。基于工业大数据分析,装备数据分析平台,为用户提供预测、分析服务等。

(3) 工业互联网技术。全面推进下一代互联网与移动互联网、物联网、云计算的融合发展,提高面向智能制造的网络服务能力。包括基于 IPv6、4G/5G 移动通信、短距离无线通信技术和软件定义网络(SDN)等新兴技术的工业互联网设备及系统;核心技术通信设备;工业互联网标识解析系统及企业级智能产品标识系统;融合创新的工业以太网建设和工厂无线网络建设;体系架构、网联技术、资源配置和网络设备等工业互联网技术标准;工业互联网应用示范等。

(4) 智能传感、控制优化与建模仿真技术。包括基于微机电系统、新材料技术和信息技术的多功能传感和传输技术,无线射频识别和物联网智能终端技术,开放式智能终端操作技术,面向工业现场总线、无线网络、互联网的实施网络操作系统技术,设备的智能诊断、预测和维修及人机交互技术,基于大数据、云计算和网络化的多领域建模与仿真技术等。

(5) 人工智能关键技术。包括计算机神经网络、机器翻译、工业过程建模与智能控制;识别智能技术,包括语音识别与合成、图像处理与计算机视觉,温度、湿度等环境条件的识别与合成;智能专家系统,包括模式识别和智能系统、知识发现与机器学习。

7.5.4　IMS 的重点发展方向

随着新一代信息技术和制造业的深度融合,我国智能制造发展取得明显成效,以高档数控机床、工业机器人、智能仪器仪表为代表的关键技术装备取得积极进展;智能制造装备和先进工艺在重点行业不断普及,离散型行业制造装备的数字化、网络化、智能化步伐加快,流程型行业过程控制和制造执行系统全面普及,关键工艺流程数控化率大大提高。在典型行业不断探索,逐步形成了一些可复制推广的智能制造新模式,为深入推进智能制造初步奠定了基础。但目前我国制造业尚处于机械化、电气化、自动化、数字化并存,不同地区、不同行业、不同企业发展不平衡的阶段,相对工业发达国家,推动我国制造业智能转型,环境更为复杂、形势更为严峻、任务更加艰巨。必须遵循客观规律,立足国情、着眼长远,加强统筹谋划,积极应对挑战,抓住全球制造业分工调整和我国智能制造快速发展的战略机遇,引导企业在智能制造方面走出一条具有中国特色的发展道路,并着重突破下列重点发展方向。

1. 智能制造装备创新

研发高档数控机床与工业机器人、增材制造装备、智能传感与控制装备、智能检测与装配装备、智能物流与仓储装备 5 类关键技术装备。重点突破高性能光纤传感器、微机电系统(MEMS)传感器、视觉传感器、分散式控制系统(DCS)、可编程逻辑控制器(PLC)、数据采集系统(SCADA)、高性能高可靠嵌入式控制系统等核心产品,在机床、机器人、石油化工、轨道交通等领域实现集成应用。

依托优势企业,开展智能制造成套装备的集成创新和应用示范,加快产业化。促进智能网联汽车、智能工程机械、智能船舶、智能照明电器、服务机器人等的研发和产业化,开展远程无人操控、运行状态监测、工作环境预警、故障诊断维护等智能服务。

2. 关键共性技术创新

整合现有各类创新资源,引导企业加大研发投入,突破新型传感技术、模块化/嵌入式控制系统设计技术、先进控制与优化技术、系统协同技术、故障诊断与健康维护技术、高可靠实时通信、功能安全技术、特种工艺与精密制造技术、识别技术、建模与仿真技术、工业互联网、人工智能等关键共性技术。引导企业、高校、科研院所、用户组建智能制造创新联盟,推动创新资源向企业集聚。

加快研发智能制造支撑软件,突破计算机辅助类(CAX)软件、基于数据驱动的三维设计与建模软件、数值分析与可视化仿真软件等设计、工艺仿真软件,高安全高可信的嵌入式实时工业操作系统、嵌入式组态软件等工业控制软件,制造执行系统(MES)、企业资源管理(ERP)软件、供应链管理(SCM)软件等业务管理软件,嵌入式数据库系统与实时数据智能处理系统等数据管理软件。

3. 建设智能制造标准体系

依据国家智能制造标准体系建设指南,围绕互联互通和多维度协同等瓶颈,开展基础共性标准、关键技术标准、行业应用标准研究,搭建标准试验验证平台(系统),开展全过程试验验证。加快标准制(修)订,在制造业各个领域全面推广。成立国家智能制造标准化协调推进组、总体组和专家咨询组,形成协同推进的工作机制。充分利用现有多部门协调、多标委会协作的工作机制,形成合力,凝聚国内外标准化资源,扎实构建满足产业发展需求、先进适用的智能制造标准体系。

4. 构筑工业互联网基础

研发融合 IPv6、4G/5G、短距离无线、WiFi 技术的工业网络设备与系统,构建工业互联网试验验证平台及标识解析系统、企业级智能产品标识系统。开发工业互联网核心信息通信设备、工业级信息安全产品及设备。支持工业企业利用光通信、工业无线、工业以太网、SDN、OPC-UA、IPv6 等技术改造工业现场网络,在工厂内形成网络联通、数据互通、业务打通的局面。利用 SDN、网络虚拟化、4G/5G、IPv6 等技术实现对现有公用电信网的升级改造,满足工业互联网网络覆盖和业务开展的需要。面向智能制造发展需求,推动工业云计算、大数据服务平台建设。推动有条件的企业开展试点示范,推进新技术、产品及系统在重点领域的集成应用。

7.5.5　IMS 应用实例

框肋零件是飞机机体骨架零件,大都位于机体尺寸和形状的控制截面上,担负着确定飞机外形和承受气动载荷的双重任务。零件的腹板面一般为平面,四周沿轮廓分布有变截面的弯边,弯边是框肋零件的主要特征。橡皮囊液压成型工艺是框肋零件成形的主要工艺方法,具有成形效率高、成形后零件表面质量好、成形过程噪声低等优点。如图 7-10 所示,框肋零件智能制造过程包括框肋零件设计、制造模型设计、成形模具设计与制造、零件液压成形和零件检测等主要环节。

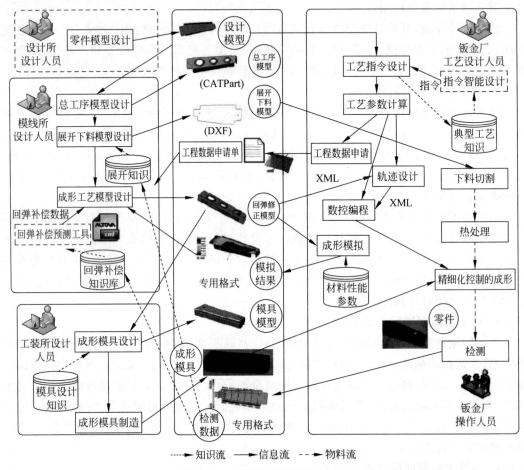

图 7-10　框肋零件智能制造过程

对于该类零件设计模型的定义,为了避免框肋零件弯边在加工过程中出现起皱和破裂等问题,在设计过程中,根据凹凸弯边结构的不同给出相应抗起皱性和抗破裂性的评估指标,工艺技术人员根据工艺性分析知识进行评估,并提出定位孔、精确的毛料尺寸等信息,由设计人员协同定义,从而建立起具有良好工艺性、信息内容适用的全三维模型。飞机产品高效、高质量研制要求对回弹变形进行准确预测并补偿后建立工艺模型,以作为模具设计制造的依据,使零件在热处理后的新淬火状态成形,一步达到形状和性能要求。

模型驱动的框肋零件智能化制造专用技术是在现有橡皮囊液压成形设备硬件和计算机辅助软件系统的基础上开发的,包括橡皮囊液压成形工艺知识库及应用工具、展开计算工具、回弹补偿工具、数字化检测方法和数字化制造工艺规范等。橡皮囊液压成形工艺知识库支持毛料展开、回弹补偿等参数的精确设计,同时,工件检测数据可以转化充实至知识库中,不断强化制造技术发展的基础;基于 CAD 系统开发的制造模型定义工具提高了展开、回弹补偿的效率,据此实现的一步法成形后零件外形和弯边角度偏差可以控制在精度要求范围以内。基于知识的回弹预测工具导入弯边数据后计算回弹补偿后的角度和半径,再将计算结果以 XML 格式导出;弯边型面重构工具读取该计算结果,进行曲面重构形成回弹补偿后的弯边面,建立工艺模型后用于成形模具设计。

该零件数控下料后淬火、校平,再采用橡皮囊液压成形,成形压力 250bar。使用三维影像扫描仪对成形加工的零件进行扫描,使用三维测量软件对逆向重构的工件模型与零件设计模型进行比对分析。经检测,检测各点均符合弯边精度要求,实现了零件的快速、精确成形。

飞机零部件品种多、材料类型多、制造工艺复杂,既需要结合各类零部件结构、材料和工艺特点开发全三维模型协同设计、制造模型定义、工艺知识库及智能设计等专用技术,也需要分别从企业级角度进行业务流程的重构和工艺规范的全面制定,才能保证智能制造系统的工程应用。

思考与练习

7-1　制造自动化技术经历了哪几个阶段?各有什么特点?

7-2　简述 DNC 系统的结构与组成。

7-3　简述 FMC 的特点、分类和基本组成。

7-4　简述 FMS 的主要组成和功能。

7-5　FMS 包括哪些关键技术?各有什么特点?

7-6　为什么要采用 FMS? FMS 的发展方向是什么?

7-7　简述 FMS 的效益和实施原则。

7-8　CIMS 的基本概念和基本构成是什么?

7-9　简述 CIMS 的体系结构和控制结构。

7-10　CIMS 包括哪些关键技术?各有什么特点?

7-11　什么是 IMS? 它有哪些特征?

7-12　简述 IMS 的系统架构和体系结构。

7-13　IMS 包括哪些关键技术?重点发展方向是什么?

参 考 文 献

[1] 严育才,张福润. 数控技术(修订版)[M].北京:清华大学出版社,2012.

[2] James V Valentino, Joseph Goldenberg. 数控技术导论(第 5 版)[M].梁桥康,等编译.北京:清华大学出版社,2016.

[3] 张伟民. 数控机床原理及应用[M].武汉:华中科技大学出版社,2015.

[4] 晏初宏. 数控机床与机械结构[M].2 版.北京:机械工业出版社,2015.

[5] 吴晓光,何国旗. 数控加工工艺与编程[M].2 版.武汉:华中科技大学出版社,2015.

[6] 卢红,吴飞,黄继雄. 数控技术[M].2 版.北京:机械工业出版社,2014.

[7] 张建成,方新. 数控机床与编程[M].2 版.北京:高等教育出版社,2004.

[8] 王爱玲. 数控原理及数控系统[M].2 版.北京:机械工业出版社,2013.

[9] 朱晓春. 数控技术[M].2 版.北京:机械工业出版社,2006.

[10] 于涛,范云霄.数字控制技术与数控机床[M].北京:中国计量出版社,2004.

[11] 胡占齐,杨莉. 机床数控技术[M].3 版.北京:机械工业出版社,2014.

[12] 梅雪松. 机床数控技术[M].北京:高等教育出版社,2013.

[13] 杜国臣. 机床数控技术[M].北京:机械工业出版社,2015.

[14] 陈蔚芳,王洪涛.机床数控技术及应用[M].北京:科学出版社,2016.

[15] 刘红军,任晓虹.数控技术及编程应用[M].北京:国防工业出版社,2016.

[16] 聂秋根. 数控加工技术[M].北京:高等教育出版社,2012.

[17] 武文革,辛志杰,成云平,等. 现代数控机床[M].3 版.北京:国防工业出版社,2016.

[18] 余娟,刘凤景,李爱莲. 数控机床编程与操作[M].北京:北京理工大学出版社,2016.

[19] 张吉堂,刘永姜,陆春月,等.现代数控原理及控制系统[M].4 版.北京:国防工业出版社,2016.

[20] 蒲志新. 数控技术[M].北京:北京理工大学出版社,2014.

[21] 蔡厚道. 数控机床构造[M].3 版.北京:北京理工大学出版社,2016.

[22] 周济. 智能制造——"中国制造2025"的主攻方向[J].中国机械工程,2015(17):2273-2284.

[23] 李炳燃,张辉,叶佩青. 智能制造环境下的数控系统发展需求[J].航空制造技术,2017(3):24-30.

[24] 黄云鹰,朱志浩,樊留群."互联网+"背景下数控系统发展的新趋势[J].制造技术与机床,2016(10):49-52.

[25] 蔡锐龙,李晓栋,钱思思. 国内外数控系统技术研究现状与发展趋势[J].机械科学与技术,2016(3):493-500.

[26] 韩建海,胡东方. 数控技术及装备[M].3 版.武汉:华中科技大学出版社,2016.

[27] 富宏亚,胡泊,韩德东. STEP-NC 数控技术研究进展[J].计算机集成制造系统,2014(3):569-578.

[28] 黄韶娟,盛伯浩,吴进军,等. 我国高档数控机床产业发展支撑体系初探[J].制造技术与机床,2019(1):44-48.